JN171207

「大東亜共栄圏」の形成過程とその構造

――陸軍の占領地軍政と軍事作戦の葛藤――

野村佳正　著

錦正社

本書を三人の師に捧げる。

元陸上幕僚長　火箱芳文陸将

防衛大学校名誉教授　戸部良一博士

防衛大学校教授　等松春夫博士

目次

序章　「大東亜共栄圏」という曖昧さ……3
一　軍事史研究からの疑問――本書の課題と背景――……3
二　占領地軍政とは何か……6
三　本研究の目的と分析手法……9
四　考察する地域と焦点……12
五　活用した主な史料について……14
六　本書の構成……15
七　「先の大戦」の名称について……17
註……18

第一章　日本陸軍占領地軍政の史的展開
――明治建軍から日中戦争まで―― …… 23
はじめに …… 23
一　占領地軍政の受容 …… 24
二　第一次世界大戦と総力戦 …… 30
三　違法戦争観と「満洲占領地行政の研究」 …… 34
四　満州事変と政軍対立 …… 38
五　日中戦争と省部対立 …… 40
おわりに …… 43
註 …… 45
第二章　「大東亜戦争」開戦期における「大東亜共栄圏」
――戦争目的、作戦計画そして占領政策―― …… 49
問題の所在と背景 …… 49
一　作戦開始時における中央の構想 …… 51

(一)「大東亜戦争」に関する目的論争……51
(二)「対米英蘭蔣戦争終末促進ニ関スル腹案」と「南方作戦計画」及び占領地軍政構想……54
(三) 東京中央の混乱……59
二 現地軍の行動……61
(一) フィリピン……62
(ア) 開戦期におけるフィリピンに対する中央の構想……63
(イ)「比島進攻作戦」構想と問題点……64
(ウ) 第十四軍のマニラ攻略優先……69
(エ) 陸軍の対フィリピン認識……70
(オ) 第十四軍司令部の状況判断……72
(カ) 対米離反戦略の破綻……73
(二) ビルマ……77
(ア) 開戦期における中央の構想とビルマに対する政戦略……78
(イ)「ビルマ工作」とその進展……80
(ウ) ビルマ処理と「ビルマ独立工作」……81
(エ)「ビルマ進攻作戦」への大本営の態度……82
(オ)「第一次杉山上奏」と「第一次東条声明」……85
(三) フィリピン軍政がビルマの軍事作戦に及ぼした影響……86
まとめ……87
註……89

第三章　「今後採ルベキ戦争指導ノ大綱」（第一次）と「南方占領地建設方針」

――作戦構想と占領政策の収斂―― 95
問題の所在と背景 95
一　「一次大綱」と「南方占領地建設方針」 97
（一）「検討一五項目」と「一次大綱」 97
（二）大東亜建設審議会、国策研究会と「南方占領地建設方針」 100
二　現地軍の反応 107
（一）南方総軍司令部の反応 107
（ア）作　戦　指　導 107
（イ）軍　政　指　導 109
（ウ）「一次大綱」発出以降の作戦と軍政の相互作用 111
（二）ビ　ル　マ 113
（ア）ラングーン攻略と早期独立論の後退 113
（イ）ビルマ全土の占領と第十五軍軍政機関並びにＢＩＡ 115
（ウ）第十五軍軍政と中央行政府 119
（エ）第十五軍軍政の性格 125
（三）フィリピン 126
（ア）「第一次バターン作戦」後における第十四軍司令部の苦悩 126
（イ）オリガークスの動揺と「第二次バターン作戦」 128

（ウ）第十四軍軍政の性格……131
（四）現地軍から見た占領地軍政と軍事作戦……132
三　軍政の浸透と大東亜省設置……134
（一）省部間の軍政分担問題……134
（二）「南方占領地統治要綱」と軍政会議……135
（三）大東亜省設置の狙いとその波紋……137
まとめ……140
註……141

第四章　「今後採ルベキ戦争指導ノ大綱」（第二次）と「大東亜共栄圏」の成立
――政治・経済・軍事の鼎立――

……147
はじめに……147
一　戦略環境の悪化と占領地軍政……150
（一）連合軍の再建と戦略環境の悪化……150
（二）占領地の状況……153
（ア）ビルマの経済混乱……153
（イ）フィリピンの独立志向と軍政の浸透……155
（ウ）ビルマとフィリピンの相違点……166

二　「二次大綱等」の策定と「大東亜共栄圏」の成立……167

（一）東条首相の占領地視察とその影響……167

（二）「政略大綱」による政治的「大東亜共栄圏」の成立……170

（三）「二次大綱」による戦略的「大東亜共栄圏」の成立……171

（四）軍需省設立による経済的「大東亜共栄圏」の成立……174

（五）政治・経済・戦略鼎立と「大東亜会議」……175

三　「二次大綱等」と占領地の独立……177

（一）フィリピン独立と「中南比討伐作戦」……177

（ア）軍政の動揺とフィリピン独立……177

（イ）「絶対国防圏」構想と「中南部比島討伐作戦」……179

（二）ビルマ独立と「インパール作戦」……185

（ア）ビルマ独立許容とビルマ方面軍の新設……185

（イ）独立ビルマとビルマ方面軍……188

（ウ）「日緬同盟」と「ビルマ防衛作戦」……191

（エ）政戦略から見た「インパール作戦」……193

（三）フィリピンとビルマ……200

まとめ……201

註……203

第五章 「大東亜共栄圏」崩壊と「今後採ルベキ戦争指導ノ大綱」（第三次）
――フィリピン・ビルマ決戦と鼎立構造の崩壊――……211

問題の所在と背景……211
一 「三次大綱」策定時点（一九四四年八月十九日）までの現地軍の混乱……214
（一） 陸軍兵力の中部太平洋への推進と「一号作戦」……214
（二） ビルマ正面……220
（三） フィリピン……224
（四） 現地軍混乱の理由……226
二 「三次大綱」の策定と戦争指導機構の変容……227
（一） 小磯内閣成立と鼎立的「大東亜共栄圏」の再編……227
（二） 「三次大綱」と「陸海軍爾後ノ作戦指導大綱」……229
（三） 「三次大綱」における「戦略方策」と戦争目的……232
（四） 「三次大綱」における大東亜政策……233
（五） 「三次大綱」の決定過程と参謀本部の変容……235
三 参謀本部の作戦指導と現地軍の苦悩……237
（一） ビルマ……237
（二） フィリピン……244

四　作戦準備と対日協力政府・関係当事者……247
(一)　ビ　ル　マ……247
(二)　フィリピン……253
五　作戦の破綻と対日協力政府……259
(一)　ビ　ル　マ……259
(二)　フィリピン……263
(三)　作戦の破綻が大東亜政策に及ぼした影響……272
ま　と　め……274
註……276
終　章　東条英機の戦争指導と「大東亜共栄圏」……283
一　「大東亜戦争」以前における占領地軍政の役割の拡大……284
二　政・軍(省部)による「大東亜共栄圏建設」の意義の変化……286
三　現地軍の対応と対日協力政府……288
四　東条首相のリーダーシップ……289
ま　と　め……291

参考文献一覧……293
一　邦　文……293
二　英語史料……318
あとがき……323
索　引……338
人名索引……338
事項索引……334

「大東亜共栄圏」の形成過程とその構造――陸軍の占領地軍政と軍事作戦の葛藤――

序章　「大東亜共栄圏」という曖昧さ

一　軍事史研究からの疑問——本書の課題と背景——

本書は、日本軍による占領地軍政の史的展開を踏まえつつ、中央から現地軍に至る占領地軍政と軍事作戦との相互作用を考察し、「大東亜共栄圏」の形成過程とその構造を明らかにするものである。

大日本帝国政府は、「大東亜戦争」開戦直後、その目的を「大東亜共栄圏の建設」と発表した。すなわち欧米植民地からのアジアの解放であるとしたのである。この目的は、連合国の「大西洋憲章」に対抗しつつ、被植民地住民の独立要求というナショナリズムに応えて、日本による東南アジアにおける資源地帯を占領・確保することの正当化を図ったものであった。だからこそ戦争の名称を「大東亜戦争」としたのである。クリストファー・ソーン（Christopher

G. Thorne）は、これにより「大東亜戦争」は脱植民地化を争点とした理念の戦いとなったと指摘した。(1)

その一方、入江昭は、「大西洋憲章」が、民主主義に基づく戦後秩序の建設と明瞭であるが、これに対し「大東亜共栄圏」は曖昧な概念であることを指摘した。(2)一九七〇年代以降、それまでも始められていた「大東亜共栄圏」に関する研究が、これ以降、軍事・政治外交・経済・地域研究の分野で、大きく進んだ。

まず、軍事の分野では、一九六〇年代から八〇年代にかけ、防衛研修所戦史部が編纂した『戦史叢書』シリーズが刊行された。(3)これにより「大東亜戦争」の開戦経緯から敗戦に至る主要局面における軍部の状況判断が、中央から現地軍に至るまで明らかとなった。また、戦史に社会科学の手法を用いた戸部良一らの研究、(4)二〇〇〇年以降では、軍事社会学から分析した河野仁の研究(5)など著名なものが発表されてきた。しかしながら、これらはみな軍事作戦の帰結が中心であるため、軍事作戦の成果をいかに「大東亜共栄圏建設」に結び付けようとしたのかは、必ずしも明らかではない。

次に、政治・外交の分野である。一九七〇年代までは、日本軍の政治介入や非合理性に関する研究として、藤原彰、井上清、大江志乃夫のものが著名であり、彼らは統帥権の独立とこれを奉ずる現地軍の体質や参謀本部とのなれ合い、もしくは陸軍省の指導を無視する傾向を強調した。(6)さらに、主に占領地軍政経験者の論文も相次いだ。例えば、太田常蔵、岩武照彦やジョージ・S・カナヘレ（George S. Kanahele）の研究がそうである。(7)太田は、軍政の最も重要な歴史的意義は、ビルマ（現ミャンマー。以下、ビルマ）軍事組織の確立、ビルマ国家独立援助等の業績、政府と軍の中心的担い手の成長に対する寄与であると主張した。(8)また、ジョイス・C・レブラ（Joyce C. Lebra）や信夫清三郎が東南アジア一帯で日本軍が育成強化した義勇軍の存在を重視し、太田と同様の解釈を示している。(9)これらの戦史や研究からは、現地軍が中央の指示を無視して占領地軍政を行ったという姿は見えてこない。むしろ、そこには占領地軍政の難しさがにじみ出ている。

占領地軍政をいかにすべきかについての葛藤は、何も現地軍だけの問題ではなかった。太田弘毅は、占領地軍政の全体像を明らかにした[10]。また、波多野澄雄は、占領地軍政を、広義の「戦時外交」の一環と捉え、日本国内における調整過程の葛藤及び妥協を明らかにしている[11]。さらに、近年では、河西晃祐は南方進出の帰結として「大東亜共栄圏」を捉えている[12]。これらからは、軍の占領地軍政に関する方針については、中央の主要な当事者間においてもかなりの混乱があったことが分かる。この中央の混乱と現地の苦悩を、現地軍指揮官は占領地軍政と軍事作戦の調整という形で解決しなければならなかった。しかし、それをいかに解決しようとしたかという重要な問題は、今までのところあまり正面から取り上げられてこなかった。

他方、一九七〇年代、経済分野における「大東亜共栄圏」研究に先鞭をつけたのは小林英夫である[13]。現在では、疋田康行、山本有造、荒川憲一らによる実態分析が進んでいる[14]。さらに、安達宏昭によって、商工省や企画院といった複数アクターの相克の場として「大東亜建設審議会」を捉えた研究が進められている[15]。つまり、戦時経済の実態やその担い手の組織力学といった面では研究がかなり進んだと言える。ただし、変転する戦況の中で、経済がいかに戦争遂行に影響を及ぼしたかは必ずしも明らかではない。

占領地軍政については、占領する側からの視点だけでなく、占領される側からの視点も重要である。こうした視点からの研究は、主に東南アジア史の分野でなされてきた。特に九〇年代以降は、文化人類学や社会学の手法も取り入れて現地と占領地軍政との関わりを研究したものが多く発表された。例えば、フィリピンについての池端雪浦や中野聡、インドネシアに関する倉沢愛子や後藤乾一、英領マラヤ・シンガポールに関する明石陽至、ビルマについての根本敬、などの研究である[16]。また、リカルド・T・ホセ（Ricardo T. Jose）はフィリピン人から見た占領の実態[17]を、デイビッド・J・スタインバーグ（David Joel Steinberg）は対日協力者の視点から占領地軍政を研究している[18]。これらは日本軍による占領地軍政が苛酷であったことを批判すると同時に、当時のフィリピン社会の極端な貧富の差から、国内有力者同士の抗争が軍政下におけるフィリピンの悲惨さの一部をなしていたことを指摘している。しかしながら、これらの成果は、日本と東南アジアの文化摩擦という側面を強調している半面、占領地軍政の本質、つまり日本軍が戦争遂行の枠内で現地住民の協力を得ようとしていたことへの考察が、希薄になりがちであった。要するに、何が起こったのかの考察は十分なされているが、なぜそうなったかの考察が十分とは言えないのである。

これら先行研究の調査から、「大東亜共栄圏建設」を理念とした「大東亜戦争」研究は、主に占領地軍政と軍事作戦から、それぞれ別個に進められてきたことが分かる。ここで問題なのは、軍事史（軍隊の歴史）から見れば軍事作戦の重要性は言うまでもないが、もうひとつの戦争遂行の手段である占領地軍政は、その役割が必ずしも明らかになっていないことである。

二　占領地軍政とは何か

占領地軍政とは、本来、占領軍指揮官が行政・司法の二権を握り、占領地を一時的に統治することである。このことは、戦時国際法である「陸戦ノ法規慣例ニ関スル条約」附属書「陸戦ノ法規慣例ニ関スル規則」（以下、「ハーグ陸戦規則」）に認められた占領軍の権利であるとともに義務でもある。なぜなら、軍の直接統治によって治安を維持し、物資を徴発することは、その後の作戦遂行上不可欠の要件であり、占領地住民に対して、治安の維持を保障することが人道上の義務でもあるからである。[19]

しかし、占領地軍政は、すべての当事者にとって、好ましい統治形態とは言えない。軍隊は、そもそも、作戦・戦闘を遂行して戦争を勝利に導くための組織であって、行政や司法を行う組織ではない。したがって、統治行為は作戦行為に比べ優先順位が低く、軍隊にとって本来不得手な行為である。占領国政府としても、軍政には軍隊が介在するため、外交上必要あるいは得策とされる施策を、占領地行政に徹底させることはなかなか難しい。被占領国政府も、他国軍隊の支配下では住民の要望を貫徹できるはずもない。つまり、誰もが不満を持つ統治方式なのである。

では、そうでありながら、なぜ占領地軍政が行われるのだろうか。端的に言えば、必要とされるからである。近代軍隊には、大量の補給品が必要になる。その大量の補給品を本国から運ぶより、現地調達によるほうがはるかに有利である。また、占領国政府が占領地へ行政の浸透を図ろうとしても、軍事力によって治安が回復されない以上望むべくもない。さらに、被占領国政府や住民も、戦争被害を局限するには無政府状態は望ましいものではない。つまり、占領地軍政とは望ましくないにせよ、無政府という最悪状態からすればよほど良いということになる。

これら占領地における占領軍の権利・義務を定めた「ハーグ陸戦規則」が成立した一九世紀の戦争観は、無差別戦争観と称されるものであった。これは、戦争がいかなる理由で開始されるかは、道徳と国家政策の問題であって、国際法の評価の対象外であり、戦時国際法において交戦国を同等に扱うべきという考え方であった。[20] このような考え方から、戦争終結を法的に規定する講和条約において、領土の変更と賠償によって、戦勝の度合いをバランスさせてきたのである。このような法体系下にあっては、占領地軍政は軍事作戦の支援以上の役割はなく、政治的役割があるとすれば、将来の併合の準備くらいであった。

ところが、第一次世界大戦では、その熾烈さから、戦争観の変更を国際社会に迫ったのである。ひとつは総力戦であり、いまひとつは戦争違法化である。

総力戦とは、戦争遂行において国家が有するすべての国力を動員して行う戦争形態である。これにより、交戦国国内はもとより、占領地の人的動員や資源も徹底的に動員されたばかりでなく、資源開発等もまた行われ、占領地軍政の行政的役割が拡大した[21]。

一方、戦争では、到底、国家政策の目的を達することができないとも考えられ始めた。それは戦争そのものを違法とする考え方であり、違法戦争観と呼ばれた。それは集団安全保障と民族自決からなっていた[22]。この結果、国策としての戦争が否定され、たとえ占領したとしても、それが将来の自国領土となるとは看做されなくなった。また、集団安全保障と委任統治を約した「国際連盟規約」（以下、「連盟規約」）、「ロカルノ条約」「不戦条約」の成立、「中国に関する九カ国条約」（以下、「九カ国条約」）により、いわゆる「戦争違法化体制」が整備されていった[23]。これらにより、占領地軍政の考え方も大きく変容を遂げる。占領地軍政には、その正当化という広範な政治的役割もまた担わされたのである。

したがって、占領地軍政は、無差別戦争観時代に比し、大きく役割を広げていった。無差別戦争観時代の占領地軍政を、治安維持及び徴発に限定した「狭義軍政」とすれば、戦争違法化・総力戦体制時代の占領地軍政は政治指導や経済開発といった政治・行政的事項に関し、より役割が拡大した「広義軍政」と呼べるだろう。そしてさらに、占領地独立後の間接支配を「政務指導」と呼ぶ。関東軍は、この「政務指導」によって、一九三〇年代前半、満州国を建国し、占領地改革を行いつつ、住民の民族自決を援助し、実質的に支配下に入れた。

つまり、「大東亜戦争」期においては、占領地軍政は、軍にとって、軍事作戦と並ぶ戦争目的達成の手段となったのである。これにより、「大東亜共栄圏建設」の評価に当たって、占領地軍政と軍事作戦との相互作用として捉える必要が生じたのである。要するに、従来の占領地軍政と軍事作戦に関する研究蓄積を総合化しなければ、正鵠を射た評価ができなくなったと言えよう。

三　本研究の目的と分析手法

本研究は、日本軍による占領地軍政の史的展開を踏まえつつ、中央から現地軍に至る占領地軍政と軍事作戦との相互作用を考察し、「大東亜共栄圏」の形成過程とその構造を明らかにするものである。

このため、本研究では、「大東亜共栄圏」の形成過程を、中央での合意形成、中央と現地軍との間の合意形成、現地軍と対日協力者の合意形成の各過程を占領地軍政と軍事作戦の相互作用の中で、分析することに意を用いる。そして、この実態分析を通して、「大東亜共栄圏建設」の政策構造を浮き彫りにすることが狙いである。また、「大東亜戦争」における軍事作戦を占領地軍政との相互作用という観点で分析することは、今まで議論されてきた軍事作戦を再評価することにもなろう。

この際、中央とは大本営及び政府であり、陸軍においては参謀本部及び陸軍省（以下、「省部」）である。参謀本部は統帥大権を司り、現地軍に対し戦略を指導する。この際、現地軍は、「ハーグ陸戦規則」に基づき、軍事作戦の一環として治安の維持及び徴発を行う。したがって、参謀本部にとっては、この治安の維持及び徴発も、現地軍に対する統帥権に基づく指導対象となるのである。他方、陸軍省は編制大権を司り、現地軍に対し政略を指導する。具体的には、拡大した行政事項つまり占領地改革や独立準備について現地軍を指導した。ここにおいて、省部の双方がそれぞれの天皇大権に基づき政戦略の摺り合わせを行いつつ、占領地軍政の主務を主張し、時には鋭い緊張状態を発生させた。

次に、中央と現地軍の合意形成過程に注目する。従来、占領地軍政の具体的施策を実行する現地軍には十分な光が当ててこられなかった。しかしながら、現地軍こそ実質的に占領地軍政と軍事作戦に責任を持っていたのであり、戦争の政治的理念と軍事的要請の矛盾が最も激しくかつ先鋭的な形で表れていたのである。

現地軍とは、戦時においてある地域で軍事作戦遂行に当たる実行部隊であり、通常数個師団と若干の配属部隊から編成される軍、もしくは数個軍と若干の配属部隊から編成される方面軍がこれに当たる。ここで注目すべきは、現地軍の役割は、本来軍事作戦の遂行が主体である一方で、占領地軍政の主体でもある。例えば、軍事作戦実行に当たり、対日協力政府の確立等謀略としての占領地軍政を行う場合がある。また、作戦の終始を通じ、現地軍指揮官が一時的に最高権力を掌握して、一般住民に対し治安維持及び徴発を行う。これらが、軍事作戦を容易にするという意味から「戦略の軍政」とする。さらに、現地軍指揮官は、本国政府の指導に基づき、対日協力政府に軍事的援助及び占領地改革上の援助を与える場合がある。例えば、産業振興や人材養成といった行政面の援助である。これが成功すれば、現地軍にとっては徴発物資の拡充や現地住民による治安維持につながり、占領地では国づくりとなる。これが、いわゆる「政略の軍政」である。したがって、現地軍の意思決定は、中央からの政戦略上の要求と占領地の実情の摺り合わせが大きな要素となる。そして現地軍の意思決定は占領地軍政と軍事作戦の相互作用として結実することとなる。つまり、現地軍が、いかなる中央からの指示に基づき、いかなる状況判断を行ったかを分析すれば、「大東亜戦争」における占領地軍政と軍事作戦の相互作用の実態を、より明確に析出することができるであろう。

中央との摺り合わせが終わった現地軍が、占領地軍政や軍事作戦を行うに当たり、不可欠なことは対日協力政府の協力である。言語・文化等どれをとっても一様でなく宗主国と現地住民との関係もまた、それぞれに微妙に異なっている東南アジアは、満州や中国に比べて、日本人にとって、それほど関心の高い地域ではなかった。[24] したがって、政府や軍部にとって、タイを除いた東南アジア地域はその宗主国との関係において考察される対象であって、現地住民の指導者たちとは、一部の例外を除き、ほとんど交渉がなかった。[25] ここから、日本の指導の下に独立したビルマやフィリピン政府を単なる傀儡政権と看做しがちである。[26] ところが、いずれの指導者も、唯々諾々と日本の指導に従ったわけではない。どのような場合においても常に日本と対等な地位を求め、国益を追求した真に手強い交渉相手であり、占領地軍政に対する手厳しい批判者でもあった、対日協力者と言われる現地住民指導者は、日本の支配を巧みに利用して独立実現に役立てようとしたり、独立準備としての国内改革に役立てようとしたりしていたのである。戦争の理念に説得力を与えるために行った現地軍指揮官の行動は、日本軍による占領地軍政に対して現地住民が示した協力の実相を考察する際に深く考慮しなければならない重要なポイントである。この視点は、日本軍による占領地軍政を戦後日本と東南アジア各国との関係の始まりと捉えるならば、さらに重要性は増す。戦後のアジアの独立が、何によってもたらされたかを考察する時の手掛かりを提供することにもなろう。

四　考察する地域と焦点

本研究を効率的に行うため、考察する地域を、東南アジアの中でも、主にビルマとフィリピンに絞る。その理由は、「大東亜戦争」における占領地軍政と軍事作戦の相互作用を分析するに当たり、この地域には、類似性が多くある半面、その結果が全く反しており、しかもその内容が「大東亜共栄圏」の本質を表しているからである。

その類似性とは、次の三点である。第一に、両国とも開戦初期に日本が支配下に入れてから、大戦末期にそこから敗退するまで、大戦全期にわたって、占領地軍政と軍事作戦が密接に結び付いて行われたことである。第二に、占領地軍政から独立付与に至る間、現地住民の思惑及び宗主国との関係が入り組み、日本国内の状況とも相まって、占領地軍政が極めて複雑であり、それゆえ軍事作戦との微妙な調整が必要であった。最後に、軍事作戦の形態が初期の進攻作戦から末期の持久作戦まで多様であり、戦局の変化に応じ作戦も変化しているため、占領地軍政と軍事作戦を調整することが、なお一層必要であり、かつ難しかったことである。

これほどの類似性を持ちながら、占領地軍政の結果は正反対となった。まず、ビルマは、日本が育成したビルマ軍（以下、ＢＡ）が反乱を起こす大戦末期まで、治安が保たれたのに対し、フィリピンについては、当初から治安を安定させることができなかった。第二に、植民地エリートがビルマにおいては戦後に没落したのに対し、フィリピンでは戦後に政界に復帰し長く指導的役割を果たし続けた。最後に、ビルマは戦後親日的と言われたのに比し、フィリピンは反日的だったと言われている。[27] つまり、ビルマとフィリピンは占領地軍政の結果が極端に違うため、これら二カ国の比較により客観的な評価が可能であり、占領地軍政の実態分析も一面的となる陥穽を避けることができよう。なお、ビルマやフィリピンにおける占領地軍政と軍事作戦の相互作用は、「大東亜共栄圏」内の他の地域にも影響を与えた。例えば、戦争の最終段階の仏印における仏印処理、蘭印に対する独立許与である。これにも、ビルマやフィリピンにおける占領地軍政と軍事作戦の相互作用の分析に関する範囲で触れたい。

次に、現地における考察の焦点を、現地軍による占領地軍政と軍事作戦の相互作用の解明に置く。なぜなら、現地軍による占領地軍政と軍事作戦の相互作用の解明が、先行研究で最も欠落した分野だからである。この欠落は、フィリピンやビルマの「独立」を取り扱った波多野の研究[28]でさえ、「大東亜戦争」における占領地軍政を、広義の「戦時外交」の一環と捉えることから始まっているため、中央（政府と統帥部）または外務省内の議論や対日協力政府と中央の交渉と妥協という観点からの分析に止まらざるを得なかった。したがって、現地軍と対日協力政府の占領地軍政と軍事作戦を介した応酬という姿が、なかなか見えてこない。

占領地軍政と軍事作戦の相互作用の解明が、今まで欠落していたため、軍事作戦、占領地軍政それぞれで、今もってなお解決されていない問題が多いのではないだろうか。例えば、軍事作戦では「比島攻略作戦」におけるマニラ優先、「捷号作戦」における「レイテ決戦」の選択、ビルマにおける「インパール作戦」の実施、「イラワジ会戦」の準備等がそれである。また占領地軍政においては、比島行政府の早過ぎる設置、ビルマにおける南機関の否認等が挙げられるだろう。つまり本書は、新たな視点により、今まで解決されてこなかった問題を説明する試みでもある。

五　活用した主な史料について

まず日本においては、全編を通じ、活用した史料は防衛省防衛研究所戦史研究センター史料室所蔵のものである。その中で、中央の動きと作戦関係を把握するには戦史研究センター史料室の史料が不可欠であることは言うまでもない。すでに公刊済みのものも多いが、例えば、陸軍省内の動きは「金原節三業務日誌摘録[29]」、参謀本部の動きは『杉山メモ[30]』及び『機密戦争日誌[31]』から把握した。また現地軍に関して、南方軍総司令部は石井秋穂「南方軍政日記[32]」と荒尾興功「南方総軍の統帥[33]」を重視した。また、ビルマ関係はビルマ方面軍司令部「ビルマ方面軍より観たるインパール作戦[34]」、フィリピン関係は武藤章『比島から巣鴨へ[35]』が有益であった。

同じく日本においては、アジア経済研究所図書館所蔵の史料も重要である。特に軍政関係の具体的政策に関する史料は有益であった。例えば、「岸幸一コレクション[36]」の南方軍政に関する史料は、フィリピン関係の経済政策を確認するうえで大変役に立った。

外国の史料は、京都産業大学図書館所蔵の「ラウレル文書[37]」とフィリピン大学のバルガスミュージアムの史料[38]を活用した。ビルマの現地史料が少ないことは大きな問題であったが、幸いなことにバー・モオ（Ba Maw）『ビルマの夜明け[39]』やボ・ミンガウン（Bo Min Gaung）『アウンサン将軍と三十人の志士[40]』等、当事者による回想録が日本で刊行されていたため、これを活用した。

最後に公刊史料である。福島慎太郎編『村田省蔵遺稿　比島日記[41]』や龍渓書舎から出されている『南方軍政史料』シリーズがある。また、関係者の自家本は現場の緊張感が感じられ有益な史料となった。

六　本書の構成

本書は五章で構成されている。

まず、第一章では、日本陸軍による占領地軍政の史的展開を追う。日本軍は、無差別戦争観に基づく戦時国際法を受け入れ、日清・日露戦争を経て占領地軍政を確立した。ところが、第一次世界大戦による戦争観の変更によって占領地軍政もまた大きく役割を広げた。では、日本軍は、占領地軍政のための組織及び法体系を、どのような理由で、どのように整備していったのだろうか。また、戦争観の変更に伴い、どのような問題が生じたのだろうか。そして、その後の戦争を評価するうえでの軍事史的視座は何かを明らかにする。

第二章では、「大東亜戦争」開戦期における戦争目的、占領地軍政と軍事作戦の相互作用を、中央における統帥部と政府、中央と現地軍の関係から、それぞれに明らかにする。

一九四一（昭和十六）年十二月八日、「大東亜戦争」が開始された。ところが、驚くべきことに戦争目的である「大東亜共栄圏建設」は、中央で合意されていなかったのである。統帥部と政府はそれぞれこの戦争をどのように認識し、どのように実施しようとしたのだろうか。また、戦争目的が中央において曖昧であった場合、現地軍にもたらした作戦上及び占領地軍政上の混乱はどのようなものであったのだろうか。

第三章では、「今後採ルベキ戦争指導ノ大綱」（第一次）（以下、「一次大綱」）策定後に戦争目的と占領地軍政及び軍事作戦の整合を図ることができたかを明らかにする。

「南方攻略作戦」が一段落しつつあった一九四二（昭和十七）年三月七日に「一次大綱[42]」が、四月十一日に「南方占領地建設方針」が発表された。これは順調に進展した進攻作戦であったが、戦争目的、占領地軍政と軍事作戦の関係が、中央における統帥部と政府、中央と現地軍との間で齟齬が生じつつあり、それを規正する目的で策定されたものであった[43]。では、戦争目的と占領地軍政及び軍事作戦の整合ははたして図ることができたのであろうか。また、現地軍はいかにそれまでの混乱や迷走を収束させたのだろうか。

第四章では、「今後採ルベキ戦争指導ノ大綱」（第二次）（以下、「二次大綱」）から「絶対国防圏」構想、「大東亜政略指導大綱」及び軍需省設置の相互関係と現地軍への影響を分析して「大東亜共栄圏」の構造を明らかにする。

一九四三（昭和十八）年二月のガダルカナル撤収以降、連合軍の反攻に直面した日本の対応は、五月の「大東亜政略指導大綱[44]」、九月の「二次大綱」、十一月の軍需省設置であった。これらは、開戦以降一年半以上経てようやく戦争目的である「大東亜共栄圏建設」を政策として総合的に決定したという点で、特筆すべきものであった。特に「二次大綱」は、「大東亜共栄圏」内の軍事戦略、外交、生産を網羅したこの時期の大戦略であり、開戦時より、陸軍対海軍、あるいは統帥部対政府間に存在した戦争目的論争にようやく終止符を打ったものとも言える[45]。では、なぜそしてどのように「二次大綱」は策定されていったのだろうか。また、戦略、政治、経済はどのような相互関係にあったのであろうか。そしてこれらは現地軍と対日協力政府にどのような影響を及ぼしたのであろうか。

第五章は、「今後採ルベキ戦争指導ノ大綱」（第三次）（以下、「三次大綱[46]」）に基づいて実施された占領地軍政と軍事作戦に、どのような相互作用があったかを明らかにする。

「捷号作戦」「イラワジ会戦」は、一九四四（昭和十九）年八月に策定された「三次大綱」に基づいて実施された軍事作戦であるが、この一連の軍事作戦と「大東亜共栄圏建設」という戦争目的はどのような関係にあったのであろうか。また、これら軍事作戦と占領地軍政はどのような相互作用があったのだろうか。この間、日本軍が養成したＢＡは反乱を起こし、同じく日本軍が指導したフィリピン警察軍は崩壊し、抗日ゲリラの行動は猖獗を極めた。つまり、戦争目的「大東亜共栄圏建設」の下に行った占領地軍政は、結果として、この時期に完全に否定されたことになる。この原因は、はたして敗勢のみに帰すことができるのだろうか。

終章では、占領地軍政と軍事作戦の相互作用から見た「大東亜共栄圏」の構造、崩壊過程からその特徴を明らかにして、「大東亜共栄圏」の史的評価を行う。

七 「先の大戦」の名称について

本書では、「先の大戦」を「大東亜戦争」と呼称する。「先の大戦」には、多様な立場から「大東亜戦争」だけでなく、「太平洋戦争」「十五年戦争」「アジア・太平洋戦争」など、多くの名称があり、それぞれに論拠があることは承知している。[46] しかしながら、本書に「大東亜戦争」を使用するのは、次の事項を叙述しているためであり、特定のイデオロギーとは関係なく、「大東亜戦争」を肯定しているからでもない。

本書では、占領地軍政を軍事作戦と並ぶ、戦争目的「大東亜共栄圏建設」を達成するための手段として取り扱っている。そして、もう一方の手段である軍事作戦への影響もしくは軍事作戦からの影響を確認するという分析手法により、「大東亜共栄圏」の形成過程を明らかにすることが本研究の創意なのである。したがって、戦争目的「大東亜共栄圏建設」を名称としている「大東亜戦争」が本研究には適しているのである。

註

（1）クリストファー・ソーン（市川洋一訳）『太平洋戦争とは何だったのか』（草思社、一九八九年）一三一―一三八頁。
（2）入江　昭『日米戦争』（中央公論社、一九七八年）八三頁。
（3）防衛庁防衛研修所戦史（室）部による『戦史叢書』シリーズは『マレー進攻作戦』（朝雲新聞社、一九六六年）から『陸海軍年表』（朝雲新聞社、一九八〇年）まで一〇二巻刊行された。
（4）戸部良一、寺本義也、鎌田伸一、杉之尾孝生、村井友秀、野中郁次郎『失敗の本質――日本軍の組織論的研究――』（ダイヤモンド社、一九八四年）。
（5）河野　仁『〈玉砕の軍隊〉、〈生還の軍隊〉――日米兵士が見た太平洋戦争――』（講談社、講談社選書メチエ、二〇〇一年）。
（6）藤原　彰『天皇制と軍隊』（青木書店、一九七八年）、井上　清『日本の軍国主義Ⅲ　軍国主義の展開と没落』（現代評論社、一九七五年）、大江志乃夫『日本の参謀本部』（中央公論社、中公新書、一九八五年）。
（7）太田常蔵『ビルマにおける日本軍政史の研究』（吉川弘文館、一九六七年）、岩武照彦『南方軍政論集』（厳南堂書店、一九八九年）、ジョージ・S・カナヘレ（後藤乾一、近藤正臣、白石愛子訳）『日本軍政とインドネシア独立』（鳳出版、一九七七年）。
（8）太田『ビルマにおける日本軍政史の研究』四七〇頁。
（9）村田克巳、ジョイス・C・レブラ『東南アジアの解放と日本の遺産』（秀英書房、一九八一年）、信夫清三郎『「太平洋戦争」と「もう一つの太平洋戦争」――第二次大戦における日本と東南アジア――』（勁草書房、一九八八年）。
（10）太田弘毅は、『東南アジア研究』『日本歴史』『政治経済史学』『軍事史学』等に占領地軍政に関する論文を多数発表している。
（11）波多野澄雄『太平洋戦争とアジア外交』（東京大学出版会、一九九六年）。

(12) 河西晃祐『帝国日本の拡張と崩壊――「大東亜共栄圏」への歴史的展開――』(法政大学出版局、二〇一二年)。

(13) 小林英夫『「大東亜共栄圏」の形成と崩壊』(お茶の水書房、一九七五年)。

(14) 疋田康行編『「南方共栄圏」――戦時日本の東南アジア経済支配――』(多賀出版、一九九五年)、山本有造『「大東亜共栄圏」経済史研究』(名古屋大学出版会、二〇一一年)、荒川憲一『戦時経済体制の構想と展開――日本陸海軍の経済史的分析――』(岩波書店、二〇一一年)。

(15) 安達宏昭『「大東亜共栄圏」の経済構想――圏内産業と大東亜建設審議会――』(吉川弘文館、二〇一三年)。

(16) 池端雪浦編『日本占領下のフィリピン』(岩波書店、一九九六年)、中野　聡『歴史経験としてのアメリカ帝国――米比関係史の群像――』(岩波書店、二〇〇七年)、倉沢愛子編『東南アジア史のなかの日本占領』(早稲田大学出版部、一九九七年)、明石陽至編『日本占領下の英領マラヤ・シンガポール』(岩波書店、二〇〇一年)、後藤乾一『日本占領期インドネシア研究』(龍渓書舎、一九八九年)、根本　敬「東南アジアにおける『対日協力者』――『独立ビルマ』バモオ政府の事例を中心に――」(倉沢愛子、杉原　達、成田龍一、テッサ・モーリスースズキ、油井大三郎、吉田　裕編『岩波講座　アジア・太平洋戦争第7巻　支配と暴力』岩波書店、二〇〇六年)。

(17) Ricardo T. Jose, *World war II and the Japanese Occupation* (Diliman, Quezon City: The University of the Philippines Press, 2006).

(18) David Joel Steinberg, *Philippine Collaboration in World War II* (Manila: Solidaridad Publishing House, 1967).

(19) 信夫淳平『戦時国際法提要』上巻(照林堂書店、一九四三年)六九一頁。

(20) 柳原正治「戦争の違法化と日本」(国際法学会編『日本と国際法の100年　第10巻　安全保障』三省堂、二〇〇一年)二六九頁。

(21) 田中　誠「占領概念の歴史的変容」(『政治経済史学』四八八号、二〇〇七年四月)。

(22) A・コバン(栄田卓弘訳)『民族国家と民族自決』(早稲田大学出版部、一九七六年)一〇六頁。

(23) 伊香俊哉『近代日本と戦争違法化体制――第一次世界大戦から日中戦争へ――』(吉川弘文館、二〇〇二年)六頁。この件に関する米国内での論争は、篠原初枝『戦争の法から平和の法へ――戦間期のアメリカ国際法学者――』(東京大学出版会、二〇〇三年)、また国際連盟の集団安全保障体制については篠原初枝『国際連盟――世界平和への夢と挫折――』(中央公論新社、中公新書、二〇一〇年)が詳しい。

(24) 矢野暢は『南進の系譜――日本の南洋史観――』(千倉書房、二〇〇九年)で、政府の南方関与が昭和に入ってからのことと指摘している。

(25) 後藤乾一「M・ハッタ及びM・ケソンの訪日に関する史的考察――一九三〇年代日本・東南アジア関係の一断章――」(早稲田大学

社会科学研究所編『アジアの伝統と近代化――創設五十周年記念論文集――』早稲田大学社会科学研究所、一九九〇年）によれば、フィリピンの大統領マヌエル・ケソン（Manuel Luis Quezon y Molina）は、独立準備の一環として、一九三七、三八年の両年、日本を訪問し領土保全を確認していた。

（26）福島慎太郎編『村田省蔵遺稿　比島日記』（原書房、一九六九年）七八頁。

（27）戦後、ビルマ及びフィリピンと国交が回復したが、その折の賠償及び借款総額はビルマ二億五〇〇〇万ドル、フィリピン八億ドルであった（中野　聡「賠償と経済協力」（後藤乾一編『岩波講座　東南アジア史8　国民国家形成の時代――1939年～1950年代――』岩波書店、二〇〇二年）二八三頁）。これからもフィリピンの戦争被害の大きさが想像できよう。

（28）波多野『太平洋戦争とアジア外交』一〇三―一二八頁。

（29）金原節三「金原節三業務日誌摘録」（防衛省防衛研究所戦史研究センター史料室所蔵）中央－軍事行政その他－1－23。

（30）参謀本部編『杉山メモ』上（原書房、一九六七年）及び参謀本部編『杉山メモ』下（原書房、一九七八年）。

（31）軍事史学会編『大本営陸軍部戦争指導班　機密戦争日誌』上・下（錦正社、一九九八年）。

（32）石井秋穂「南方軍政日記」（防衛省防衛研究所戦史研究センター史料室所蔵）文庫－依託－96。

（33）荒尾興功「機密作戦日誌資料　南方総軍の統帥（進攻作戦期）」（同右）南西－全般－33。

（34）ビルマ方面軍参謀本部「ビルマ方面軍より観たるインパール作戦　其の1」（同右）南西－ビルマ－2及び「其の2」（同右）南西－ビルマ－3。

（35）武藤　章『比島から巣鴨へ――日本軍部の歩んだ道と一軍人の運命――』（中央公論新社、中公文庫、二〇〇八年）。

（36）陸軍司政長官山越道三「軍政下ニ於ケル比島産業ノ推移」（昭和十八年十二月）（アジア経済研究所所蔵）。

（37）JOSE P. LAUREL PAPERS, SER, 003, ROLL 002（京都産業大学図書館所蔵）。

（38）“the Philippine Executive Commission Papers” (Jorge B. Vargas Museum and Filipiniana Research Center).

（39）バー・モウ（横堀洋一訳）『ビルマの夜明け』（太陽出版、一九七三年）。

（40）ボ・ミンガウン（田辺寿夫訳編）『アウンサン将軍と三十人の志士――ビルマ独立義勇軍と日本――』（中央公論社、中公新書、一九九〇年）。

（41）福島編『村田省蔵遺稿　比島日記』。

（42）「今後採ルベキ戦争指導ノ大綱」（参謀本部第20班　第15課「大本営政府連絡会議決定綴　其の4（東条内閣時代）」（防衛省防衛研究所戦史研究センター史料室所蔵）中央－戦争指導重要国策文書－1103。

（43）参謀本部編『杉山メモ』下、昭和十七年二月四日、一六頁。
（44）参謀本部第20班　第15課「大本営政府連絡会議決定綴　其の7（東条内閣時代）」（防衛省防衛研究所戦史研究センター史料室所蔵）中央－戦争指導重要国策文書－1108。
（45）戦争目的に関する論争は、森松俊夫「大東亜戦争の戦争目的」（近藤新治編『近代日本戦争史第4編　大東亜戦争』（同台経済懇話会、一九九五年）二九四―三一六頁、戸部良一「日本の戦争指導――3つの視点から――」（防衛省防衛研究所編『太平洋戦争の新視点――戦争指導・軍政・捕虜――』防衛省防衛研究所、二〇〇八年）三一―三二頁に詳しい。
（46）参謀本部第20班　第15課「大本営政府連絡会議　最高戦争指導会議〕決定綴　其の9　東条内閣、小磯内閣時代」（防衛省防衛研究所戦史研究センター史料室所蔵）中央－戦争指導重要国策文書－1111。
（47）戦争呼称に関する議論は、庄司潤一郎「日本における戦争呼称に関する問題の一考察」（『防衛研究所紀要』第一三巻第三号、防衛省防衛研究所、二〇一一年）四三―八〇頁に最も詳細に述べられている。

第一章　日本陸軍占領地軍政の史的展開
――明治建軍から日中戦争まで――

はじめに

日本陸軍は、明治建軍以降、「大東亜戦争」に至るまで、幾つかの対外戦争を経験してきた。そして、その間、第一次世界大戦による戦争観の変化等多くの環境の変化に適合してきた。そうであるならば、占領地軍政に関しても、多くの経験を有していたはずである。しかしながら、日本陸軍は占領地軍政にどのような期待をしたかは、必ずしも明らかになってはいない。日本陸軍はこれらの経験から、どのような占領地軍政モデルを確立したのであろうか。また、そのモデルにはいかなる問題点が伏在していたのだろうか。

陸軍が確立した占領地軍政のモデルを明らかにするためには、陸軍が受容した占領地軍政の史的展開を明らかにする必要があることに異論はないだろう。このため、まず明治建軍期、いかに占領地軍政の概念を取り込んだかを、日本における戦時国際法研究の先駆者有賀長雄博士が著した『万国戦時公法』[1]で確認する。次に、第一次世界大戦勃発以降に発生した総力戦と呼ばれる戦争観によって、占領地軍政に関する期待がいかに変化したかを陸軍臨時軍事調査委員会が著した「国家総動員に関する意見」[2]（以下、「意見」）で確認する。また、第一次世界大戦後に恒久的平和を確立するため提案された違法戦争観によって、占領地軍政がいかに変化したかを関東軍参謀部調査班が著した「満洲占領地行政の研究」[3]から確認する。さらに、陸軍が確立した占領地軍政のモデルが満州事変及び日中戦争においていかに適用され、いかなる問題が生じたかを、当時の政治状況を踏まえ明らかにする。最後に、これらを通じ陸軍が形成した占領地軍政のモデルを整理し、伏在していた諸問題点を明らかにする。

一　占領地軍政の受容

明治政府が開国し、西欧列強の国際秩序に属するべきと決めた以上は、国際法を受け入れ、これを順守することを内外に示す必要があった。なぜなら、同じ国際法体系に属さなければ、西欧列強から独立国家として尊重されず、独立を失う可能性があったからである。もちろん国際法の中の戦時国際法もその例外ではない。では、日本軍は戦時国際法をどう理解したのであろうか。そして、戦時国際法は占領地軍政をいかに規定していたのだろうか。

占領地軍政の定義は、一九〇七（明治四十）年に調印された「ハーグ陸戦規則」第四二条で明らかにされている。ただし、国際慣習法としてはそれ以前から存在しており、日本軍は戦時国際法の重要性を認識し、陸軍大学校に有賀博士を教授として招き、将校学生に教育を施していた。したがって、日本軍が戦時国際法をいかに理解していたかは、一八九四（明治二十七）年、有賀博士の著した『万国戦時公法』で確認することができる。この書は、当時の欧米の著名な国際法学者の学説を多数引用しており、特に六四（元治元）年の「ジュネーブ条約」から七四（明治七）年の「ブリュッセル宣言」までの議論を要約整理していることから、その見解は、単に日本独自のものでなく、欧米で支持されているごく一般的な学説と判断できる[4]。

この『万国戦時公法』において、戦争に規則がある理由は三つあるとされた。ここに当時の戦時国際法の根底にある考え方が示されている。それは、第一に戦争の大旨、第二に闘戦の範囲、第三に仁愛の主義としている。まず、戦争の大旨であるが、戦争は、国家がその目的達成を追求した結果生ずるものである以上、目的達成のためには国家は戦争を行う権利があり、あらゆる手段をとって良いということである。第二の闘戦の範囲は、戦争は国家の目的達成を全うするに必要な範囲を超えない範囲に限定されるということである。最後に、仁愛の主義とは、必要な範囲外においては敵味方の差別なく、等しく人類たるの故に相互救護の方針をとることであった[5]。要するに主権国家同士の政治的対立を解決する手段として戦争を是認しながらも、戦争被害を局限するため、規則を規定しており、いわゆる無差別戦争観[6]に基づいている。

では、『万国戦時公法』においては、占領とはいかなる概念なのだろうか。実は、一八世紀までの戦争においては、占領という概念は存在しなかった。なぜなら、侵攻軍がいったん敵地に侵入すれば、敵国は土地に対する主権を失ったと看做され、侵攻軍隊はただちに統治を行ったからである。ところが、ナポレオン戦争の結果、ナポレオンのために領土を奪われた諸邦は、旧領返還を主張した。これに対し、一八一四（文化十一）年のウィーン会議は、ナポレオン前の状態に国際秩序を復するいわゆる正統主義を確認した。このため、占領と征服という概念を創出したのである。そして、実効支配に基づき、講和条約により主権の移譲を確定することとした。[7] ここでは、占領とは、戦争目的に由来する必要性により一定の土地に侵入して、仮政権を樹立し統治を行う事実の問題とした。一方、征服とは講和条約により主権の移譲が行われるという権利の問題と定義したのである。[8] つまり、戦争目的を達成するために占領という事実を確定し、その後に講和条約締結の際に、戦勝国は征服という権利を獲得するのである。したがって、戦争目的に合致しない占領は説得力に欠け、占領の事実がない場合、征服はないと考えられる。

そして、占領軍の権利・義務を規定したのも、また戦時国際法であった。『万国戦時公法』では、陸上闘戦条規いわゆる陸戦規則編に、交戦者資格、交戦者の権利・義務、禁止事項、赤十字条約関係、捕虜、攻囲及び砲撃等の後、敵国財産の取扱い、分捕り、敵地住民の取扱い、徴発、課金等が述べられている。そして、その後に占領（占領政府）として占領政府と占領地住民の関係が規定されている。[9] つまり『万国戦時公法』における戦争の経過に関する理解は、交戦地域への軍の進攻、敵軍との交戦・撃破、交戦地域における治安回復及び徴発、占領政府の樹立といった段階が想定されていたと考えられる。したがって、戦闘と占領の間には、治安が回復されておらず、占領政府も樹立されていない状態、つまり占領地住民の保護がなおざりにされている状態が存在するということになる。このため、占領軍は速やかに治安を回復することが義務とされた。要するに、いったん占領した場合に生ずる侵攻軍の権利は、徴発、労役、課金であり、そのための治安回復・維持の義務であった。これは、占領地の資源は敵手に落ちれば敵の戦力を向上させることになるから、占領軍がこれを使用することは当然の権利と考えられていたからである。[10] このことから考えると、占領軍にとっては、治安の回復・維持はそのための前提に過ぎなかった。そして、その権利・義務も講和条約までの期限付きであった。

国際法の受容は、国内法の整備を必要とした。では、戦時国際法と明治政府が整備した国内法は、いかなる関係を有していたのだろうか。そして、占領地軍政にどのような影響を与えたのであろうか。ここで注意を要するのは、戦時国際法は対象によって服すべき法が違うことを規定していること及び戦時国際法上盲点となっている場合は何らかの法が必要なこと、さらに日本特有の法である「統帥権」との関係である。

まず、対象によって服すべき法が違うことである。占領軍は行政を行うが、国際法上立法を行い得ない。したがって、占領地の憲法その他の法律は、特別な事情があるほかは変更できない[11]。ここから、民事及び戦争に関係ない刑事事件については、占領地において従来有効であった法律を適用することが原則となる。一方、軍人犯罪及び一般市民の戦争に関係する犯罪については、占領軍の本国の法律を適用することとなる[12]。一般的には陸・海軍刑法がこれに当たる。つまり、占領地域は異なる二つの法体系が混在することになる。

次に、戦時国際法上盲点となっている場合である。占領地住民は、占領軍に服従することとされている[13]。ということは、占領軍は、交戦後、占領地の治安を回復し、これを維持する責任を有するが、どのようになすべきだろうか。なぜなら、治安が回復していないということは、その態様は別にしても、占領地住民の中に占領軍に服従していない者が、ある程度存在するということになるからである。占領軍に従う住民と反抗する住民の混在、ここに戦時国際法上の盲点が存在するのである。これに応ずるため、一八七四年の「ブリュッセル宣言」において第二条では、占領者はその権力内にあるすべての方策を用いて公共の秩序を回復・保持すべきことがうたわれている[14]。このことは何をおいても優先して、治安の回復・維持をする必要があるということになる。そして、そのためには、特に占領国の「憲法を派出する」ことが慣例となっていた[15]。つまり、治安の回復・維持のためには、占領国の国内法体系によって行うことが認められていたのである。

占領地域における異なる二つの法体系の混在と戦時国際法上の盲点は、占領軍と占領地住民の間に大きな摩擦を生ずる可能性があった。例えば、日本軍が占領した場合を考察すると、派出される「大日本帝国憲法」（以下、「帝国憲法」）の条項は、非常大権を規定した第三一条である。したがって、行われる法律は非常法であり、国民の権利を制限する「戒厳令」（一八八二年、太政官布告第三六号）の準用となり、占領地軍政においては、占領地の固有法を「戒厳令」の準用によって制限することが可能であった。最も著名な例が憲警一致であろう。これは、憲兵が占領地における住民に対し一般警察業務を行うことである。ここに占領軍と占領地住民の間に紛糾を生ずる可能性があったのである。また、国際法上認められた占領軍の権利である物資及び労働力の徴発についても、占領軍の国内法である「徴発令」（一八八二年、太政官布告第四三号）によって行われた。徴発は占領軍の権利である以上、他国の法に服すのは筋が違い、さりながら、何らかの法がなければ恣意的に運用されかねないため当然と言えよう。

最後に統帥権との関係である。一八九三（明治二十六）年、日清間における朝鮮を巡る対立が熾烈化する中、「戦時大本営条例」が制定された。一般的に、この制定は海軍軍令機関すなわち海軍軍令部が海軍省から独立することに伴い、中央軍令機関が参謀本部と軍令部として並立するのは軍令の統一を乱す可能性があることから、戦時における陸海軍の戦略を統制するために制定されたとされている[16]。しかしながら、占領地軍政の概念にも大きな影響を及ぼすこととなった。それは占領地軍政の軍令化である。

一八九四（明治二十七）年日清戦争直前の六月「戦時大本営」（以下、大本営）を参謀本部に設置した。その編制は、侍従武官、軍事内局（人事担当：陸海軍省人事課員）、大本営参謀（作戦担当：参謀総長、参謀次長、軍令部長）、兵站総監部（兵站担当：参謀次長兼任）、運輸通信長官部（輸送、通信担当：参謀本部第一局長）、野戦監督長官部（会計担当：陸軍省経理局長）、野戦衛生長官部（衛生担当：陸軍省衛生局長）、大本営管理部、陸海軍大臣からなっていた。この際、陸海軍大臣は、「参

謀総長の全軍の大作戦計画奏上に陪列し其裁定に因て軍の現状及将来の情況を明かにし以て両大臣の負担すべき百般補給の準備を整理するを要す之が為め両大臣は陸海軍省及戦地外に在る諸経理部に所要なる命令及区処を為すものとす」となっていた[17]。

大本営は、天皇が統帥権を行使するために臨時に設置する最高統率機関である。大本営は、参謀総長及び軍令部長と陸軍大臣及び海軍大臣を包含し、統帥部を主体に統合している[18]。つまり、軍の組織、特に指揮機能を戦時向けに統帥部を中心に再編成したものとも言える。また、臨時設置する最高統率機関であるため、大本営には戦時特有の軍政事項が加えられた。これこそが占領地軍政である。そして、特徴的なことには、市民生活に直接関係する軍政事項にもかかわらず、「大本営令」つまり軍令で処置されたことである。軍令で処置される以上は、統帥権の発動であり、制度上政治のコントロールが効かなくなった。

日本の占領地軍政に関する戦時国際法の理解は、徹底した軍事合理性の追求に特徴付けられる。占領軍の行動を律する国内法は憲法三一条に基づく「戒厳令」準用及び陸・海軍刑法により治安回復の責任を付与し、「徴発令」により占領地住民に物的・人的負担を課する権限を軍に与えていること、戦時における軍の行動については「統帥権の独立」により政府の統制を受けないことの三点は、戦場における軍隊の行動の自由を保障し、最も軍事合理性を追求できることとなった。

他方、「帝国憲法」「戒厳令」及び「徴発令」「統帥権の独立」「戦時大本営条例」等の制定者の想定を超えるものであったにせよ、将来に対して大きな影響を残したと言える。それは、占領地軍政に政治的配慮を反映させるのが困難になったことである。「帝国憲法」等は、いずれも占領地軍政を意図して制定されたものではない。しかしながら、占領地軍政に関しては、戦時国際法によって、これらが有機的に結び付けられ、占領軍指揮官にほとんど無制限の権限を与えていたのである。

要するに『万国戦時公法』では、占領地軍政とは、政治的には征服の前提であり、軍事的には作戦の基盤であった。したがって、当時は作戦の一機能であった。ここに当時の占領地軍政の位置付けがあったのである。ただし、既述の通り、有賀博士が著した『万国戦時公法』は、当時欧米一般で述べられていた学説が網羅されている。このことから、戦争における占領地軍政の位置付けは何も日本だけの独自の見解でなく、一九世紀にはおおむね受け入れられていたものと考えられる。[19] そのうえで、作戦を有利に進めるためには統帥権の下で処理されることが合理的との判断が明治政府にあったのである。

二　第一次世界大戦と総力戦

第一次世界大戦は、従来の戦争に比し、当初の予想と全く異なる様相を呈した。それはまず、戦争が長期化したことである。次に、産業革命以来の発展してきた膨大な生産力により、人的・物的両面にわたる大消耗戦になったことである。さらに、兵器・器材等軍備の飛躍的発達に伴う科学戦になったことである。そして、最後に、戦争遂行に占める国民の価値が一段と高まり、世論が無視できなくなったの四点に集約されよう。[20] これらは、それまでの限定戦争という戦争観に根本的変化をもたらした。

それは、第一次世界大戦を通じて積み上げられた総力戦という戦争観である。総力戦とは、軍事力のみならず、軍事生産を支える工業力や食糧確保のための農業生産力、それらを支える労働力の全面的動員、さらには老人・女性を含む全国民的な戦争協力、そして、これらの諸力の総動員を可能にし、正当化するための宣伝と思想・イデオロギーの大々的展開等、国家的・国民的総力を挙げて戦われる戦争である。[21]

第一次世界大戦における総力戦の特徴として、開戦当時、参戦各国は一九世紀型である事前に準備した軍備のみでの戦争終結を予想していたが、あまりにも戦略物資が早く消耗するため、総動員を開始した。砲弾を例にとるならば、ドイツは開戦時の準備弾薬を開戦二カ月で使い切ってしまったと言われている。他の交戦国も同様で、ここから各国は競って総動員体制をとったのである。つまり、結果として総力戦になったということであり、だからこそ「総力戦」という語が定着したのは、一九三五（昭和十）年、エイリッヒ・ルーデンドルフ（Erich Ludendorff）が『総力戦』を出版するまで待たなければならなかったのである。

従来は、日本軍は第一次世界大戦の教訓から軍制改革を推し進めたが失敗したとされてきた。[22] その一方で、総動員体制の研究では、かなり早期からその教訓を受容してきたことが明らかになっている。[23] その証拠に、開戦翌年の一九一五（大正四）年十二月には、陸軍は陸軍省内に臨時軍事調査委員（以下、「調査員」）を任命している。そして、一九二〇（大正九）年、「調査員」の一人であった永田鉄山少佐が「意見」として、その成果を体系的に結論付けた。では、日本陸軍は総力戦下における占領地軍政をどのように考えていたのだろうか。省部の議論を確認する。

陸軍では、最も早く体系的に国家総動員計画の必要を訴えたのが参謀本部であった。「調査員」を任命した陸軍省でなく、統帥部が先鞭を付けたところが意外であるが、軍令に責任を有する統帥部としては、総動員計画がなくては行動の準拠を失うため、むしろ発議は当然と言えよう。

まず、一九一七（大正六）年八月、参謀本部第二部第五課兵要地誌班長小磯国昭少佐（のちの首相）による「帝国国防資源」（小磯少佐私案）が出された[24]。これによると戦争は、将来、経済戦の結果により決する。そのためには戦時自給経済を経営できなくてはならない。ところが、元来資源の少ない日本はどうすべきだろうか。その経済基盤のための資源は中国にあり、今後は、平時は流通経済による利益を確保する一方で、中国貿易の障壁撤廃等により中国の経済支配を強化し、戦時自給経済を準備しなくてはならないと問題を提起した。

これに応えるように一九一七年九月「全国動員計画必要ノ議[25]」が、陸軍省から問題提起された。省部ほぼ同時に国家総動員計画の必要性を訴えたことは、陸軍の総意としてその必要を認識していたことの証拠と言えよう。この基礎は、「開戦劈頭国家ノ能力ヲ最大ニ発揚シ次テ自給自足其ノ能力ヲ維持シ且此間社会組織ニ非常ノ欠陥急劇ノ変化ヲ生セシメサル用意ヲナスコト」とし、教育、鉄道船舶、工業、経済等の動員計画策定のため、内閣総理大臣を委員長とし、国務大臣及び陸海軍統帥部長等を委員とする機関を設けることを提言している。そして、占領地域の民政に関する研究を外務行政事項としている。ここで注目すべきは、占領地軍政がすでに国家総動員計画として研究すべき事項となっている点と総動員計画は首相を中心とする行政府が主導すべきとした点である。

まず、国家総動員計画の一部と占領地軍政を捉えるという考え方は、第一次世界大戦中ドイツも占領地から資源及び兵員を動員したことで[26]、同盟国全体の戦争継続を可能にした事実が指摘されていたからであろう。そして、「帝国国防資源」で指摘されているように、日本だけでは資源が不足する以上、占領地の資源を活用することは当然の発想だったと言えよう。

次に、総動員計画は首相を中心とする行政府が主導すべきとした点である。この事実は、陸軍は、総力戦が軍事力のみならず国家的・国民的総力を挙げて戦われる戦争であると、正しく認識していたことを物語る。したがって、少なくともこの時点では、総動員体制は政府が責任を負うべきであると陸軍省は考えていた。

最終的に総動員体制に関する陸軍内部における議論の結論が「意見」として、体系的にまとめられた。国家総動員の目的は、挙国一致して一切の資源・機能を尽くし、それでも足らざる時は国外に求めて、国民の生存を護持し、交戦を継続するため、有効に統制按配することであった。そしてその資源は、胸算し得る国外資源はもとより軍事行動により取得する国外資源施設も含まれていた。国家総動員は、機能別に、国民動員、産業動員、交通動員、財政動員、その他の諸動員に区分された。

国民動員とは、国家全人員の力を戦争遂行のために統制按配することである。ここでは、兵員、軍需品の生産、傷病者治療看護等直接戦争に関わる者だけでなく、国民生活に必要な産業、官公務、運輸通信事業、戦争に直接関係ない経済要員及び戦後回復に必要な諸産業にもバランスをもって配分することが必要とされていた。この中で、占領地軍政に関わる要素として、第一次世界大戦における国外労力の利用が例示されている。

産業動員とは、膨大な軍需品補給の目的を達するだけでなく、国民の生活を確保するため必要に従い鉱工業・農業等諸般の生産を統制し物資及び動物の所持、移動、取引、消費を規制することである。軍需と民需を調整するため、鉱工業、農業、漁業、商業、社会問題、生活問題等広範な総合的計画が必要としていた。占領地軍政に関わる要素としては、耕地転作、工業転換、未利用の土地や天然資源の開拓利用が例示されていた。

交通動員とは、鉄道、船舶、路上輸送機関、空中輸送機関、有線無線電信、電話等一切の交通機関を統制按配することである。これにより効率的・軍事的活動のみならず経済活動も保障することが狙いである。占領地軍政に関わる要素として、ドイツの占領地ベルギーにおける鉄道統制が例示されている。

財政動員とは、戦時に巨額の資金を迅速確実に調達し金融市場に恐慌を起こさない財政上の諸施策を言う。このため、中央銀行発券額の増加、貸付金庫制度、徴発承認証の割引等により金融市場における資金の融通、経済界を安定させることにより、国民経済を安定させかつ戦費調達の円滑化を図ることを狙いとしていた。

ここで指摘すべきは、総力戦の考え方は、本国に限らず、占領地も同様に適用されたことである。したがって、占領地軍政に戦略分野と経済分野での行政的役割を拡大させた。これは、それまでの治安の確保及び徴発に限定していた占領地軍政を、軍事作戦を支援する「狭義軍政」とすれば、戦争そのものを支える「広義軍政」とも称すべき変化であった。そして、具体的には、通信や鉄道・船舶等の社会インフラを活用するための統制、食料の配給、労働力の調達、農業振興、鉱山開発や金融等の統制等である。そしてその狙いとする主たる地域は中国であった。

三　違法戦争観と「満洲占領地行政の研究」

総力戦が戦争形態に注目した戦争観であれば、違法戦争観は新たな国際法上の概念から発達した戦争観である。第一次世界大戦が、史上空前の動員規模となったことと、果てしない消耗戦になったこと等により、戦争被害が想像を絶するものとなった。そこで、もはや領土の変更と賠償によっては戦争の決着がつけられなくなり、無差別戦争観で是認された国家政策としての戦争では、到底その目的を達することができないと考えられ、それゆえ戦争そのものを違法なものとする考え方が起こった。この戦争観を違法戦争観と呼ぶ。

この先駆けになったのが、第一次世界大戦の終結と講和の基本的条件として発表された「ウィルソンの一四カ条」であり、そこには集団安全保障とその道徳的基礎として民族自決が掲げられていた。[27]これにより、それまでの国際法で容認されてきた「征服」が否定された。そして、初めて集団安全保障体制を制度化する組織として、国際連盟が設立され、「連盟規約」が採択された[28]。

この後もこの流れは継続された。まず、第一次世界大戦後、東アジアの国際秩序を形成したのが、一九二二（大正十）年、合意に達した「九カ国条約」に代表されるワシントン体制であった。また二五（大正十四）年、英仏独伊白による西欧州の集団安全保障体制を定めた「ロカルノ条約」、さらに二八（昭和三）年、違法戦争観を進める国際条約として「不戦条約」が成立した[29]。これらがいわゆる「戦争違法化体制」である[30]。そしてこれを推進していった外交理念は「新外交」と呼ばれている。

日本が「連盟規約」を受け入れるうえで、よく指摘されるのが国際連盟構想を耳にした幣原喜重郎外務次官の態度である。幣原は「利害関係国相互の直接交渉によらず、こんな円卓会議で我が運命を決せられるのは迷惑至極だ。本条項は成るべく成立させたくないが、どうもかういふものは採用されがちだから、大勢順応の外ないだらうが充分に研究してかゝらねばならぬ」と述べ、「大いに慎重振りを発揮し[31]」た。後年、英米との協調外交で知られる幣原にしても、否定的な見方をしている以上、これが日本政府全体の考え方だったのであろう。

では、どうして日本政府は「連盟規約」の考え方を「迷惑至極」と捉えたのだろうか。有賀博士らの国際法学者が、日清・日露戦争についての戦時国際法の適用を論じたのは[32]、日本が戦時国際法を遵守したことを証明しようとしただけではない。そこには、戦時国際法を日本軍の実行動で説明することによって、東アジア全体への戦時国際法運用の積極的な拡大が意図されていたとの指摘がある[33]。つまり日本外交は、戦時国際法の適用を拡大することにより、東アジア全体に安定と秩序をもたらすことだったとも言えよう。この考え方は、無差別戦争観の時代には必ずしも非合理的な考え方であったとは思えない。なぜなら、たとえ、戦時国際法の受容と拡大という事実が、欧州列強中心の世界秩序への擦り寄りを意味したとしても、東アジアにおける無秩序な世界よりも、日本の戦略環境としてはよほど望ましいからである。そして、日本はようやく国際ルールを身に付け、列強に国際社会の一員と認めさせた[34]。たしかに、この時期は、帝国外交の骨髄と称された日英同盟、日露協商、日仏協商、石井ランシング協定等の重層的同盟・協商網が張り巡らされていた。日本が東アジアの戦略環境の改善で、開国以来、初めて安心感を持ったのも頷ける。したがって、日本政府は、苦労の末、伝統的「旧外交」を身に付け、有利な安全保障環境を構築したにもかかわらず、英米中心の国際社会が「新外交」を持ち出したことに対して、一方的なルールの変更と捉え、抵抗を示したのは無理からぬことであった。

それでも、第一次世界大戦後の体制は、国際連盟の常任理事国、すなわち「新外交」の主要なメンバーという役割を日本に与えた。当時の日本外交は、現代政治の幕開けとして位置付けられるべき諸状況に対し、懸命に適応を試みた。そして、そのひとつが、米国の理念外交への適応であった。理念に依拠しつつ多国間外交を大胆に追求した米国型新外交に対して、日本は門戸開放主義に原則論として賛同した。その一方、日本は満蒙の特殊権益留保を確保することで、米国の外交攻勢を乗り切り、国際連盟の常任理事国としての責任を果たしていったのである。

ただし、伝統的国際法の適用を拡大することにより、戦略環境を改善するという従来のやり方では、「新外交」をけん引する米国との間に大きな問題を生ずる可能性があった。それは、日本の国際法研究が、「当時の文明国化した日本の国家実行、とくに戦争における日本（軍）の実行を学説が追認し法的に正当化する形で、いわば実行と学説の癒着の中で[35]」説明がなされかねなかったことにある。この点は米国の不必要な猜疑心をかき立てたとも言える。事実、米国のウィルソン（T. Woodrow Willson）大統領は、日本は条約の解釈について巧みに説明すると述べている[36]。

このような戦争観の変化は、占領地軍政にどのような影響を与えたのだろうか。ここでは、関東軍参謀部により満州事変前に書かれたものと思われる「満洲占領地行政の研究」が参考になる。なぜなら、一九三一（昭和六）年に勃発した満州事変は、国際連盟による「戦争違法化体制」の下、関東軍の謀略で開始された。したがって、この事実と「九カ国条約」や「不戦条約」との整合性をいかにとるべきと考えたかが、見出されよう。

まず、緒言において、「戦争によりて戦争を養う」[37]という関東軍参謀石原莞爾中佐のかねてからの持論が述べられ、「満洲占領地行政の研究」を貫く主題をなしている。このことは、満州と日本の密接不離を欧州戦史に見立てて論ずることができる石原中佐の最も得意とするところであり、欧州古戦史を研究した彼の考えによってこの研究が書かれている証拠である。また、石原中佐の軍事理論では、日米最終決戦のための策源地が必要とされており、満州がその地であった[38]。さらに、日満の共存[39]、住民福利の向上[40]を目指すことは、従来の占領地軍政では見られない政治的特徴であった。そのうえで、帝国の発展の地[41]とする考え方である。また、占領地の開拓[42]や邦人植民[43]といった行政機能を拡大させている。これらはいずれも、従来の戦時国際法の占領地軍政では規定されていない新たな概念であった。

一方、その他の事項では、日露戦争以来の経験を十分活用しつつ[44]、戦時国際法を尊重することを強調している[45]。例えば、「ハーグ陸戦規則」第五二条に則り軍政指揮官は武官であること[46]、同じく第四三条に規定する占領地の法律の尊重のため、地方行政機関は引き続き存置することなどである[47]。

つまり「満洲占領地行政の研究」の特徴であり、違法戦争観下の占領地軍政に関する関東軍の理解は、伝統的な戦時国際法の枠内で、占領軍指揮官の下で占領地軍政を行う。ただし、従来の治安維持、徴発に限定せず、占領地軍政機関の活動領域が開発・植民・住民福祉等の行政部門に拡大させつつ、占領国と被占領国の住民が共存共栄を図るという理想主義的要素を盛り込んだことにある。このことは、満州事変の経過を通じ全陸軍に共有されていく。

四　満州事変と政軍対立

一方、満州事変の経過は、政軍いずれが占領地軍政に責任を持つのかという根本的な問いを投げかけた。元来、「狭義軍政」は統帥権の下で占領軍に責任があり、国内法体系と国際法の解釈に支えられ、占領軍に政治に対する優位が認められていた。そして、無差別戦争観の下で合意された「ハーグ陸戦規則」は、違法戦争観に変更されても、見直されることはなかった。他方、この時期、国内の政治状況わけても政党の進出は、これら国内法体系による優位を制限しつつあった。

まず統帥権については、一九二〇年代において、かなり限定的な解釈をなされるようになったことが指摘されている[48]。これには政党内閣が出現し、政治権力の中心になったという背景があった。例えば、加藤高明内閣の郭松齢事件、田中義一内閣の山東出兵等では政党による軍事の統制が相当程度実現していた。また軍部は、戦争形態が、第一次世界大戦以降、総力戦に移ったため、統帥権独立が時代遅れになったと認識し始めていたのである[49]。

次に、「帝国憲法」の解釈にも変化が見られる。従来、「帝国憲法」第三一条の解釈は、戒厳宣告権を超える非常権の行使つまり、非常事態においては軍が無制限に二権を掌握することを認めたものであった[50]。ところが、美濃部達吉は、天皇機関説を説明した『憲法撮要』の中で、第三一条は戒厳宣告権の説明条項であり、軍の無制限な権力掌握を認めたものではないとした[51]。

以上を要するに、違法戦争観の下で、占領地軍政もまた、政治の優越に服する概念となりつつあったのである。このような状況で発生したのが満州事変であった。満州事変は、国際連盟による「戦争違法化体制」を揺さぶったものと位置付けられている[52]。また、同時にこの政策形成過程は、佐官級及び尉官級陸軍将校が対外発展と国内改革を断行するため、既存の軍事指導層及び政党並びに政府の指導者に対し挑戦したという点で、三つ巴の権力争いとして特色付けられている[53]。

日本国内でも戦争観の変更が行われる中で、中華民国の国権回収運動やソ連による共産主義の中国への浸透が盛んになると、日本社会は、満州における日本の経済権益が侵害されつつあると考えるようになった。このような事態にもかかわらず、何ら効果的な措置を講じない既存指導者層に幻滅した関東軍参謀石原中佐を始めとする佐官級陸軍将校は、強硬な軍事政策をもって中国の挑戦に対処し満州併合を目指したものである。

しかし、現実には、満州併合を前提とするような武力攻撃及び占領地軍政を行うことはできなかった。なぜなら、それは、違法戦争観下の国際世論に配慮した結果と言える。「連盟規約」により、紛争の平和解決が規定されている以上、宣戦布告を伴う武力行使はできなかったし、併合は論外であった。もちろん、「満洲占領地行政の研究」にも国際法に対する配慮はなされていた。例えば、軍事占領という事実を微妙な言い回しで回避している。また、「満洲占領地行政の研究」という題名にも、軍政という用語を使っていない。さらに、全編を通じ、征服もしくは領有という用語を使わず、あくまでも長期占領としているのである。

このように「連盟規約」上の制約に対しては、関東軍は「政務指導」という新たな占領地軍政の形態を創出し対応した[54]。それは住民意思による新国家「満州国」建国であり、民族自決の原則適用という大義名分である。そして、その特徴は独立国家の政体をとりつつ、駐屯軍司令官の直接指揮下にはないものの、政治に大きな影響力を持つことであった。この際、日本と同盟関係を結び、住民が共存共栄を図るという理想主義的スローガンを掲げた。そうするうちに、日本国内は政党政治の崩壊により、新国家との新たな条約締結つまり満州国の承認と「日満議定書」の締結に進んでいったのである。

つまり、違法戦争観という新たな戦争観は、連盟加盟国に対し軍事活動の正当性に関する説明を求め、占領地軍政の役割を政治的なものに広げたと言える。また、謀略が従来になく多用されるようになった。それだけ戦略と政治の関係が密になったと言えよう。

満州事変における関東軍の行動を見れば、この事実は一層明瞭である。関東軍は、当初の軍事活動は、中国軍の破壊活動に対する自衛とする謀略として始め、建国時には「五族協和」という民族解放の理念を掲げて軍事活動の正当化を図った。また、経済開発を占領当初から目指していたし、軍に対する通信・鉄道の優先使用は「日満議定書」にも明記された。さらに、満州事変の全期間を通じての関東軍と中央の緊張状態は、占領軍指揮官の権限も政治による制限を受けるようになったからこそ生じたとも言える。そして、この緊張状態は五・一五事件による政党政治の崩壊で幕を閉じる。かくして、「政務指導」の責任は現地軍に帰したのである。

五　日中戦争と省部対立

一九三七（昭和十二）年七月に勃発した北支事変に対応するため、八月三十一日、北支那方面軍（以下、北支方面軍）を編成し、司令官に寺内寿一大将が親補された。寺内大将は、着任に当たり「速やかに宣戦して、南京を攻略し、徹底的に膺懲する」[55]べきといういかにも軍人らしい伝統的な考え方を抱懐していた。また、陸軍の元老宇垣一成も「先方が横車を押せば正々堂々と世界に声明して一大決戦を交ゆるも可なり」とこの考え方を支持していた[56]。

しかしながら、陸軍省は、この時期にはすでに宣戦布告を行わないと決意していたと考えられる。なぜなら、一九三七（昭和十二）年八月三十日、天津に赴任する直前に、陸軍大臣杉山元大将と面会した北支方面軍参謀長岡部直三郎陸軍少将に対し、「占領地行政又は軍政を行うは不可、地方のものをしてその思う所により自治をなさしむるものとす」[57]と指示したからである。

最終的には、企画院次長、外務・大蔵・陸軍・海軍・商工五省の次官をメンバーとした内閣第四委員会により、一九三七（昭和十二）年十一月八日に、宣戦布告を見送る判断が下された。史料として残っている陸・海・外三省の記録によれば、最も重要な要因は米国中立法の発動により貿易、金融、海運、保険に及ぼす影響が甚大だったことにある[58]。それほど日本は戦略物資を米国との貿易に依存していたのであろう。

ただし、宣戦を布告しなかったからと言って、戦地における占領地軍政の必要性が消失したわけでもない。治安維持の責任や徴発の必要性は残るからである。戦時国際法を適用できない本状況においては、北支方面軍はこの問題にどのように対処したのであろうか。

北支方面軍は、司令部の中に特務部（特務部長喜多誠一少将）を置き、政務処理に任じさせた[59]。特務部長喜多少将の階級が示す通り、参謀長岡部少将と同階級であり、参謀副長河辺正三少将（後のビルマ方面軍司令官）と同期であることを考えると、中央は、作戦と同じくらいの比重で政務処理を重視していたことがうかがえる。では、中央は特務部にいかなる期待があったのだろうか。陸軍省は一九三七（昭和十二）年八月十二日付の「北支政務指導要綱[60]」では、「作戦地後方地域（冀東を含む）に於ける各般の政務事項を統合指導し該地域をして日満支提携共栄実現の基礎たらしむる」ことを方針としていた。ただし現地軍はさらに踏み込んでいた。九月六日の岡部参謀長の指示においては、「三、交通、経済等ノ開発ニ関シテ作戦用兵上ノ関係ト国防資源ノ獲得ニ留意シ日満資本ノ流入ニ努ルモノトス　四、北支政権樹立ノ準備ニ関シテハ現在及将来ノ軍ノ占拠地域ニ於ケル支那側各機関ヲ統制スヘキ政務執行機関ヲ暫定的ニ樹立セシメ且成ヘク之等ノ機関ヲ以テ将来ノ北支政権ノ母体タラシムル如ク誘導スルモノトス[61]」と経済開発や親日政権樹立にまで言及していたのである。これは、岡部参謀長の今回の戦争認識でもあった。岡部参謀長は、山道襄一代議士の来訪に際し、「本事変の結末は、長期を要すべし。この処理は、今後再びかくの如きなきよう徹底的なるべし。国民の満足すべき収穫を得ることなく、名義上の勝利に満足して撤兵することがあるべからず[62]」と述べている。また、特務部スタッフは、喜多少将を始め根本博中佐、北京駐在の大使館付武官補佐官今井武夫少佐らいわゆる「支那通」で占められていた。彼らは、日本の中国権益を否認する国民党や共産党に強い危惧を抱いていたと言われる。

伝統的戦争観を重んじる北支方面軍であったが、はたして、どのような占領地軍政の構想を持っていたのだろうか。もちろん「満洲占領地行政の研究」に示されたような住民福利までも考えていたとは思えない。しかしながら、岡部参謀長の指示においても交通・経済開発は北支方面軍が行うこととしていた。つまり、伝統的戦争観においても、占領地軍政において行政分野が拡大したことを認めざるを得なくなったのである。したがって、現地の占領地行政は、自然と「長期駐兵とそれを裏付ける施設（交通・通信）の掌握」「経済開発と金融支配」「新政権の樹立」に進んでいった。要するに、現地軍司令官の直接指揮にはないが、現地軍が強い影響力を行使する「政務指導」を選択したのである。このことは軍事的問題のみならず、政治的問題でもあった。なぜなら、主権の問題に関係するからである。であるならば、占領地軍政はすでに現地軍だけで解決して良い問題ではなくなっていたことを意味している。

軍事合理性を重んじる現地軍の考え方はそれなりに理解できるにしても、常に国内外政治との妥協を考えなければならない中央、特に陸軍省は、特務部の統制に苦慮したに違いない。なぜなら、統帥権の発動として現地軍は作戦を行っており、その一幕僚部として特務部は存在する。したがって、陸軍省には特務部を直接指導する権限はない。この問題を解決するため、まず一九三七（昭和十二）年十月、総合国策機関である企画院創設とともに、内閣第三委員会を設置し、中国経済関係の実質的決定機関とした。そしてそのうえで、陸軍省は、特務部を政治指導の中枢として強化拡充し、中央直轄とする考えを示した(63)。一方、現地調達、交通・通信の便宜を失う現地軍の反対は当然であった。十二月十日、岡部参謀長は「特務部を軍司令部より離すことは絶対反対(64)」である旨を明言し、特務部を中央直轄とする構想は、この時点では見送られた。この事件は、現地軍軍政機関の統制はいかにあるべきかという深刻な問題を残したのである。この問題は、総力戦や違法戦争観に戦争観が変わりつつあったからこそ、そしてそれが混乱をきたしていたからこそ発生した問題であり、大東亜戦争を通じて政府特に陸軍省と参謀本部及び現地軍との埋めがたい問題となっていくのである。

おわりに

ソビエトのスパイ、リヒャルト・ゾルゲ（Richard Sorge）は日中戦争から日本陸軍の変化を「日本陸軍は、日中戦争のあいだに、二三万人に満たない小陸軍から、ドイツや赤軍規模の大陸軍に発展した。そのうえ、日中戦争までは技術上全く遅れているとみなされたのであったが、今ではすべての近代兵器を擁し、技術上も高度な、歴戦の陸軍に変わっている。」[65]と喝破した。このことは、第一次世界大戦によりもたらされた総力戦と違法戦争観という二つの大きな戦争観の変化を日本陸軍は巧妙に学び取り、新たな占領地軍政のタイプを創出することに成功した証拠とも言える。なぜなら、「政務指導」により「不戦条約」違反の国際的非難をかわして貿易を維持し、「狭義軍政」により作戦の基盤を保障しつつ、「広義軍政」により占領地の資源を動員できたからこそ大陸軍の建設が可能だったと考えられるからである。これにより、第一次世界大戦以降は、戦争の様相が軍事作戦と同時並行的に政治・経済の要素が進行し、そのどれもが戦争目的達成のカギとなっていったのである。

このような戦争様相の世界的変化の中で日本陸軍は、それぞれの戦争観に適合した占領地軍政のモデルを案出した。無差別戦争観に適合した「狭義軍政」、総力戦に適合した「広義軍政」、違法戦争観（民族自決）に適合した「政務指導」である。「狭義軍政」は、戦時国際法に準拠した占領軍の権利及び義務である徴発、治安の回復・維持を行い、当面の軍事作戦を支援する戦略の一環である。「広義軍政」は、国民動員、産業動員、交通動員、財政動員を占領地に適用し、占領地経済の確保と軍事作戦の継続を狙った経済の一環である。「政務指導」は、占領地に独立の形式をとらせ、政策指導を現地軍が行うことにより実質的に支配を継続する国際政治の一環である。

ここで指摘しておかなければならないのは、これら「狭義軍政」「広義軍政」「政務指導」が同時に行われたことである。このことが、本来統帥権の作用であった占領地軍政が行政及び外交の役割を担うこととなり、必然的に省部間に管轄を巡っての対立を起こしたのである。この問題は解決されることなく、それも占領地軍政を当初想定しなかった東南アジアに適用したのが「大東亜戦争」であったのである。

第一次世界大戦による戦争観の変化は、占領地軍政の役割が行政及び外交分野にまで拡大し、作戦と並ぶ戦争目的達成の手段となった。そして軍隊の主要な活動に押し上げた。したがって、占領地軍政と軍事作戦の相互作用による相乗効果が戦争目的達成のために特に重要になったと言える。そして、軍事作戦や政策を評価するうえで、不可欠のポイントとなったと言えよう。

註

（1）有賀長雄『万国戦時公法　陸戦条規全』（陸軍大学校、一八九四年）として公刊された。
（2）臨時軍事調査委員「国家総動員に関する意見」（陸軍省、一九二〇年。拓殖大学図書館佐藤文庫所蔵）。
（3）関東軍参謀部調査班「満洲占領地行政の研究」（防衛省防衛研究所戦史研究センター史料室所蔵）中央－戦争指導重要国策文書－219。
（4）有賀『万国戦時公法』凡例一―二頁。
（5）同右、二一頁。
（6）無差別戦争観については様々な形で説明されている。そのひとつは、「国家は、どのような理由によるものであれ、戦争を行う自由を有しており、戦争事由の正・不正は問題とされない。」「いったん戦争が開始されれば、両交戦国は対等の地位にあるとみなされ、交戦法規が等しく適用されることになる。」というもの（柳原正治「戦争違法化と日本」（国際法学会編『日本と国際法の100年　第10巻　安全保障』三省堂、二〇〇一年）二六九頁）。
（7）有賀『万国戦時公法』四九六頁。
（8）同右、四九七頁。
（9）同右、目次六―一九頁。
（10）同右、三八七頁。
（11）同右、五〇六頁。
（12）同右、五二四頁。
（13）同右、五〇四頁。
（14）同右、五二八―五二九頁。

(15) 同右、五二九頁。
(16) 森松俊夫『大本営』(教育社、教育社歴史新書、一九八〇年)一四―一五頁。
(17) 稲葉正夫編『現代史資料37　大本営』(みすず書房、一九六七年)五六八―五七一頁。
(18) 三浦裕史『近代日本軍制概説』(信山社出版、二〇〇三年)一三八頁。
(19) 柳原「戦争の違法化と日本」二六八―二七一頁。
(20) 黒沢文貴『大戦間期の日本陸軍』(みすず書房、二〇〇〇年)二九五頁。
(21) 加藤友康責任編集『歴史学事典7　戦争と外交』(弘文堂、一九九九年)四二一頁。
(22) 黒野　耐『帝国陸軍の〈改革と抵抗〉』(講談社、講談社現代新書、二〇〇六年)一四〇―一四二頁。
(23) 纐纈　厚『総力戦体制研究―日本陸軍の国家総動員構想―』(社会評論社、二〇一〇年)で先鞭をつけ、黒沢文貴は『大戦間の日本陸軍』で第一次世界大戦研究の成果を柔軟かつ現実的に陸軍の変革に役立てたと指摘した。
(24) 参謀本部「帝国国防資源」(大正六年)(防衛省防衛研究所戦史研究センター史料室所蔵)中央‐全般その他‐87。
(25) 参謀本部印刷「全国動員計画必要の議」(大正六年九月)(同右)中央‐軍事行政動員・編成‐103。なお、印刷は参謀本部であるが、作成は陸軍省と判断されている。
(26) 大類伸監修・林健太郎、堀米庸三編『世界の戦史9　第一次世界大戦　最初の国家総力戦』(人物往来社、一九六七年)二二七頁。
(27) A・コバン(栄田卓弘訳)『民族国家と民族自決』(早稲田大学出版部、一九七六年)一〇六頁。
(28) 篠原初枝『戦争の法から平和の法へ―戦間期のアメリカ国際法学者―』(東京大学出版会、二〇〇三年)及び『国際連盟―世界平和への夢と挫折―』(中央公論新社、中公新書、二〇一〇年)。
(29) 柳原「戦争の違法化と日本」二七四―二七九頁。
(30) 伊香俊哉『近代日本と戦争違法化体制―第一次世界大戦から日中戦争へ―』(吉川弘文館、二〇〇二年)六頁。
(31) 幣原平和財団『幣原喜重郎』(幣原平和財団、一九五五年)一三六―一三七頁。
(32) 有賀長雄『日清戦役国際法論』(陸軍大学校、一八九六年)及び『日露陸戦国際法論』(東京偕行社、一九一一年)。
(33) 小林啓治『国際秩序の形成と近代日本』(吉川弘文館、二〇〇二年)二八二頁。
(34) 千葉　功『旧外交の形成―日本外交一九〇〇～一九一九―』(勁草書房、二〇〇八年)四六一頁。
(35) 藤田久一「日本における戦争法研究の歩み」(『国際法外交雑誌』第96巻第4・5合併号、一九九七年)六一頁。

(36) NHK〝ドキュメント昭和〟取材班編『ドキュメント昭和1　ベルサイユの日章旗』(角川書店、一九八六年)一六三頁。
(37) 関東軍参謀部調査班「満洲占領地行政の研究」一三二頁。
(38) 同右、一五四頁。
(39) 同右、一五五頁、一六一頁。
(40) 同右、一六二頁。
(41) 同右、一三四頁。
(42) 同右、一五五頁。
(43) 同右、一三一頁。
(44) 同右、一四五頁。
(45) 同右、一四三頁。
(46) 同右、一四七頁。
(47) 同右、一五九頁。
(48) 森　靖夫『日本陸軍と日中戦争への道――軍事統制システムをめぐる攻防――』(ミネルヴァ書房、MINERVA日本史ライブラリー、二〇一〇年)四七―四八頁。
(49) 同右、八〇―八一頁。
(50) 伊藤博文(宮沢俊義校註)『憲法義解』(岩波書店、岩波文庫、一九四〇年)六二―六四頁。
(51) 美濃部達吉『憲法撮要』(有斐閣、一九二三年)一八五頁。
(52) 小林『国際秩序の形成と近代日本』一七九頁。
(53) 緒方貞子『満州事変と政策の形成過程』(原書房、一九六六年)七頁。
(54) この経緯は、同右に詳しい。
(55) 岡部直三郎『岡部直三郎大将の日記』(芙蓉書房、一九八二年)七二頁。岡田大将は当時の北支方面軍参謀長。
(56) 角田順校訂『宇垣一成日記』第二巻、一九三七年七月十六日(みすず書房、一九七〇年)一一六〇頁。
(57) 岡部『岡部直三郎大将の日記』六八頁。
(58) 「極秘　昭和十二年十一月六日　宣戦布告ノ我経済上ニ及ボスベキ影響　外務省」「極秘　対支宣戦布告ノ得失　昭和十二年十一月八日　外務省」「極秘　対支宣戦布告ノ利害得失ニ関スル件　昭和十二年十一月七日　海軍省」「極秘　対支宣戦布

告ノ可否ニ関スル意見　昭和十二年十一月八日　陸軍省」（木戸日記研究会編『木戸幸一関係文書』東京大学出版会、一九六六年）二九六―三一五頁。
（59）「喜多少将ニ与フル訓令」（臼井勝美、稲葉正夫編『現代史資料9　日中戦争2』みすず書房、一九六四年）四一頁。
（60）「北支政務指導要綱」（同右）二六頁。
（61）「喜多少将ニ与フル訓令」（同右）四一頁。
（62）岡部『岡部直三郎大将の日記』一二一頁。
（63）陸軍大学校「北支那作戦史要‐北支那方面軍　3/3」（防衛省防衛研究所戦史研究センター史料室所蔵）支那‐支那事変北支‐3、一八三六頁。
（64）岡部『岡部直三郎大将の日記』一三四頁。
（65）石堂清倫編『現代史資料24　ゾルゲ事件4』（みすず書房、一九七一年）六一八頁。

第二章 「大東亜戦争」開戦期における「大東亜共栄圏」

――戦争目的、作戦計画そして占領政策――

問題の所在と背景

一九四一（昭和十六）年十二月八日、日本は英米に対し宣戦布告を行い「大東亜戦争」が開始された。開戦劈頭、海軍連合艦隊は真珠湾を奇襲するとともにグァム、ラバウル等を次々に攻略した。また陸軍南方軍（総司令官寺内寿一元帥）はフィリピン、マレーに上陸し、占領地を拡大した。そして、陸海軍ともに占領地軍政を開始した。

作戦が進展し、占領地が拡大しつつある中、実は混乱が生じていた。なぜなら、開戦の詔勅においては戦争目的を「自存自衛」に置いていたが、[1] 一九四一（昭和十六）年十二月十三日、内閣情報局は「大東亜戦争と称するのは、大東亜新秩序建設を目的とする戦争なることを意味するものにして、戦争地域を大東亜のみに限定する意味にあらず」と公表し、帝国政府が考える戦争目的を明らかにしたからである[2]。さらに、翌四二（昭和十七）年一月二十一日、東条英機首相は、貴衆両院本会議劈頭、フィリピン、ビルマ、蘭印、豪州を独立させることを表明した（以下、「第一次東条声明」[3]）。また、二月十六日、シンガポールが陥落した折にも、貴衆両院本会議において同趣旨の声明を出している（以下、「第二次東条声明」[4]）。特に「第一次東条声明」の場合は事前に何の連絡もなかったため、統帥部は憤慨し、南方軍は狼狽した。

この突然の声明の背景には、「大東亜戦争」における戦争目的をいかにするかという重大な問題がいまだ解決されないまま開戦に至り、将来占領地を独立させることに合意形成を強行しようとした東条首相とその周辺の意思が容易に想像できる。では、なぜ解決されなかったのだろうか。より具体的に言うと、統帥部と政府はそれぞれ「大東亜共栄圏建設」をどのように考え、占領地軍政や軍事作戦に何を期待し、どのように実施しようとしたのだろうか。これを第一節で明らかにしたい。

次に、戦争目的という重大な問題が中央において曖昧であった場合、現地軍にもたらした作戦上及び占領地軍政上の混乱はどのようなものであったのだろうか。そしてどのように解決したのであろうか。また各現地軍の状況判断は、他正面にどのような影響を与えたのだろうか。これを第二節で明らかにする。

そして、最後に開戦期における戦争目的、占領地軍政と軍事作戦の相互作用から見た「大東亜共栄圏建設」の意義を、中央における統帥部と政府、中央と現地軍の関係から、明らかにする。

一　作戦開始時における中央の構想

そもそも「大東亜戦争」に踏み切った日本側の理由は、「自存自衛」のため南方における米英蘭勢力を駆逐し大東亜の新秩序を確立することにあった。[5] 支那事変解決に苦しむ日本に対し、米英は対日経済封鎖をもって重慶政府を支援した。このため、苦境に陥った日本では、たとえこれを一時的に耐え忍んだとしても、時の経過とともに最終的には国防に自信が持てなくなるであろうとの予測が支配的になった。この状況を打開するためには、南方の資源地帯を押さえ長期不敗の持久態勢を確立する必要があると考えられたのである。では、統帥部と政府はそれぞれ「大東亜共栄圏建設」をどのように考え、軍事作戦や占領地軍政に何を期待し、いかに実施しようとしたのだろうか。

（一）「大東亜戦争」に関する目的論争

「大東亜戦争」に向かって廟議が進んだ一九四一（昭和十六）年十一月二日、御前会議を経て開戦は不可避となり、戦争終末方策、占領地施策、開戦名目、対外施策等、総合的な戦争計画である「戦争指導要綱」が陸海軍の担当者間で議論された。そこでの議論の焦点は、戦争目的を「自存自衛」に限定するのか、これに加えて「大東亜共栄圏建設」を並列させるかであった。陸軍は並列を、海軍は限定することを主張し、両者の主張は埋まらず陸海軍それぞれが作戦計画に、それぞれの戦争目的を記載する結果となった。[6]

これらの目的論争の理由とその影響としてよく指摘されているのが、陸海軍における戦略の分裂とこれによる戦争指導の迷走である。[7]これらすべてを否定するものではないが、さらに注意しておかなければならないのは、海軍内は「自存自衛」に限定することに一本化していたが、陸軍内においては、必ずしも意見が統一されていたわけではないし、外務省においても同様であったことである。[8]このことは、当然ながら軍事作戦や占領地軍政にも微妙な影響を与えた。なぜなら、戦争目的を明確にすることにより、その目的を達成するための戦争指導上の目標が明確になる。この目標は戦争指導の下位概念である政略及び戦略の目的となり、次は政戦略それぞれの目標が明らかになろう。占領地軍政が作戦や政治工作の帰結により占領地住民を統治するという性格上、戦争目的は占領地軍政の性格を規定することになるからである。つまり戦争目的の曖昧性は、軍事作戦や占領地軍政の性格もまた曖昧になることを意味していた。

「大東亜共栄圏建設」を戦争目的に入れることに執念を燃やしたのは、陸軍省であった。なぜなら、陸軍省軍務局(以下、軍務局)軍務局長武藤章中将は一九四〇(昭和十五)年初めから、総合国策案樹立を企図し、各省のいわゆる革新官僚と会合を重ね、危機の打開策を議論していた。そして議論された総合国策案を、六月中旬までに「総合国策十年計画」として作成していたからである。[9]この計画では「大東亜を包含する協同経済圏を建設し、以て国力充実発展を期する」とし、軍務局長の参考案に止まっていた。ただし、軍務局長という職位の影響力を考慮すれば、この計画は戦争目的の決定に少なからぬ影響を与えたと考えられる。これを裏書きするように、軍務局軍務課長佐藤賢了少将もまた、戦争目的に「大東亜共栄圏建設」を挿入することをあらゆる場でたびたび主張している。[10]また、文部省は陸軍省の意向を受け、『大東亜新秩序建設の意義』[11]という小冊子を発行し、教育の場でも「大東亜共栄圏建設」が戦争の目的であることを述べている。

参謀本部もこれに応じ第一（作戦）部長田中新一中将もまた「大東亜共栄圏建設」を支持した。[12] ただし、田中中将は軍務局と同じ意味で支持したわけではなかった。彼が支持した理由は、戦争目的はあくまで道義に基づく聖戦であることを強調しなければならないということであって、部隊長の部隊統率や軍人の士気の問題であった。したがって、軍務局が考えているような長期経済建設のためでは、必ずしもなかったのである。むしろ田中中将は、長期持久戦は避けるべきとの意見であった。同じような考えを持つ者は、陸軍省の中にもいた。例えば、軍務局軍事課員であった石井秋穂大佐（後の南方軍総司令部軍政参謀）は、陸軍省の中では珍しく、一貫して「自存自衛」に限定することを主張したひとりであった。その理由は、戦争目的を最低限に抑えておかなければ和平がしにくくなるというものであり、[13] 連合国との早期講和をにらんだものであった。また参謀本部内にも、実務者レベルでは「自存自衛」をより積極的に解釈し、「大東亜共栄圏建設」に近い考えを持つ者もいた。[14] つまり、陸軍内では多様な意見があったが、総じて見ると陸軍省は「自存自衛」と「大東亜共栄圏建設」の並列が、参謀本部は「自存自衛」に限定が多く、省部の局部長クラスでは「自存自衛」と「大東亜共栄圏建設」の並列が、実務レベルでは「自存自衛」に限定すべきと考えていた者が多かったと考えられる。

混乱していたのは外務省もまた同様であった。開戦前の日米交渉のために外相に就任していた東郷茂徳は、早期講和のためには戦争目的に「大東亜共栄圏建設」を並列させることは反対であった。[15] 一方、駐華大使重光葵は「自存自衛」のため戦うというのは気分の問題で主義の問題ではないとして、[16] 限定論の理念的性格の弱さを鋭く指摘していた。

このように、あらゆる立場で戦争目的に関する考えは異なり、一致を見ずして、ただ作戦上の要求により開戦を迎えたと考えられる。ここで奇妙なことは、このことに関して最高戦争指導者である東条首相は積極的発言をしていない。それはなぜであろうか。東条首相は陸相を兼ねていた。東条陸相と海相嶋田繁太郎大将が対立した場合、行司役がいなくなるから、すべて陸海軍省軍務局長同士で調整を済ますよう指導していた。[17] したがって、リーダーシップを発揮するより、陸海軍協調を重視したと言える。そこで、開戦の詔勅では、戦争目的を、陸海軍が折り合える「自存自衛」限定に妥協したのであろう。

ただし、東条首相の本心は、軍務局長が述べている「自存自衛」と「大東亜共栄圏建設」の並列であった。したがって、この論争に終止符を打つかのように、閣議で、対英米蘭戦争を支那事変も含め「大東亜戦争」と呼称することに決定し、内閣情報局が公表し国家意思を明らかにしたのである。

ただし、この声明も統帥部からすれば、驚きであった。なぜなら、陸海軍の戦略を一本化したものでも、政府と統帥部の意見が一致したものでもなかったからである。[18] 実際、大本営政府連絡会議（以下、「連絡会議」）の場では「大東亜共栄圏建設」を目的とするという部分は、議論すらされていなかった。[19] よって、参謀本部も陸軍省には何らかの思惑があるものと疑念を持たずにはいられなかったと考えられる。

（二）「対米英蘭蔣戦争終末促進ニ関スル腹案」と「南方作戦計画」及び占領地軍政構想

このように開戦期において、戦争目的は混沌としていたと言えるが、日本はこの戦争をいかなる形で終結させることを企図していたのだろうか。また、これに応ずる作戦計画と占領地軍政の構想はいかなる関係だったのだろうか。

一九四一（昭和十六）年十一月十五日、戦争終結構想として策定されたのが「対米英蘭蔣戦争終末促進ニ関スル腹案」（以下、「腹案」）であった。[20]「腹案」において、まず方針として、「速ニ極東ニ於ル米英蘭ノ根拠地ヲ覆滅シテ自存自衛ヲ確立スルト共ニ更ニ積極的措置ニ依リ蔣政権ノ屈伏ヲ促進シ独伊ト提携シテ先ツ英ノ屈伏ヲ図リ米ノ継戦意志ヲ喪失セシムルニ勉ム」とあった。また要領の第一に「帝国ハ迅速ナル武力戦ヲ遂行シ東亜及西南太平洋ニ於ケル米英蘭ノ根拠ヲ覆滅シ戦略上優位ノ態勢ヲ確立スルト共ニ重要資源地域並主要交通線ヲ確保シテ長期自足ノ態勢ヲ整フ　凡有手段ヲ尽シテ適時米海軍主力ヲ誘致シ之ヲ撃滅スルニ勉ム」としていた。この方針からは、積極作戦により短期決戦を志向しているようにも見える。しかしながら、要領においては長期自足体制を整えるとして長期持久戦にも対応可能となっており、作戦として一貫性を欠くものとなっていた。

また、占領地施策と戦争終結構想とが結び付けられたことが、開戦期の日本の戦争計画の大きな特徴であった[21]。このためビルマは、英の屈服のため、独立を促進し、その成果によりインド独立を刺激することとなっていた。また、フィリピンは米の戦意喪失のために、さしあたり現政権を存続させ戦争終末促進に資するよう考慮することとなっていたのである。特にフィリピンは、参謀本部は、「ケソン政権をそのまま存続せしめ、米の意向によっては比島をそのまま米国に手渡しするよう考慮して戦争終末促進に資する[22]」としていた。このことから統帥部は、短期決戦を志向し「大東亜共栄圏建設」も謀略の一環に過ぎないと考えていたのであろう。したがって、ビルマの独立促進も同様であった。

「腹案」の示す戦争終結構想に基づき、陸軍は、「南方作戦陸軍計画」を策定した[23]。これには、その作戦目的を「東亜ニ於ケル米国、英国及蘭国ノ主要ナル根拠ヲ覆滅シ南方ノ要域ヲ占領確保スルニ在リ」とし、このため占領すべき範囲を「比律賓（フィリピン）、瓦無島（グァム）、香港、英領馬来、緬甸、『ビスマルク』諸島、爪哇（ジャワ）、『スマトラ』、『ボルネオ』、『セレベス』、『チモール』島等」とした。ただし、「ビルマ作戦」は、他方面の作戦間、「機ヲ見テ南部緬甸ノ航空基地等ヲ奪取シ又作戦概ネ一段落後状況之ヲ許ス限リ緬甸処理ノ為ノ作戦ヲ行フ」とされ、その優先順位は低かった。「腹案」においてビルマは政略重視となっているので、「南方作戦陸軍計画」における優先順位が低いことは一応理解できる。

ただし、占領すべき範囲に、いったん独立促進とされたビルマが入っていることには、「ビルマ独立工作」との関係で、いささか矛盾があった。つまり戦争終末構想と作戦構想の間にはかなり混乱が見られたのである。

ところで、日本は果たしていかなる占領政策構想を抱いていたのであろうか。一九四一（昭和十六）年一月二十日、「連絡会議」で「南方占領地行政実施要領」（以下、「占領地行政実施要領」）の審議が行われた。この審議において最も紛糾したことは、いかなる形態の占領政策を行うべきか、であった。より具体的に言えば、戦略を重視した統帥部主導の「狭義軍政」か、より政略を重視した行政府主導の「広義軍政」か、という点にある。南方要域の占領政策としては、戦略すなわち短期決戦を志向する軍の作戦遂行を重視した場合は「狭義軍政」が、政略すなわち行政の浸透と建設を重視し、長期持久戦を志向した場合は行政府による「広義軍政」が望ましい。いずれにしても、統帥部としては、占領直後は「狭義軍政」を有利かつ絶対必要とした。なぜなら占領直後の治安回復のためには、直接的な軍事力の背景が絶対必要だからである。また、現地軍の後方支援のためにも、「狭義軍政」は有利であった。東郷茂徳外務大臣はこの点を認めつつも、「占領地域に対する軍政運営機関をわが施策の進捗に伴って政府設置機関に転換する」旨を方針中に入れることを強く主張した。彼は、軍政がそもそも統帥事項であるがゆえに行政府の容喙を容易に許さないことを憂慮し、戦略の成果を努めて早く占領地改革に結び付けるべきと考えたのであろう。ところが、統帥部から行政府主導の「広義軍政」への移行は過早に行うべきではないとの反対にあい、末尾に備考として付記されるに止まった[24]。このことは統帥部の主張つまり「短期決戦志向・狭義軍政」を認めたようにも判断できる。ただし、軍務局は、協議の経過で重大な一文を挿入している[25]。それは、「占領地ニ於テ開発又ハ取得シタル重要国防資源ハ之ヲ中央ノ物動計画ニ織リ込ムモノトシ作戦軍ノ現地自活ニ必要ナルモノハ右配分計画ニ基キ之ヲ現地ニ充当スルヲ原則トス」である。この一文の持つ意味は次章で詳述する。

軍政の狙いは、「占領地行政実施要領」の方針に明らかである。それは「治安の回復」「重要国防資源の急速獲得」及び「作戦軍の自活確保」であった。また、その要領として、「極力残存統治機構の利用と従来の組織及び民族的慣行の尊重」「作戦の優先と重要国防資源の獲得、開発」「軍による交通の管理」「資源獲得、現地軍自活の民生に対する優先」等が挙げられていた。軍政において、まず、「治安の回復」が挙げられるのは、戦争中であるので当然であろう。これについては戦時国際法上も重視され、あらゆる手段をとることを是認されていた。[26] また、「大東亜戦争」の狙いから「重要国防資源の急速獲得」を期待することも自明である。難しい点は「作戦軍の自活確保」である。徴発は、戦時国際法に認められた占領軍の権利である。ただし、「大東亜共栄圏建設」のためには占領地住民の支持が必要であるが、自活確保は食糧や生活必需品の徴発が行われるため、過度の徴発が民生を圧迫し占領地住民の離反を招くおそれがあった。

一九四一（昭和十六）年十一月五日、和戦を決定する御前会議の席上、この問題が指摘されている。鈴木貞一企画院総裁は、米穀の自給について、第十七米穀年度（昭和十六年九月から十七年九月まで）の計画で、南方作戦によりタイ、仏印からの期待の輸入量が減じた場合、代用食を考慮する必要があることを報告している。[27] また、賀屋興宣大蔵大臣は、南方作戦地域の経済について、連合国からの輸入が途絶するため、円滑な経済のためにはわが国がこれに代わり輸出しなければならないが、その余力がない、したがって当分、搾取的方針をとることもやむを得ない、と報告している。[28] つまり、日本の経済力で占領地における現地軍の補給すべてを賄うことは困難であり、大東亜共栄圏においては、現地軍の給養は現地によるほかなかったのである。畢竟、軍政安定のために占領地住民に対してできるだけの配慮はするが、戦争目的達成のためには、開発と経済再編成がなるまで、ある程度負担を強いることはやむを得ないという考え方であった。したがって、いかに迅速に開発と経済再編成を行い得るかが「大東亜共栄圏建設」のカギとなった。つまり、いかに「狭義軍政」を「広義軍政」に移行させるか、そしてそれまでいかに占領地住民の支持をつなぎとめるかは戦争指導上の重大なポイントとなったのである。

大本営陸軍部では、「占領地行政実施要領」に基づき、十一月二十五日「統治要綱」を定め、軍政の担任を軍司令官とした。また二十六日大本営海軍部と「占領地軍政実施ニ関スル陸海軍中央協定」[29]を締結し、香港、比島、英領馬来、「スマトラ」「ジャワ」、英領「ボルネオ」「ビルマ」を陸軍が担任し、蘭領「ボルネオ」「セレベス」「モルッカ」群島、小「スンダ」列島、「ニューギニヤ」「ビスマルク」諸島、「ガム」島を海軍が担任することとした。これらと並行して南方軍も、十一月に「南方軍軍政施行計画」[30]を定め、南方軍軍政の基本政策が決定された。

さて、たとえ占領政策が戦略重視で行われると決定されたとしても、広範・複雑・多岐にわたる占領地軍政を、政略を無視して行うことができるわけでもない。また、統帥部にとって軍政を担任することは、有利かつ必要である半面、統治行為のコストという代償も伴う。作戦指導に忙殺されている参謀本部や作戦遂行を主体とする現地軍にとって、必要以上に占領地軍政に関わることは決して好ましいものではなかった。さらに、「重要国防資源の急速獲得」という目的も、結局のところ行政指導に負うところが大きい。したがって、占領地に関する政戦略の摺り合わせが必要であることは中央においても十分認識されていた。すなわち大綱的事項については「連絡会議」で、経済面の細部事項については企画院第六委員会をもって立案された[31]。ここで摺り合わせた決定事項が、参謀本部から南方軍を経て、現地軍司令官に指示・伝達されたのである。

ただし、手続き上はこれで良いにしても、実際問題として占領地軍政に関する問題を現地軍がその細部に至るまで中央の訓令を仰いでいたのでは、適時に処理することは難しい。また現地の機微な問題は中央では理解できない。かといって、広範な権限を現地軍に付与し、統帥系統をもってその指導・監督に当たるという体制では適時の施策は可能でも、中央で摺り合わせた政戦略を実行することは困難で、占領方針の統一や政戦略の統合も難しくなると考えられた。つまり、中央での政戦略の統一と現地での適時の柔軟な施策という難しい問題があったのである。この問題を解決するために、東条陸相は、軍政については統帥事項と認めつつも、行政府の一員である陸相が指導権を有するべきであると考えていた。これは、前章でも述べた通り、支那事変以来、解決が難しい問題であった。そしてこの問題を、東条陸相は「軍政に関する陸軍大臣区処権」（以下、「軍政に関する大臣区処権」）として解決に執念を燃やしたのであった。

東条陸相は、参謀本部に対し、このことを強硬に申し入れた。たしかに、現地軍の自由を保障しつつ、統治コストを引き下げ、なおかつ行政の浸透を図るという面では画期的な方策と言えた。しかしながら、参謀本部はこれに猛烈に反対した。なぜなら、省部の折衝の中で作戦部長田中中将が指摘した問題、すなわち複数の命令系統による混乱が内在していたからである。[32] より具体的に言えば、中央で政戦略の摺り合わせが不調に終わった場合、矛盾した命令・指示が統帥系統と軍政系統でそれぞれ現地軍に届き、その矛盾の調整を現地軍に押し付ける可能性があったことである。そしてこの問題は、解決を見ずに開戦を迎えることとなった。

（二）　東京中央の混乱

畢竟、統帥部と政府はそれぞれこの戦争をどのように認識し、占領地軍政に何を期待し、どのように実施しようとしたのだろうか。単純に、戦争目的、作戦構想、占領政策を図式化するならば、統帥部は「自存自衛」に限定、短期決戦、「狭義軍政」を、政府は、「自存自衛」と「大東亜共栄圏建設」の二本立て、長期持久戦、「広義軍政」という形になろう。ところが、子細に観察すると、統帥部・政府ともに立場や地位によりかなり考えは異なっており、一概に図式化できないと思えるほど混乱していた。

誤解を恐れず極言すれば、これでは一九四一（昭和十六）年十二月八日に開戦し、陸軍は東南アジアを占領し、海軍は敵船を沈めること以外はほとんど決まっていないに等しいとも言える。したがって、占領政策も、各当事者が同意し得る、当面の作戦に必要な最低限のことを決めたに過ぎないと考えられる。なぜなら、治安の確保や物資の徴発といったことは、戦時国際法に定められた占領軍の権利及び義務であって、いかなる占領政策をとろうとも、共通的に必要な事項だからである。東条首相兼陸相は、作戦の成功が何よりも必要な開戦期には、論争必至である戦争目的や占領政策等は敢えて論点とせず、先送りにしたとも言える。

したがって、東条首相は、作戦の経過に伴い、内閣情報局声明や二度にわたる「東条声明」で、戦争目的に「大東亜共栄圏建設」を加えることの既成事実化を図ったものと考えられる。特に「第一次東条声明」直後の一月二十七日、東条陸相は「軍政に関する大臣区処権」問題を参謀本部に認めさせたのであった[33]。参謀本部としても、長期にわたる占領行政に、野戦軍が直接関わり続けることは軍事合理性を追求するにはマイナスと認めたのであろう。ただし、「狭義軍政」は一定期間必要であることから、参謀本部に櫛田正夫大佐を長とする第十四課を新設し対応することとした。つまり、東条陸相としては、占領政策に関し現地軍を指導する権限を得たのである。

ただし、これで問題が解決したかというと、事はそれほど単純ではない。統帥部や南方軍総司令部は、東条首相兼陸相の一連の動きを疑惑の目で見ていた。それは統帥干渉の疑いである[34]。また、東条首相の「大東亜共栄圏建設」に関する本気度である。そして、それは現地軍の戦勢に関連して表面化するのである。

二　現地軍の行動

一九四一（昭和十六）年十二月二日、大本営は南方軍に対し、「大陸命第五六九号」を発令した[35]。これにより、南方軍は、隷下各軍に、十二月八日を期して米英に対し作戦を開始することを命じた[36]。南方軍の作戦指導に当たり、大本営陸軍部からの派遣参謀井本熊男中佐は、南方軍参謀が、主作戦正面であるマレー方面に忙殺され、他正面の参謀との連携に欠ける状況を的確に見抜いた[37]。このことは、中央の方針が曖昧なまま作戦に踏み切った南方軍であったが、その支作戦正面であるフィリピン及びビルマについては、さらに曖昧なまま置かれたとも言える。一方、軍務局から南方軍軍政幕僚に転出した石井秋穂大佐は、作戦に偏りがちな南方軍総司令部の中で、占領地軍政及び兵站の専門家として、総参謀長塚田攻中将や参謀副長青木重誠少将の信頼を得て、隷下軍を指導していた。彼は、占領地軍政の適否が「大東亜戦争」の勝敗を分けると喝破していた数少ない現地軍参謀であった[38]。また、開戦前から占領地軍政は軍部大臣の区処を受けるべきと考えていた[39]。

では、このような状況で作戦を強いられた現地軍はいかなる行動をとったのであろうか。また、情報局声明や「東条声明」は、現地軍に何を期待し、現地軍はどう応えたのだろうか。さらに、各現地軍の行動が他正面にもたらした影響はいかなるものだったろうか。

（一）フィリピン

第十四軍司令官本間雅晴中将は、海軍及び第五飛行集団（集団長小畑英良中将）と協同し、まず一九四一（昭和十六）年十二月十日、アパリ、ビガンに先遣隊を上陸させ、「比島進攻作戦」を開始した。次いで、航空撃滅戦と一体となり、二十七日リンガエン湾に軍主力が上陸し進攻作戦は順調に進んだ。そして、早くも四二（昭和十七）年一月二日マニラを占領し、二十三日にはホルヘ・B・バルガス（Jorge B. Vargas）首班の比島行政府を成立させたのである。ところが、米比軍はバターン半島に籠城し、頑強に抵抗した。この結果、第十四軍は大損害を被り、攻撃は頓挫した。

「比島進攻作戦」の開始時期における従来の研究は、支作戦指導の困難性及び作戦目的と目標の問題が主要な論点であった[40]。より具体的に言えば、優先すべき作戦目標をマニラの占領に置くか米比軍の撃破に置くかである。そして、それは戦略の研究課題とされ、井本中佐は、米比軍撃破を優先すべきだったと主張している[41]。しかし、この問題は単純な戦略問題と片づけられるものだろうか。作戦目標の決定は、現地軍にとって最大の決心事項である。これは、戦争目的、終末構想、作戦構想、占領政策といった複雑な問題認識の帰結であり、作戦計画、情報計画や兵站計画等の端緒でもある。では、第十四軍は「フィリピン作戦」の目的を中央の政戦略といかに関係付けたのだろうか。そして、この関係は第十四軍の作戦と占領地軍政決定に当たり、どのような影響を及ぼしたのだろうか。作戦目標を首都マニラに置いたのは、政略を重視したからであると言われているが[42]、それは占領地軍政といかなる関係にあるのだろうか。本項では、この点に注目し、第十四軍の行動を占領地軍政と軍事作戦との相互作用の観点から明らかにする。

（ア）開戦期におけるフィリピンに対する中央の構想

まず、「フィリピン作戦」は戦争目的とどのように関連付けられたのであろうか。「自存自衛」という観点からは、フィリピンには見るべき資源はなく、蘭印等の資源地帯に対する主要交通線であった。このことから、大本営陸軍部は、米海軍の根拠地を覆滅し海上交通線を防護するという主に海軍戦略に必要な地域と考えていた[43]。一方、海軍は、伝統的に、陸軍がフィリピンの根拠地を攻撃することにより、米太平洋主力艦隊主力は、極東艦隊を来援する必要が生じ、その結果日米主力艦隊同士の決戦が生ずると考えていた。日本海海戦の再現を考えていた海軍にとっては、フィリピンはいわば日露戦争における旅順の役割だったのである。そして、それは短期決戦を期待する陸海軍統帥部の望むところでもあった。

しかしながら、海軍が真珠湾攻撃に踏み切ったことから「フィリピン作戦」の重要性は、相対的に低下した。また、「腹案」には、直接的にはフィリピンに関する記述はない。つまり交通線を確保するほかは、あまり現地の政治・経済には関心がなく、統帥部としても米比軍を撃破して早期に根拠地を覆滅するとしていたものと考えられる。

では、政府特に陸軍省はどのように考えていたのだろうか。軍務局は、「大東亜共栄圏建設」の観点から、米国からの早期解放つまりフィリピンの早期独立を目的と考えていたと思われる。なぜなら、一九四二（昭和十七）年一月十日の陸軍省内の会議において、東条陸相はフィリピンの帰属については当分言明しないと述べ[44]、統帥部に配慮しているように見せながら、実は、二十一日には「第一次東条声明」を発している。それは、軍務局長武藤章中将が、陸軍省のブレーントラストとしていた国策研究会に「大東亜共栄圏」の将来について研究を依頼し、フィリピンは自治国とするように回答を得ていたからである[45]。

つまり、戦争目的が統帥部と政府で一致していない以上、作戦目的も曖昧だったのであり、このことが作戦目標をも曖昧にしてしまったのである。

（イ）「比島進攻作戦」構想と問題点

一九四一（昭和十六）年十一月六日、南方軍総司令官には寺内寿一元帥が、第十四軍司令官は本間雅晴中将が親補された。そして「大陸命第五五六号」をもって、南方要域の攻略準備が発令された。[46] この攻略準備過程の中で、「比島進攻作戦」はいかに位置付けられたのだろうか。荒尾興功中佐ら南方軍作戦参謀要員は、大本営陸軍部幕僚と九月以降検討を重ね、「比島進攻作戦」に、南方軍側面の開放という意義を持たせていた。[47] つまり、重要地域への交通路という位置付けを再確認したわけであるが、「比島進攻作戦」には三つの特色があった。まず、支作戦正面であること。次に、上陸作戦を伴うこと。最後に、作戦期間に余裕がないことである。

まず、南方軍の主作戦方向がマレーからシンガポール、蘭印だったことから、支作戦正面であったことは自明であった。したがって、マレー担当の第二五軍（司令官山下奉文中将）が三個戦車連隊及び砲兵を増強された四個師団に比し、第十四軍は二個戦車連隊及び砲兵を増強された二個師団（第十六師団（師団長森岡皐中将）、第四八師団（師団長土橋勇逸中将））及び一個混成旅団（第六五旅団（旅団長奈良晃中将））に過ぎなかった。また、優速船もことごとく第二五軍に配当され、本間中将は、戦力の過少を参謀総長杉山元元帥に述べたところ、叱責を受けたと言われている。このように戦力が少ないからこそ、作戦目標の明確化による決戦正面への戦力の集中及び空地船の協同がとりわけ重要であった。

次に、上陸作戦を伴うことである。このため、当初、十分な航空撃滅戦を実施し、制空権を確実に掌握する必要があった。なぜなら、上陸直前の陸兵を乗せた船舶は、航空機にとって、最も有効な攻撃目標であり、少数の残存航空機でもかなりの戦果を見込めるからである。また、上陸作戦においては、弱点を露呈する上陸過程をなるべく短時間に切り上げるよう、周到な準備が必要であり、またそのためにも軍クラスでは複数の上陸正面が必要であった。

最後に、作戦期間に余裕がないことである。南方作戦全体は、約五カ月で終わらせる必要があった。なぜなら、南方作戦終了後、南方作戦に使用した戦力の多くは満州に転用し、再びソ連をにらむ態勢に転換する必要があったのである。このため、「比島進攻作戦」は二カ月で終了させ、その後蘭印に戦力を転用させる必要があったのである。したがって、第十四軍は、迅速かつ計画的に作戦目的を達成しなければならなかった。

これら三つの作戦の特色から、「比島進攻作戦」において問題になることは、実戦力の不足である。もともと支作戦正面であることから配当戦力が少なく、複数正面からの上陸で戦力は分散し、南方作戦の全般構想から二カ月後には戦力を転用する予定であったからであった。ただし、実は当初の計画の段階では、これでも問題はなかったのである。なぜなら、米太平洋艦隊主力をおびき寄せるためには、ある程度の在比米陸軍の健闘が必要であったからである。勝負つかずの状態でなければ、米太平洋艦隊主力の来援はないからであった。したがって、最も望ましいシナリオは、第十四軍がマニラを早期に陥落させ政経中枢を手中にしながら、在比米陸軍の残存兵力が一地を固守しつつ頑強に抵抗を行い、来援を待っているという状態であった。

ところが、この戦略環境を一挙に変えたのが真珠湾攻撃の成功であった。この空前の大勝利は、皮肉なことに「比島進攻作戦」における第十四軍の任務を過重なものに変えてしまった。米太平洋艦隊は真珠湾で消滅したため、これをおびき寄せる必要がなくなった。したがって、純然たる意味の対南方交通路の確保が最大の任務となった。そしてこれは、任務の重点が米比軍の撃滅にシフトしたとも言える。しかしながら、真珠湾攻撃は機密事項とされ、陸軍

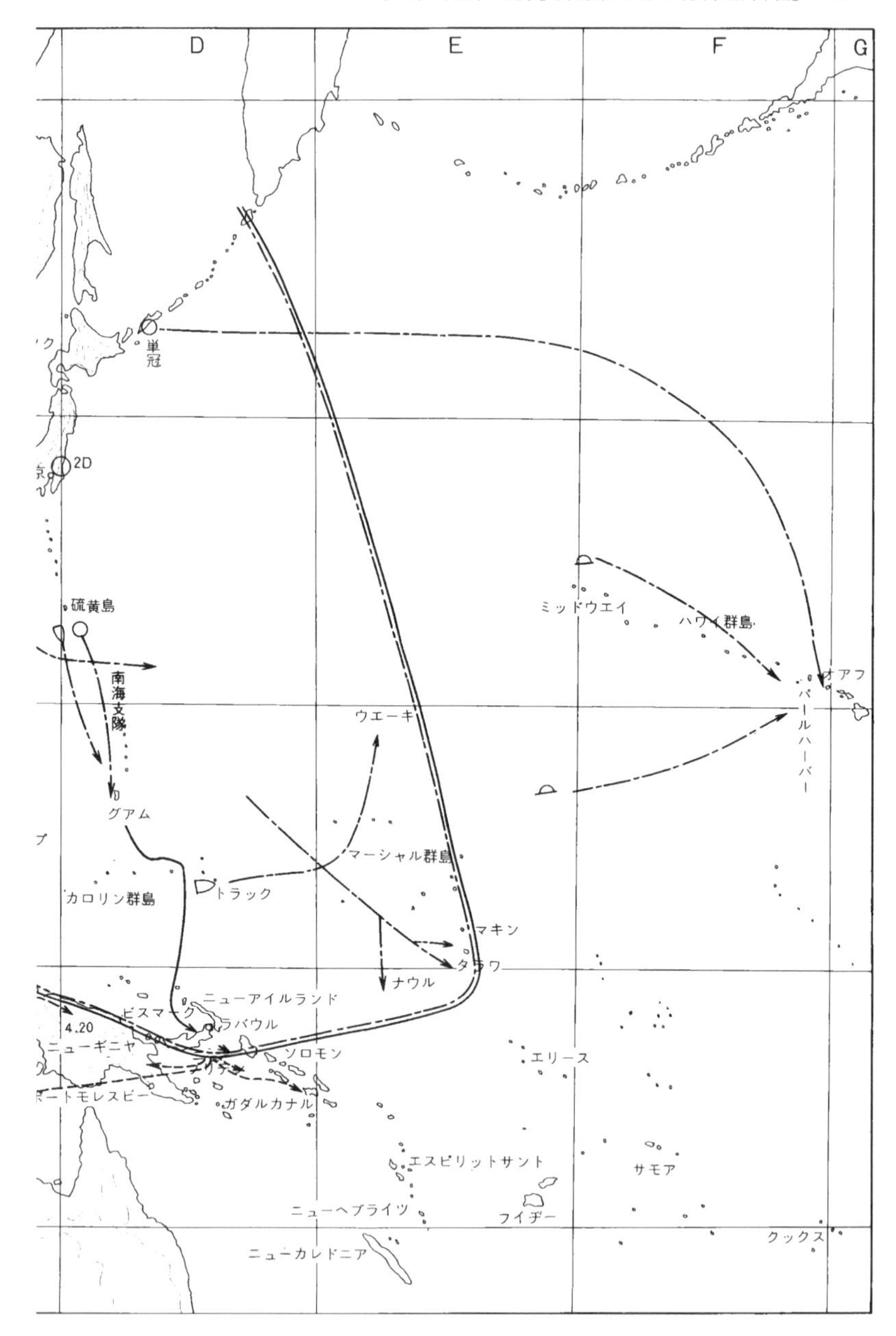

戦経過概見図――』(原書房、1977 年)より〕

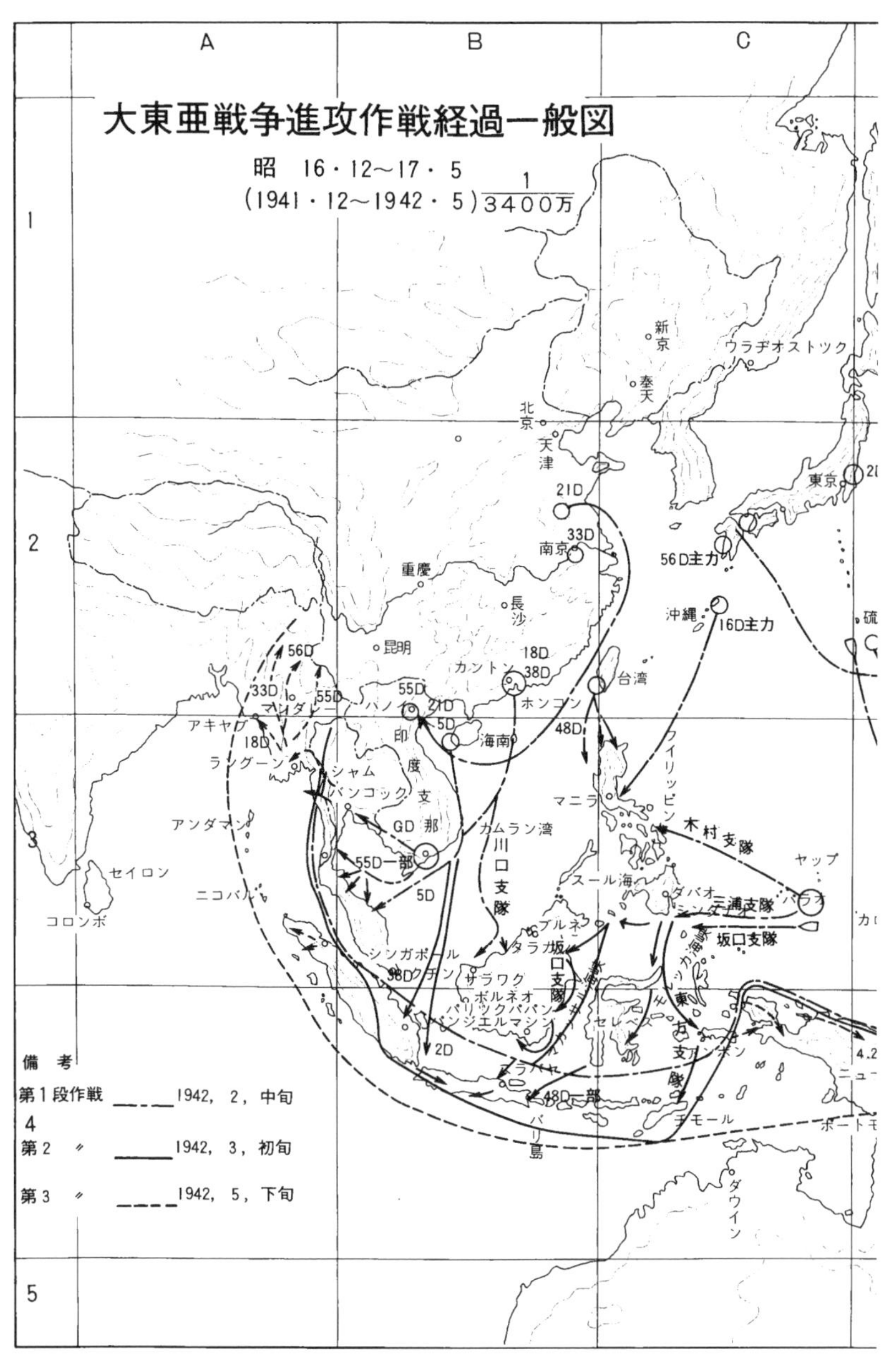

図1　大東亜戦争進攻作戦経過一般図〔戦史叢書刊行会編『近代日本の戦争――作

には通報されていなかったため、第十四軍の保有戦力は貧弱なままであった。

では、この状況を第十四軍は、どのように考えていたのだろうか。第十四軍は、次のように作戦計画を策定した。まず作戦目的として、フィリピンにおける敵を撃破しその主要な根拠を覆滅することを挙げている。次に、作戦指導要領として、海軍と協同して航空撃滅戦を実施する。開戦日から一五日目に軍主力（軍司令部及び第四八師団）がリンガエン湾、一部（第十六師団主力）がラモン湾に上陸し、求心的にマニラに進撃し攻略する。第二次上陸部隊として第六五旅団が二五日目にリンガエン湾に上陸しルソン島各地の守備に就く。第三次上陸部隊として鉄道部隊等は、三五日目に上陸することとなっていた。そして作戦目的をおおむね達成すれば、第四八師団を蘭印攻略の第十六軍（司令官今村均中将）へ転用することとなっていた。

さて、第十四軍の作戦計画を見れば、大本営の指導に忠実に従っていたと言える。作戦目的が根拠地覆滅としていることから、当然、当面の作戦目標は米比軍の撃破と読める。この計画は、真珠湾攻撃実施前に策定されていたものであった。その一方、真珠湾成功後にも戦力が増強されることがなかったため、実際は計画を変更したくてもできなかった。また、変更しなくても、当面の作戦目標の米比軍の撃破が変わるわけでもなく、字面上は対応できるものであった。つまり、結果として米比軍の撃破と根拠地覆滅のいずれを優先するのか、曖昧なものであったとも言える。このような微妙な状況でありながら、大本営参謀井本中佐は、南方軍総司令部は幕僚業務のほとんどをマレー方面に傾注し、第十四軍に対する関心・認識ともに不十分であり、したがって、第十四軍も南方軍の掌握下に十分入っていないと見ていた(48)。それはあたかも今後の混乱を予想しているようであった。

（ウ）　第十四軍のマニラ攻略優先

では、第十四軍は、いかに戦力不足を克服しようとしたのだろうか。実は、ここにマニラ攻略を優先した鍵が隠されているのではないだろうか。一般的に、「比島進攻作戦」における第十四軍の状況判断に対する評価は、否定的な見方が多い[49]。米比軍がバターン半島に撤退する兆候を確認していたにもかかわらず、あくまでマニラ攻略を優先し、その後の苦戦を招いたからである。また、多くの批判者は、マニラ攻略優先の理由を、一九四一（昭和十六）年十月初頭の「南方作戦兵棋演習」における議論に置いている[50]。これは、第十四軍参謀長前田正実中将が、作戦の方針を敵撃破に置くか要地の占領に置くかを、米比戦争の戦例を挙げ南方軍総参謀副長青木重誠少将に質していた。その際、青木少将の返答は、南方軍も海軍もマニラ優先を希望しているとのことから、マニラ優先に決まったというものである。井本中佐もこの説をとっている[51]。しかしながらこの説明は明らかに不十分である。なぜなら、この「兵棋演習」は真珠湾攻撃前のもので、青木少将は、米太平洋艦隊誘い出し戦略を是認したに過ぎないからである。したがって、問題は、第十四軍が、真珠湾奇襲成功後の戦略環境をどのように認識し、いかなる状況判断の下に、マニラ攻略を優先したかである。わけても、前田中将は米比軍のバターン退避の危険性を十分認識していた。

上陸直前の第十四軍が直面した戦力不足という問題の解決には、フィリピン兵の対米離反が必要であった。なぜなら、一九四一（昭和十六）年十一月当時の見積もりでは、在比米軍自体は増強一個師団、約二万に過ぎず、その中でもフィリピン兵が占める割合は五〇％を超えていた。また、フィリピン国防軍は一〇個師団、約一一万であった。つまり、敵戦力の数的主体はフィリピン兵であり、フィリピン兵が日本軍につけば、この戦力差は逆転できる可能性があった。

しかしながら、そもそもフィリピン兵を日本軍につかせることが可能であろうか。また、可能であるならば、どうすれば良いのか。大尉時代にフィリピンに潜入した経験のある前田中将は、十分可能であると、信じていたに違いない。なぜなら、米国植民地支配下におけるフィリピン社会の矛盾は、日本でもある程度知られていたからである。[52]

（エ） 陸軍の対フィリピン認識

フィリピンは、米西戦争（一八九八年四月二十五日〜八月十二日）の講和条約である一八九八（明治三十一）年に締結されたパリ条約によってスペインから米国に割譲された。その直後、米軍はアギナルド（Emillio Aguinaldo y Famy）将軍や後には南部イスラム王国に属するフィリピン人の粘り強い抵抗に苦しめられた。これが、一九一三（大正二）年まで続く米比戦争である。米比戦争の被害は大きく、フィリピン人一般市民の犠牲者二〇万名、当時の全人口の三％にのぼり、米兵も四、五〇〇名が戦死したとされている。[53]

このような政治背景の中で、米国資本による植民地化経済政策は進められていく。一九〇九（明治四十二）年には、米比両国間の関税が相互に免除される互恵的自由貿易体制を確立した。これによって、フィリピンの対米貿易依存は決定的となり、フィリピンから米国へは砂糖、ココナツ、マニラ麻、工業原料が、米国からは工業製品が輸出された。最終的に、フィリピンでは食料及び衣料すらも輸入に頼る自立性の乏しい典型的な植民地経済が形成された。一方、フィリピン社会のエリートは、米国との自由貿易、特に砂糖の輸出で多額の利益を得ていた。そして、米国がもたらした教育制度の最大の受益者となり、スペイン語を公用語から駆逐していったのである。しかしながら、この過程で貧富の差は拡大し、一部のオリガークス（oligarchs）と呼ばれる大土地所有の特権階級と大多数の小作農という階級分化が明瞭になっていったのである。

第一次世界大戦終了後の一九一八（大正七）年、フィリピン議会は独立を求める世論に押され、独立委員会が創設された。しかし、三三（昭和八）年まで、米国議会はフィリピンの独立を認めなかった。その理由は、当時の米国は共和党政権であり、植民地の独立に強く反対したからである。共和党支持者の多くは商工業者であり、無関税による商取引を歓迎していた。またフィリピン議会の構成員の大部分はオリガークスであり、米国との無関税貿易の最大の受益者であった。そのため、「完全・即時・絶対独立」を唱えながら、裏では植民地支配の継続を求めていた。このような複雑な状況の中で、フィリピン分離運動を展開したのは米国の農業団体や労働団体であった。世界恐慌にあえぐこれらの団体は、フィリピンからの免税農産物の輸入を嫌い、低賃金労働者の流入に反対した。ここに米国議会で、三四（昭和九）年にタイディングス＝マクダフィ法が通過し、四六（昭和二十一）年フィリピンは共和国として独立することが定められたのである。[54]

しかしながら、完全独立の後には、フィリピンも対米輸出において他国と同じ関税を課せられることとなる。そうなれば、フィリピン農産物は米国内の競争に勝てないことは明らかであった。また、国防は切実な問題であったが、米国はフィリピン軍の創設に関わる軍事費の支出を認めなかった。このような状態は、オリガークスをして米国に見捨てられたと感じさせたのである。[55]したがって、近隣諸国で購買力があり、国防を負担できるのは日本においてほかなく、参謀長前田中将が、エリートを取り込むことを可能と考えたのは自然だったと言えよう。また、米国政府もケソン政権の忠誠を疑っていた。[56]下層市民もガナップ党員等、反米派は多く、この反米派が独立運動を推進していた。[57]一方、日本陸軍は、フィリピンが開戦と同時に独立し中立を宣言した場合の国際法上の諸問題を検討している。[58]これは、実際にケソン大統領がマッカーサー（Douglas MacArthur）に申し出たことであり、[59]ケソンが一九三八（昭和十三）年に来日した際、そのようなことが話題に上った可能性さえある。

このようなフィリピンの政治状況では、日本が打ち出した「大東亜共栄圏建設」はそれなりに説得力を持つものであった。したがって、日本軍は、開戦前から、「腹案」によって、「比島ノ取扱ハ差シ当リ現政権ヲ存続セシムルコトトシ戦争終末促進ニ資スル如ク考慮ス」として、ケソン政権懐柔策をフィリピンにおける最大の目標としていた。

（オ）　第十四軍司令部の状況判断

第十四軍司令部、特に参謀長前田中将はこれに応じ、当面の目標としてケソンを懐柔・確保することに全力を挙げた。また、軍政の早期実施を重視した。その証拠に前田中将は、作戦開始に当たっての作戦会議の際、隷下兵団長に本作戦の敵は米国であってフィリピン人ではなく、略奪・放火の厳禁を明言している。[60] また、ケソンが以前から先輩として尊敬している民族運動の老闘士、横浜に亡命中のリカルテ（Artemio Ricarte）将軍を、将軍の日本人側近である太田兼四郎とともに、一九四一（昭和十六）年十二月十九日、北部ルソンに潜入させた。[61] さらに、北部ルソンを地盤とし、コモンウェルス政府の有力者であり、親日政治家と目されたキンティン・パレデス[62]（Quintin Paredes）を通じて、ケソンをマニラに留まらせようとしたのである。

そのうえで、マニラ陥落を契機に、第十四軍司令部においては、前田参謀長以下幕僚の大半と参謀副長林義秀少将の軍政部職員全部がサンフェルナンドの司令部を去って、マニラに乗り込み占領地軍政に力を入れた。この頃の第十四軍の状況判断は、バターン半島の戦況には楽観的だったのであろう。

ところが、占領地軍政に関しては、深刻な思惑違いが生じていた。その思惑違いとは、ケソン大統領のマニラ脱出である。ケソン大統領は、米極東軍司令官マッカーサー将軍の勧告を受け入れ、副大統領オスメーニャ（Sergio Osmena）らと米比軍が立て籠もるコレヒドール島に移動した。[63] これにより現政権の最も重要な部分が敵手に落ちたことになる。これでは現政権を存続させようにも、残存政権にはあまり期待が持てないことになった。[64] さらに、中央のフィリピンに対する考え方が曖昧だったため、この状況に南方軍総司令部も手を打ちあぐねていた。前田参謀長は、ここに至り直接軍政をも考慮せざるを得なかった。

結局のところ、南方軍軍政幕僚石井大佐からの指導電報により、一九四二（昭和十七）年一月二十三日、第十四軍司令官の指揮監督下に、バルガス首班の比島行政府を設置し、独立までは日本軍による間接統治を行うことに決したのである。だからこそ、前田中将にとっては、たとえ第四八師団長土橋勇逸中将の米比軍撃破の意見具申[65]があろうとも、戦力不足を補うためには、マニラ攻略を優先し軍政を安定させて、フィリピン人の対米離反を誘うことが、戦略の観点から見ても当然のことであった。また、だからこそ、本間司令官もマニラ攻略の優先を是認し、サンフェルナンドでバターン半島の米比軍に対峙したのである。[66]

また、マニラ攻略の優先は、その後の軍政上も有利であった。なぜなら、これからの占領地軍政において誰を協力者として政権に参加させるかは大問題であるし、反日分子の焙り出しは治安確保の第一歩だからである。米比軍とともにバターンに籠るフィリピン人エリートは親米派であり、マニラに止まったフィリピン人エリートは親日派であった。つまり、自然と協力者と反日分子が峻別できるのである。

（カ）　対米離反戦略の破綻

一方、この比島行政府は二つの問題があった。一つは、コモンウェルス政府の残存閣僚をそのまま引き継いだことで、反米独立運動組織との全く繋がりがないことであった。今一つは、米比軍がバターン半島で頑強に抵抗していたため、民心収攬に関し日比双方に疑心暗鬼が生じたことである。

図２　バターン半島における米軍配備要図〔防衛庁防衛研修所戦史室『戦史叢書 2　比島攻略作戦』（朝雲新聞社、1966 年）付図 7 より〕

比島行政府は、行政長官の下に、内務、財務、司法、農商務、教育厚生、土木交通の六部からなっていた。そして、行政長官となったバルガスはコモンウェルス政府の官房長官であったことから、当然これら部長は政府の閣僚らで占められることとなった。このことは、軍政実施に当たっては極力残存統治機構を利用するという「占領地行政実施要領」の文脈にかなっていた。また、実務能力にも一日の長があったし、国際法上も望ましかった。かくして、リカルテ将軍の帰国に呼応した反米親日団体「新団結」やガナップ党員は政権から排除された。しかしながら、そもそも、政府を構成していたオリガークスは、何らかの形で米比関係から利益を得ていたグループである。オリガークスは、心情的にも経済的にも米国と深いつながりがあり、そのつながりを容易に断ち切ることはできなかった。(67) したがって、すでに米国指導の下で、独立を準備していた彼らにとっては、日本軍の指導による独立を必ずしも喜ばず、せいぜい有難迷惑といったところだったのである。このような状況において、米比軍がバターン半島に健在であったことは、オリガークスのみならず、一般市民も米軍の来援に期待を抱いたのも当然だった。(68) これでは対米離反は進むはずもなく、だからこそバターン半島に立て籠もる米比軍の早期撃破が求められたのである。

一方、早期にマニラを攻略し、敗残の米比軍をバターン半島に追い立てたかに見えた第十四軍であったが、ある誤算が生じつつあった。それはフィリピン兵の投降者が予想に反して少なく、米軍とともに頑強に抵抗し、残敵掃討と考えていた第十四軍のバターン半島攻略が頓挫したことである。

損害続出の戦況のまま、虎の子である第四八師団及び第五飛行集団の転用の時期を迎えてしまい、一九四二（昭和十七）年二月三日、攻撃中止に至る。つまり、前田中将が構想した、戦力が充実しているうちに、マニラ攻略を梃子に強力な占領地軍政を行い、フィリピン兵を離反させて戦力の劣勢を補いつつ、米比軍を撃破してフィリピンの根拠地を確保する、という戦略は破綻したのである。

では、なぜ離反工作は失敗したのであろうか。換言すれば、なぜ多くのフィリピン兵はバターンで日本軍と戦ったのであろうか。従来は、次のように考えられていた。米国の指導・援助の下に整備を進めていたフィリピン陸軍は、一九四一（昭和十六）年七月、ローズベルト（Franklin Delano Roosevelt）大統領の命令により、マッカーサーを司令官とする在極東米国陸軍ＵＳＡＦＥ（United States Army Forces in the Far East　以下、「ユサフェ」）に統合され、開戦後日本軍を大いに苦しめた。そしてケソン大統領が米国に亡命してもなお、正統政府と宗主国米国に忠誠を誓い、バターン半島で戦い続けたというものである。[69] しかしながら、最近の研究によれば、フィリピン人兵士はロマンチックで劇的で英雄的な戦争を思い描いてバターン半島の戦いに参加したに過ぎなかったとされている。[70] つまり、国土を侵攻されたので戦うという素朴な感情論で、正統政府や米国に対する忠誠心とは必ずしも言えなかった。したがって、以後の戦況や日本軍の態度次第では、そのような感情はどのようにも変化するものであり、それはバターンの戦況や日本政府の動向を注視しているマニラ市民も同様であった。

しかしながら、この失敗は、南方軍総司令部の作戦指導に大きな影響を与えたと考えられる。それは、統帥権独立の有用性に対する再確認と隷下軍司令部に対する不信である。前田中将が企図した謀略としての占領地軍政は、戦力不足に悩む第十四軍のみならず南方軍総司令部や大本営が是認し得る一つの答えであった。もし、フィリピン人兵の内応や投降が相次ぎ、「バターン作戦」が成功裏に終了したならば、謀略を主体とした軍事作戦がその後の主流になったかもしれない。しかしながら、南方軍全体では好調な戦況の中で、第十四軍のみ苦戦している現実は、陸軍省が主張した「大東亜共栄圏建設」を戦争目的として前面に押し出すことによる謀略より、軍事的勝利が最重要で、軍事合理性を最大限追求した統帥権独立の有用性を再確認したと考えられる。ここから「軍政に関する大臣区処権」に疑念を生じたのではあるまいか。

このことは、マニラ早期攻略と軍政をいち早く行った前田中将や作戦参謀牧達夫中佐に対する南方軍総司令部の疑念に発展したと考えられる。「比島進攻作戦」は、海軍戦略から解き放たれた時点で、実は「大東亜共栄圏建設」をいかに捉え占領地軍政をいかにすべきか、という課題の統帥部と陸軍省の間の実験場になったのである。第十四軍軍政が「狭義軍政」や謀略である場合は南方軍総司令部も是認できた。しかしながら、一九四二(昭和十七)年一月二十一日の「第一次東条声明」直後の二十三日に行政府を設立したとなると、政府主導の「広義軍政」を疑わざるを得ない。ましてや、「軍政に関する大臣区処権」を陸軍省は参謀本部に認めさせたばかりであったのである。また、前田中将や牧中佐は軍務局での職務経験が長かった。つまり、南方軍総司令部や統帥部としては、軍務局が元軍務局員を使い、統帥部をバイパスして「広義軍政」を実施し、ひいては戦争指導の主導権を握ろうとしていると警戒心を抱いたのではなかろうか。その警戒心を持った統帥部からしてみれば、「第一次バターン作戦」の失敗は反撃の良いチャンスであった。二月三日、本間中将の攻撃中止命令の後、前田中将と牧中佐は突然更迭される。南方軍作戦参謀荒尾興功大佐は、「後任参謀長に陸軍省型は不可」と日記に書き残していることから、南方軍総司令部での評価が類推できる[71]。この軍政の強行と軍事作戦の失敗は、陸軍省及び参謀本部ともに、戦争指導に関する認識統一の必要性を痛感させたのである。また、南方軍司令部にとっては他正面の作戦と軍政指導の在り方、すなわち軍事作戦重視及び「狭義軍政」の徹底に確信を持つこととなった。

(二) ビルマ

一九四二(昭和十七)年一月二十二日、大本営は「大陸命第五九〇号」を発出し、「ビルマ進攻作戦」を命じた。そして、第十五軍司令官飯田祥二郎中将はこれに応じ、戦力増強の傍ら、手持ちの戦力で、まず一月三十日にモールメン、次にラングーンを三月九日に攻略した。この間、戦争目的、戦争終結構想、作戦構想、占領政策は、ビルマを巡る政戦略といかに関係付けられたのだろうか。また、この関係は現地軍の作戦と占領政策決定に当たり、どのような影響を及ぼしたのだろうか。

（ア）　開戦期における中央の構想とビルマに対する政戦略

まず、ビルマは戦争目的とどのように関連付けられたのであろうか。戦争目的の論争に関する経過を見る限りでは、「自存自衛」のための武力行使ではビルマに対する政戦略は説明ができない。なぜなら、ビルマは重要資源地域及び主要交通線外にあり「自存自衛」に必要な地域の範囲外と考えられていたからである。[72]であるならば、純然たる「大東亜共栄圏建設」が目的でなければならず、それはマレー、フィリピンに対する軍事作戦を主体とした政戦略とはおのずから違ったものでなくてはならなかったのである。次に、戦争終結構想との関係である。「腹案」には、ビルマに関しては、単に「英を早期に屈服」させるため「ビルマの独立を促進しその成果を利導してインドの独立を刺激す」と述べているに過ぎなかった。つまり、英国屈服の文脈でビルマの独立を考えており、「大東亜共栄圏建設」とは必ずしも一致していたわけではなかった。つまりここにも曖昧性が存在していた。

では、いったい、大本営は、ビルマにおける作戦に何を期待していたのであろうか。開戦直前、大本営は「自存自衛」では説明のつかない「ビルマ作戦」について三つの作戦目的を考えていた。先ず「マレー作戦のための側背の安定」、次に「援蔣路遮断」、最後に「対印中圧迫強化」である。[73]その際、「対印中圧迫強化」のためには積極作戦が必要となるが、「マレー作戦のための側背の安定」及び「援蔣路遮断」のためであれば、タイに振り回しの利く航空戦力を含む一個軍程度をビルマ方面に展開させるという消極作戦で済む。南方作戦の当面の目標たるフィリピン、シンガポール、ジャワを優先するため、限りある戦力を有効に活用し、優先正面に戦力の集中を図ると考えたのは自然であった。したがって、ビルマ占領については将来の作戦として含みは残すものの、当面は消極作戦により「側背掩護」及び「援蔣路遮断」を狙ったものと思われる。「ビルマ攻略」と言わず「ビルマ処理」と称したのもこのような理由からであった。[74]

このようなビルマに対する大本営の消極的態度から、「ビルマ作戦」を担当する第十五軍に充当された戦力は第三三師団（師団長桜井省三中将）及び第五五師団（師団長竹内寛中将）の二個師団に過ぎず、その第三三師団も北支から、第五五師団も北部仏印から追及中の部隊であり、当面見るべき戦力はなかった。したがって、同じ支作戦正面であるフィリピン担当の第十四軍に比べても、はるかに貧弱なものであった。

一九四一（昭和十六）年十一月十五日付南方軍命令において、第十五軍は仏印の安定確保及び対支封鎖を行いつつタイ進入作戦を準備するように命ぜられていた。また、南方軍と第二艦隊との協定において、第十五軍はタイに進入し、飛行場を占領するとともに、ビルマ領テナセリウム地方南端のビクトリアポイントを占領、次の「ビルマ作戦」を準備することとなっていた。要するに、態勢上も任務上も開戦時の第十五軍は積極的なビルマ進攻を行う力も責任もなく、ただ単にタイの安定確保と第二五軍の「マレー作戦」掩護を実施しさえすれば良いというものであった。

これら命令に基づき、第十五軍は次のように構想した。開戦と同時に南部仏印に集結中の第二五軍隷下の近衛師団（師団長西村琢磨中将）を一時的に指揮し、タイに進入するとともに、第五五師団の宇野支隊（宇野節大佐一四三連隊長）を第二五軍先遣隊に同行させ南部タイに上陸し、ビクトリアポイントを占領する。北部仏印にある第五五師団主力は鉄路タイに前進し、近衛師団と交代する。南京にある第三三師団は海路バンコクに前進する。[75]つまり、手持ちの戦力をとりあえずタイに進入させ要地を確保するとともに、逐次戦力の充実を待つものであった。

この構想は、戦闘力を集中しつつ手持ちの戦力で要地を占領するもので、わずかな戦力で第二五軍の「側背掩護」を行い、かつラングーンを起点とした援蔣路を空路脅威し遮断できるという点で、戦略上合理的かつ堅実に見えた。ただし、ビルマ処理の作戦目的からすれば、確かに第二五軍の「側背掩護」は確実となるものの、陸軍戦力の占領を伴わない「援蔣路遮断」は確実性に欠け、「対印圧迫強化」などとても期待できなかった。そこで、フィリピンの場合と同様に、戦力不足に悩む第十五軍にとって期待されたのが、進行中の「ビルマ独立工作」であった。

（イ）「ビルマ工作」とその進展

日本の「ビルマ工作」は、一九四〇（昭和十五）年三月、参謀本部付鈴木敬司大佐がビルマにおける「援蔣路遮断」の方策について研究するよう内示されたことに始まる。当時、支那事変において蔣介石政権は重慶に後退し、仏印及びビルマルートからの英米の支援に依存して抗日を続けていた。特にビルマルートは、日本が実力で封鎖することはほとんど不可能であった。このような状況の中、鈴木大佐はタキン党を中核とする反英独立勢力に着目した。

この時期、ビルマ人は英国に対し独立を要求し、漸進的にではあるが、確実に成果を挙げていった。一九二三（大正十二）年以降部分的に行政及び立法に参加してきたし、三五（昭和十）年には「ビルマ統治法」を認めさせ、英国人総督の下で行政府及び立法府を持つに至った。そして、三八（昭和十三）年「ビルマ暦一三〇〇年の戦い」と呼ばれるゼネストとこれに対する英国の弾圧を経て、三九（昭和十四）年、第二次世界大戦勃発直後にチェンバレン（Arthur Neville Chamberlain）内閣による「将来の自治領昇格」確認にまで至る。[76] しかし、これを未だ不十分なものと考え、タキン党を中心に完全独立を求める運動が活発化したが、英国はこれに対し弾圧・投獄を行って対抗した。

このような状況下、一九四一（昭和十六）年一月、参謀本部は鈴木大佐を長とする南機関を正式に立ち上げ、二月バンコクに進出し、本格的な行動を開始した。そして、鈴木大佐はタキン党の党員と親交を重ね、オンサン（アウンサン。Aung San）、ラミヤン（Hla Myaing）を中心としたビルマ独立の志士三〇名を募り海南島、台湾で独立工作の準備を行ったのである。[77] さらにこの要員を中核として在タイビルマ人を募り、ビルマ独立義勇軍（ＢＩＡ）を編成した。このような日本の「ビルマ独立工作」が始まった頃は、ビルマ人特にタキン党員にとって独立運動の成果の喜びとゼネスト失敗の挫折感がないまぜになり、完全独立を熱望し対英武力闘争を覚悟した時期にあった。つまり、タキン党員としては、このような状況下、鈴木大佐の「日本の支援による対英武力闘争」提案は、訝しくかつ危険ではあるが魅力的かつ現実的でもあったのである。

ただし、発足の当初からＢＩＡは曖昧な存在であった。なぜなら解放軍の一面を有する半面、日本軍の補助部隊の一面も有していたからである。無論、第十五軍が期待したのは後者であり、タキン党が期待したのは前者であった。この曖昧さが、時間の経過とともに問題になっていく。これをいかに克服するかは、南方軍としても頭の痛い問題であったのである。

（ウ）　ビルマ処理と「ビルマ独立工作」

一九四一（昭和十六）年十二月九日、第十五軍は近衛師団を指揮し、平和裏にバンコクに進駐した。また、宇野支隊はビルマ領テナセリウムに進出し、十九日、ビクトリアポイントを占領した。さらに、十二月二十七日、第五五師団がバンコクに集結、ついで第三三師団も四二（昭和十七）年一月上旬には進出見込みとなった。つまり、開戦から約一カ月で、第十五軍が考えていた作戦を予期の通り終了する見込みがついたのである。この際、南方軍は「マレー作戦」の「側背掩護」を確実にする意味から、サルウィン河東岸モールメンを占領させるべく、十二月十一日には早くも作戦命令を発出していた[78]。第十五軍はただちに準備を開始したが、これをもって本格的な「ビルマ進攻作戦」の開始とは位置付けていなかった。したがって、未だ「ビルマ独立工作」への期待も大きかったのである。

南機関は、一九四一（昭和十六）年十二月二十三日、第十五軍の指揮下に入れられた[79]。その頃、南機関では「ビルマ工作計画」を策定し、これを準拠に着々と工作準備を進めていた。ただし、この工作計画には、「テナセリウム地域占領後臨時政府を樹立する。」「占領地行政は南機関の軍政による。」「ビルマ国有財産及び国営事業はビルマ独立義勇軍が継承する。」「ラングーン占領後独立政権を樹立する。」等、ビルマの占領と独立を巡る重大な問題が含まれていた。[80] 無論、このような重大問題を南機関のみで決定できず、四二（昭和十七）年一月中は第十五軍及び南方軍との調整に費やされた。

この間にも作戦は進み、一九四二（昭和十七）年一月四日、沖支隊（沖作蔵中佐第一一二連隊第三大隊長）は泰緬国境を越え、モールメンに前進を開始した。主力もこれに続き、一月三十日、早くも攻略した。この間、ＢＩＡも第十五軍の作戦に協力し、各師団・支隊に配属され宣撫工作を行った。そして一月十九日、南部テナセリウムのタボイを占領した際に、ＢＩＡは、「ビルマ工作計画」通りに独立を宣言したのである。然るに、三十日のモールメン占領の際には、一月二十二日の「第一次東条声明」にもかかわらず、臨時政府の樹立は許されず、オンサン以下ＢＩＡの、進撃は即時独立に繋がるという期待は、裏切られる結果となった。[81]

では、なぜタボイ占領で許された独立宣言が、モールメン占領の際には許されなかったのだろうか。やはり、南方軍総司令部としては、フィリピン正面における教訓が大きかったと考えられる。フィリピン軍政がバターン半島正面の苦戦に与えた影響を考えれば、ビルマでもまた謀略主導を手控え、軍事作戦に移る時期にきていたと判断したのであろう。

（エ）「ビルマ進攻作戦」への大本営の態度

ビルマに対する本格的な作戦を繰り上げ実施することは、開戦直後から大本営で検討されていた。そして、一九四一（昭和十六）年十二月下旬、大本営は、作戦課長服部卓四郎大佐を南方軍に派遣し、意見の一致を見ていた。さらに早くも、翌四二（昭和十七）年一月二十一日、杉山総長が上奏を行い、二十二日には「大陸命第五九〇号」[82]によって大本営は南方軍にビルマ要域占領の命令を下達した。それは、大本営としては、それまでの消極作戦を放擲し、積極的な「ビルマ進攻作戦」を決心したことを意味していた。

開戦前から、大本営は、重慶政権をして抗日戦の継続を可能にさせているのは、英米からの援助があるためであると考えていた。西北、香港、仏印、ビルマの援蔣ルートのうち、開戦直前に、仏印ルートは北部仏印進駐により閉鎖されており、西北ルートの輸送量はとるに足らず、また、開戦後、香港占領により香港ルートも閉鎖され、残るはラングーン～ラシオ～昆明に至るビルマルートをおいてほかはなかった。これを押さえれば、重慶政権が持つ抗日戦継続に対する意欲は大きな打撃を受けるだけでなく、決戦を強要し早期講和の可能性が生ずることになる。このような観点から、大本営では、努めて早期の「ビルマ作戦」実施を望んでいた。

そのような折、「マレー作戦」の順調な進展から、大本営は本格的に「ビルマ進攻作戦」を研究するようになった。そして、「第十五軍作戦要領（案）」を策定し、南方軍に研究を求めた。「第十五軍作戦要領（案）」では、作戦目的を「援蔣路遮断」と「英国勢力の一掃」とし、目標を「ビルマの要域確保」においていた。また、作戦指導要領として「速やかなラングーン確保」、さらに「状況許せばマンダレーへの作戦開始」としていた[83]。つまり、この作戦は、あくまでビルマ南部要域の確保を目指したものであり、全ビルマの占領を企図したものではなかった。

この大本営の申し出に、南方軍は当惑した。なぜなら、泰緬国境は山岳地帯で、道路に乏しく、僅か二個師団からなる第十五軍では、マンダレーまでの攻略は、いかにも過大要求に思われたからである。また、作戦的にも異見があった。すなわち、ビルマに対する作戦は、援蔣路を遮断し、かつビルマ独立を促進して、英本国から離反させることを主眼とすべきであり、より具体的に言えば、ラングーン付近を占領し、援蔣路の起点を押さえ、爾後は独立工作を助長すべきである、というものであった[84]。つまり、戦力に乏しい現状では、マンダレー占領や英国勢力の一掃など思いもよらず、ラングーン占領が精一杯で、後は「腹案」通り政略重視、すなわち「ビルマ独立工作」に期待すべきであると、南方軍は考えていたのである。ところが、この状況を一変させたのが、「マレー作戦」に任ずる第二五軍の、第五六師団（師団長渡辺正夫中将）返上提議であった。第二五軍は、作戦が予期以上に進捗を見たため、使用予定の第五六師団を返上しても良いと申し入れ、南方軍も「ビルマ進攻作戦」に早期に踏み切ることに熱意を示すようになった[85]。

一九四二（昭和十七）年一月十四日、杉山参謀総長は、ついに「ビルマ作戦」について上奏（以下、「第一次杉山上奏」）した。これには「緬甸作戦ノ目的ハ緬甸ニ於ケル英国軍ヲ撃破シテ緬甸ノ要域ヲ占領確保シ併セテ対支封鎖ヲ強化スルニ在リ」として、英軍撃破を主な目的とし、大部分は「腹案」に基づいたものであった[86]。ところが、十七日、早くも統帥部は、「ビルマ作戦」の再検討を行っている。なぜなら、田中第一部長は、重慶軍が北部ビルマに進入しつつある情報に接し、さらに進んで重慶軍を撃破して蔣政権屈服に持っていこうと考えたのである[87]。確かに、ビルマルートは残された唯一の有力な援蔣路と考えられていたことから、これを守ろうとする重慶軍との間に決戦を生じる機会は十分あった。さらに、「スマトラ作戦」を行うために仏印に控置中の第十八師団（師団長牟田口廉也中将）もビルマ正面に使用し得る目処が立ったことで、十分な戦力をもって英中軍を撃破してビルマ全域を占領することが可能になり、待望の短期決戦の機会が生じたと考えられた。一月二十二日、杉山総長は、再度ビルマ要域攻略について上奏（以下、「第二次杉山上奏」）し、二個師団増援による英印軍及び重慶軍の一挙撃破という計画を報告した。これは作戦目的を「ビルマにおける敵を撃破してその要域を占領確保し併せて対支圧迫を強化するにあり」とし、従来の「封鎖」から「圧迫」へと語気強いものに変えていた。したがって、目標として、従来の英軍根拠地の占領に加え、重慶軍の撃破も付加されることとなった。また、その作戦要領は攻略作戦を二段階に分け、当初、現有戦力でラングーンを攻略し、さらに二個師団の増援を待って、マンダレー、エナンジョンを攻略するというものであった。また、作戦の性質も、ビルマからの英印軍の駆逐に加え、ビルマで行う支那事変の様相をも呈するようになったのである。[88]

（オ）「第一次杉山上奏」と「第一次東条声明」

「第一次杉山上奏」後の一九四二（昭和十七）年一月二十一日、東条首相は、「第一次東条声明」を発した。その内容には、「大東亜共栄圏建設」に当たり大東亜防衛のため絶対必要なる地域は日本自らこれを把握措置すること、ビルマについて日本の真意を理解し協力すれば独立を与えることが含まれていた。このことは「第一次杉山上奏」と微妙な食い違いを見せていた。なぜなら、「ビルマ進攻作戦」が戦略重視で行われることが決定されたということは、期間の長短は別としても、占領政策はおのずと軍政によらざるを得ない。無論、東条首相が「第一次杉山上奏」を知らなかったはずはない。では、なぜ、この時期にビルマを含む解放地域の独立容認といった微妙な問題に言及したのであろうか。参謀本部はこの施政方針は政略上のジェスチェアーに過ぎないとして、反応は冷ややかであった。[89]

しかしながら、この時期は「大東亜共栄圏建設」という戦争目的が戦略的にも政略的にも説得力を持った時期と言える。なぜなら、米太平洋艦隊は真珠湾の大敗で動きがとれず、英軍もまた東洋艦隊を失い、シンガポールの陥落も時間の問題であった。ここで「大東亜共栄圏建設」によって説明された「ビルマ進攻作戦」を行い、重慶軍を撃破し援蔣路を封鎖すれば、米国の後ろ盾を失い重慶政権が瓦解するばかりか「腹案」が成功する可能性があったのである。この点では、従来進めてきた「ビルマ独立工作」との関係においても重要であった。「ビルマ工作」の主力をなすタキン党員は、中国特に中国共産党に同情的であった。[90]したがって、「ビルマ進攻作戦」によって英軍を追い払い、中国が日本側についた場合、日本の「大東亜共栄圏建設」を疑う地域はアジアに存在しなくなるであろう。したがって、東条首相としては、積極作戦が決定されたこの時期に、英国がビルマに示していた「将来の自治領への格上げ」以上の好条件を示し、アジアの独立運動に対する積極的な理解による、戦略と政略のバランスをとる必要があったのである。

次に、ビルマ処理の作戦目的であった「インド工作」の影響を指摘しておかねばならない。「腹案」ではインドの対英離反は、英国屈服への鍵と考えられていた。また、実際、インド国民会議派は英国の戦争遂行政策に反対していた。[91]そして、その一方で中国にも同情的であったが、戦争に好んで巻き込まれるほど軽率ではなかった。[92]このような時期にあって、政略的観点からすれば、中国を米英から切り離し、アジア独立運動支援を表明し、その効果を「インド工作」へ波及させ、インドの民心を日本側に引き摺り込むことが重視されねばならなかったのである。そして、それはバターンに立て籠もるフィリピン兵士に対しても影響するであろう。

他方、「第一次東条声明」を迎えた現地軍の混乱は避けられなかった。南方軍からは、大本営陸軍部に対し、南方地域の帰属は過早に定めないことになっていたにもかかわらず、首相演説をもってにわかに発表したのは意外であるとの電報があった。[93]作戦準備に余念がない現地軍としては、新たな制約要因を抱えることは困ったことであった。そしてこの混乱ないし矛盾を、南方軍や第十五軍は調整する必要に迫られたのである。

（二）フィリピン軍政がビルマの軍事作戦に及ぼした影響

では、各現地軍の行動が他正面にもたらした影響は、いかなるものだったろうか。この時期のビルマとフィリピンの間には、いくつかの類似点と相違点があったことを指摘できる。類似点としては、まず支作戦正面であったこと、次に現地住民の独立志向が強かったことである。相違点としては、まず地理的位置から戦争目的の適応に差があった。

さらに本格的進攻の時期にズレがあったことである。フィリピンは戦争開始直後であったが、ビルマは一カ月以上経ってからであった。最後に、フィリピンを担当する第十四軍司令部には軍政幕僚がいたが、ビルマを担当する第十五軍司令部には存在しなかった。

これら類似点及び相違点から、ビルマとフィリピンの関係は次のように指摘できる。まず、類似点から、両者とも戦力が不足し、謀略によってこれを埋めなくてはならなかったことである。次に、本格的進攻の時期にズレがあったことから、フィリピン軍政がビルマ軍政のモデルケースになったことである。フィリピンにおける軍政優先が作戦の失敗を招いたという南方軍の判断から、「ビルマ作戦」に対する戦力不足を補うためには、謀略では不十分と考えられるようになった。そのため、最終的には南機関の「ビルマ独立工作」を否定するのは時間の問題であった。

本来、「ビルマ作戦」は、「大東亜共栄圏建設」で説明しなければならない。そして、「腹案」が示すように「英帝国の崩壊を促し、対米和平を図る」ためには、ビルマは政略を重視し、インドに波及させることが重要であった。ところがフィリピンの現実に過剰に反応した結果、軍事作戦を優先したことは、かえって「大東亜共栄圏建設」の説明を難しくしたとも言えよう。

まとめ

東条首相は、戦後の極東軍事裁判において、日本の戦争目的について次のように述べている。「武力行使の動機は申すまでもなく自存自衛にありました。一旦戦争が開始せられた以後においては日本は従来採り来つた大東亜政策の実現すなわち東亜に共栄の新秩序を建設することに努めました」[94]と。つまり東条首相にとっての戦争目的、すなわち「自存自衛」と「大東亜共栄圏建設」の関係は、明確であった。

ところが、統帥部と政府、陸軍と海軍の間には考えに隔たりがあり、容易に意見の一致を見ることができず、開戦の時期及び作戦の要領のみが決まったに等しかった。進攻作戦開始の時点ではそれでも良かった。なぜなら、占領できるかどうかも分からない時点で、「大東亜共栄圏建設」を主張したところで、真剣味のある議論にはならなかったとも考えられるからだ。

このような状況で、東条首相が行った統帥部や海軍対策は、戦況に応じ、小出しに直接議会や大衆に訴えることと、その支持を背景に「軍政に関する大臣区処権」を認めさせることであった。開戦劈頭の勝利に連接した内閣情報局の発表然り、マニラ陥落に連接した「第一次東条声明」然り、シンガポール陥落に連接した「第二次東条声明」また然りである。波多野澄雄は、内閣情報局の発表を枢軸国対策としたが[95]、そればかりではなかったのである。事実、これにより国民の士気は高まり。東条首相の官邸は、感謝の手紙であふれかえったと言われている。また、参謀本部も「軍政に関する大臣区処権」を認めざるを得なくなった。東条政権の基盤は固まりつつあったのである。

では、この時期の「大東亜共栄圏」は、いかに意義付けできるのだろうか。開戦を決意したからには、「政務指導」によって国際世論の非難をかわす必要はない。この時期は、政府が「大東亜共栄圏建設」をどのように考えようとも、作戦を優先させる時期であった。そして、その主体たる統帥部や現地軍は、軍政を「狭義軍政」として軍事作戦を支援するものと捉えた。それ以上の意味があるとしたら、フィリピン軍政や「ビルマ独立工作」といった対米英離反工作、つまりは謀略であった。したがって、この時期の「大東亜共栄圏」の構造は軍事作戦を支える「狭義軍政」及び謀略と評価できよう。

さて、戦争目的、占領地軍政と軍事作戦の関係が、中央における統帥部と政府、中央と現地軍で認識が違っているということは今後の戦争指導に大きな問題であった。そしてこの問題が表面化しつつある以上、陸軍と海軍、統帥部と政府の意見を統一しなければならない時期にきていた。そこで陸軍と海軍、統帥部と政府の間で議論になったのが、一九四二（昭和十七）年二月に始まった「検討一五項目」、三月に決定を見た「今後採ルベキ戦争指導ノ大綱」（一次大綱）、四月に軍務局から発表された「南方占領地建設方針」であった。そしてこの議論の中にも戦争は経過していく。現地軍は、いかにこの期間を戦い、また占領地を統治したのだろうか。そして「大東亜共栄圏」はいかなる構造に変化したのであろうか。

註

（1）「詔書」（『朝日新聞』昭和十六年十二月九日夕刊）。

（2）「内閣情報局発表」（同右、昭和十六年十二月十三日夕刊）。

（3）「首相施政方針演説」（同右、昭和十七年一月二十二日夕刊）。

（4）「貴衆両議会における国策演説」（同右、昭和十七年二月十六日夕刊）。

（5）「帝国国策遂行要領」（『日本外交年表竝主要文書』下、原書房、一九六六年）五五四頁。

（6）参謀本部「大陸命第五六四号」（「大陸命綴（支那事変、大東亜戦争）」防衛省防衛研究所戦史研究センター史料室所蔵）中央－作戦指導大陸命－36、第2復員局残務処理部「大海令第1号」（「大海令（要旨）自第1号至第12号」防衛省防衛研究所戦史研究センター史料室所蔵）①中央－命令－2。

（7）陸海軍戦略の分裂は、原　四郎『大戦略なき開戦』（原書房、一九八七年）三一一―三二一頁、戦争指導の混乱は、野村　実「日本の戦争指導」（近藤新治編『近代日本戦争史第4編　大東亜戦争』同台経済懇話会、一九九五年）九五三―九八五頁、戸部良一「日本の戦争指導――3つの視点から――」（防衛省防衛研究所編『太平洋戦争の新視点――戦争指導・軍政・捕虜――』防衛省

防衛研究所、二〇〇八年）二一―三二頁が詳しい。
(8) 戦争目的の混乱は、森松俊夫「大東亜戦争の戦争目的」（近藤編『近代日本戦争史第4編　大東亜戦争』）が詳しい。
(9) 防衛庁防衛研修所戦史室『大本営陸軍部　大東亜戦争開戦経緯(1)』（朝雲新聞社、一九七三年）三二四―三三九頁。
(10) 厚生省引揚援護局「支那事変及大東亜戦争戦史資料　其の3　石井秋穂大佐回想録」（防衛省防衛研究所戦史研究センター史料室所蔵）中央‐作戦指導回想手記‐108（以下、「石井回想録」）一七二頁。
(11) 文部省教育調査部編・内外教育研究会増補『大東亜新秩序建設の意義』（目黒書店、一九四二年）序。
(12) 軍事史学会編『大本営陸軍部戦争指導班　機密戦争日誌』上（錦正社、一九九八年）一五五頁（以下、『機密戦争日誌』）。
(13) 「石井回想録」一七二頁。
(14) 井本熊男『作戦日誌で綴る大東亜戦争』（芙蓉書房、一九七九年）四四頁。
(15) 防衛庁防衛研修所戦史室『大本営陸軍部　大東亜戦争開戦経緯(5)』（朝雲新聞社、一九七三年）二八〇頁。
(16) 重光　葵『昭和の動乱』下（中央公論社、一九五二年）一七三頁。
(17) 佐藤賢了『大東亜戦争回顧録』（徳間書店、一九六六年）一七八頁。
(18) 原『大戦略なき開戦』三一四頁。
(19) 「石井回想録」一七九頁。
(20) 防衛庁防衛研修所戦史室『戦史叢書20　大本営陸軍部（2）　昭和十六年十二月まで』（朝雲新聞社、一九六八年）六四二―六四四頁（以下、『戦史叢書20　大本営陸軍部（2）』）。
(21) 波多野澄雄『太平洋戦争とアジア外交』（東京大学出版会、一九九六年）一二頁。
(22) 「対米英蘭蔣戦争終末促進ニ関スル腹案」（『戦史叢書20　大本営陸軍部（2）』）六四三頁。
(23) 「対米英蘭戦争ニ伴フ帝国陸軍作戦計画」（同右）五八九頁。
(24) 「南方占領地行政実施要領」（同右）六四八頁。
(25) 石井秋穂「南方軍政日記」（防衛省防衛研究所戦史研究センター史料室所蔵）文庫‐依託‐98、九―一〇頁。
(26) 「陸戦ノ法規慣例ニ関スル規則　第四三条」（ハーグ陸戦条約、一九〇七年）。
(27) 参謀本部編『杉山メモ』上（原書房、一九七八年）四二三頁。
(28) 同右、四二八頁。
(29) 「占領地軍政実施ニ関スル陸海軍中央協定」（『戦史叢書20　大本営陸軍部（2）』）六五三頁。

(30)「第十一章　南方軍軍政施行計画（案）」（「南方作戦初期軍政関係重要書類綴」防衛省防衛研究所戦史研究センター史料室所蔵）南西－軍政－63。
(31) 石川準吉『国家総動員史』第八巻（国家総動員史刊行会、一九七九年）四九七頁。
(32) 田中新一「大東亜戦争作戦記録　其2」（防衛省防衛研究所戦史研究センター史料室所蔵）文庫－依託－237、九九頁。
(33)『機密戦争日誌』上、二一七頁。
(34)『戦史叢書20　大本営陸軍部〈2〉』六四九頁。
(35) 参謀本部「大陸命第五六四号」（「大陸命綴（支那事変、大東亜戦争）　巻8」防衛省防衛研究所戦史研究センター史料室所蔵）中央－作戦指導大陸命－36。
(36) 大本営は南方作戦のために南方総軍を編成した。南方総軍（司令官伯爵寺内寿一大将）は四個軍（第十四、十五、十六、二五軍）及び直属部隊（第三、五飛行集団等）をもって編成されている。
(37) 井本『作戦日誌で綴る大東亜戦争』九六―九七頁。
(38) 石井「南方軍政日記」八―一〇頁。
(39)「軍政指導方策」（「南方軍作戦関係資料綴（石井資料第11号）」防衛省防衛研究所戦史研究センター史料室所蔵）南西－全般－8。
(40) 防衛庁防衛研修所戦史室『戦史叢書2　比島攻略作戦』（朝雲新聞社、一九六六年）五六二頁（以下、『戦史叢書2　比島攻略作戦』）、服部卓四郎『大東亜戦争全史』（原書房、一九九六年）二六四―二六六頁、井本『作戦日誌で綴る大東亜戦争』九三―九七頁。
(41) 井本『作戦日誌で綴る大東亜戦争』九〇頁。
(42)『戦史叢書2　比島攻略作戦』一八三頁。
(43) 同右、二二頁。
(44) 金原節三「金原節三業務日誌摘録　後編　その1(イ)～その2(ロ)」昭和十七年一月十日（防衛省防衛研究所戦史研究センター史料室所蔵）中央－軍事行政その他－2。
(45) 国策研究会『戦時政治経済資料』第四巻（原書房、一九八二年）三頁。
(46) 参謀本部「大陸命第五五六号」（「大陸命綴（支那事変、大東亜戦争）　巻8」防衛省防衛研究所戦史研究センター史料室所蔵）中央－作戦指導大陸命－36。

(47)　荒尾興功「南方軍の開戦準備」(同右)南西－全般－97。
(48)　井本『作戦日誌で綴る大東亜戦争』九六―九七頁。
(49)　同右、九二頁。
(50)　『戦史叢書2　比島攻略作戦』六八―六九頁。
(51)　井本『作戦日誌で綴る大東亜戦争』六九頁。
(52)　前田雄二『ジャーナリストの証言　昭和の戦争3　シンガポール攻略』(講談社、一九八五年)一一二―一一四頁。
(53)　池端雪浦編『東南アジア史Ⅱ』(山川出版社、一九九九年)三一四―三一八頁。
(54)　同右、三三七―三三八頁。
(55)　ホセ・P・ラウレル、ホセ・P・ラウレル博士戦争回顧録日本語版刊行委員会編（山崎重武訳）『ホセ・P・ラウレル博士戦争回顧録』(日本教育新聞社出版局、一九八七年)一六六頁(以下、『戦争回顧録』)。
(56)　Robert H. Ferrell ed., *The Eisenhower Diaries* (New York: Norton, 1981), pp. 46-47.
(57)　寺見元恵「日本軍に夢をかけた人々――フィリピン人義勇軍――」(池端雪浦編『日本占領下のフィリピン』岩波書店、一九九六年)。
(58)　片岡　董「国際法上ヨリ観タル比律賓ノ独立問題」(防衛省防衛研究所戦史研究センター史料室所蔵)比島－全般－289。
(59)　John Jacob Beck, *MacArthur and Wainwright: Sacrifice of the Philippines* (Albuquerque: University of New Mexico Press, 1974), p. 92.
(60)　『戦史叢書2　比島攻略作戦』八八頁。
(61)　太田兼四郎『鬼哭』(フィリピン協会、一九七二年)二七一頁。
(62)　キンティン・パレデスはフィリピンの政治家。戦前に司法長官、下院、上院議員、戦中に行政府、独立準備委員会分科会委員長、比島政府土木通信長官、戦後に下院、上院議員を歴任（中野　聡「宥和と圧制」(池端編『日本占領下のフィリピン』)から抜粋）。
(63)　『戦争回顧録』八頁。
(64)　石井「南方軍政日記」七八―八二頁。
(65)　土橋勇逸『軍服生活四十年の想い出』(勁草出版サービスセンター、一九八五年)四一八―四一九頁。
(66)　林　義秀『日本武士道の成れの果て』(文栄社、一九七六年)一頁。

(67) 宇都宮直賢『南十字星を望みつつ――ブラジル・フィリピン勤務の思い出――』(自家出版、一九八一年)五三頁。
(68) Ricardo T. Jose, *World war II and the Japanese Occupation* (Diliman, Quezon City: The University of the Philippines Press, 2006), p. 75.
(69) Uldarico Baclagon, *Philippine Campaigns* (Manila: Graphic House, 1952).
(70) Jose, *World war II and the Japanese Occupation*, p. 71.
(71) 荒尾興功「機密作戦日誌資料　南方総軍の統帥(進攻作戦期)」(防衛省防衛研究所戦史研究センター史料室所蔵)南西－全般－33、四二三—四二四頁(以下、「南方総軍の統帥」)。
(72) 波多野『太平洋戦争とアジア外交』二四頁。
(73) 服部『大東亜戦争全史』二六六頁。
(74) 防衛庁防衛研修所戦史室『戦史叢書5　ビルマ攻略作戦』(朝雲新聞社、一九六七年)一五頁(以下、『戦史叢書5　ビルマ攻略作戦』)。
(75) 同右、三七—三九頁。
(76) 根本　敬『現代アジアの肖像13　アウン・サン――封印された独立ビルマの夢――』(岩波書店、一九九六年)三八頁。
(77) この経緯は、ボ・ミンガウン(田辺久夫訳編)『アウンサン将軍と三十人の志士――ビルマ独立義勇軍と日本――』(中央公論社、中公新書、一九九〇年)に詳しい。
(78) 「南総作命第十三号」(『戦史叢書5　ビルマ攻略戦』)七一—七二頁。
(79) 沢本理吉郎「南機関外史(ビルマ軍事顧問部)」(防衛省防衛研究所戦史研究センター史料室所蔵)南西－ビルマ－43、一頁。
(80) 陸亜密大日記昭和17年第四二号「ビルマ工作に関する件報告」(防衛省防衛研究所戦史研究センター史料室所蔵)。
(81) 根本『現代アジアの肖像13　アウン・サン』一〇七頁。
(82) 参謀本部「大陸命第五九〇号」(「大陸命綴(支那事変、大東亜戦争)　巻8」防衛省防衛研究所戦史研究センター史料室所蔵)中央－作戦指導大陸命－36。
(83) 大本営陸軍部「第十五軍作戦要領案」(「南方軍作戦関係資料綴」同右)南西－全般－8。
(84) 『戦史叢書5　ビルマ攻略戦』七三頁。
(85) 「南方総軍の統帥」一月九日。
(86) 「緬甸作戦要領」(参謀本部第2課「昭和17年　上奏関係書類　巻1其2」防衛省防衛研究所戦史研究センター史料室所蔵)

中央－作戦指導上奏－4。

(87) 田中「太平洋戦争作戦記録 其の二」五〇―五四頁。

(88) 「ビルマ作戦」を日中戦争の延長と捉えた研究は数少ない。例外として、浅野豊美「北ビルマ・雲南作戦と日中戦争」(波多野澄雄、戸部良一編『日中戦争の国際共同研究2 日中戦争の軍事的展開』(慶應義塾大学出版会、二〇〇六年)がある。ただし分析対象は一九四四年以降である。

(89) 『機密戦争日誌』上、二一五頁。

(90) ボ・ミンガウン『アウンサン将軍と三十人の志士』一一―一二頁。

(91) ガンジーを中心とするインド国民会議派の反英運動は、長崎暢子『インド独立――逆光の中のチャンドラ・ボース――』(朝日新聞社、一九八九年)に詳しい。

(92) 同右、七〇―七三頁。

(93) 『機密戦争日誌』上、二一五頁。

(94) 東條由布子『大東亜戦争の真実――東條英機宣誓供述書――』(ワック株式会社、二〇〇五年)一九四―一九五頁。

(95) 波多野『太平洋戦争とアジア外交』九頁。

第三章 「今後採ルベキ戦争指導ノ大綱」(第一次)と「南方占領地建設方針」

――作戦構想と占領政策の収斂――

問題の所在と背景

南方攻略作戦が一段落しつつあった一九四二(昭和十七)年三月七日、「連絡会議」において、「今後採ルベキ戦争指導ノ大綱」[1](以下、「一次大綱」)が決定された。また、四月十一日、軍務局から「南方占領地建設方針」が発表された。これら「一次大綱」及び「南方占領地建設方針」は、戦争目的、占領地軍政と軍事作戦の関係を規正する目的で策定されたものであった[2]。その背景には、順調に進展した進攻作戦であったが、「第一次東条声明」を皮切りに、中央における統帥部と政府、中央と現地軍との間で、これらの関係の認識に齟齬が生じつつあったからである。従来、「一次大綱」決定の経緯は、「腹案」に基づき長期持久態勢の確立を主張する陸軍と対米積極策への転換を主張する海軍との間の戦略の対立と摺り合わせの問題とされてきた。(3) ただし、その一方で、戦争目的から見た占領地軍政と軍事作戦との整合の問題でもあったのではないだろうか。なぜなら、「一次大綱」では、確かに第一項において「英ヲ屈伏シ米ノ戦意ヲ喪失セシムル為引続キ既得ノ戦果ヲ拡充シテ長期不敗ノ政戦態勢ヲ整ヘツツ機ヲ見テ積極的ノ方策ヲ講ス」とし軍事戦略の方針が述べられているが、この第二項において「占領地域及主要交通線ヲ確保シテ国防重要資源ノ開発利用ヲ促進シ自給自足ノ態勢ノ確立及国家戦力ノ増強ニ努ム」とし、占領地軍政の方針が明示されたからである。では、この時期、前章で指摘した問題点である戦争目的と占領地軍政及び軍事作戦の整合は、はたして図ることができたのであろうか。

この点を明らかにするため、まず、第一節において東京中央を検討する。一五項目の検討から始まる東条英機首相と省部との論争から、「一次大綱」及び「南方占領地建設方針」策定の意義を明らかにしたい。

次に、第二節において現地軍を検討する。「一次大綱」と「南方占領地建設方針」が議論されていた時は、第十四軍がバターン半島一帯の攻略を、第十五軍が北部ビルマの攻略を準備中であったが、その一方で占領地軍政をいかに律すべきかを早急に決定しなければならない状況でもあった。では、「一次大綱」と「南方占領地建設方針」の決定を受け、現地軍は、いかにそれまでの混乱や迷走を収束させたのだろうか。

さらに、第三節において、これらの作戦の進展と占領地軍政の浸透が、いかなる問題を引き起こしたかを検討する。作戦の進展と占領地軍政の浸透という成果は中央組織を動かし、一九四二（昭和十七）年九月一日、大東亜省の設置となって現れた。参謀本部は、大東亜省の設置に関わる問題は、首相と外相との間の縄張り争いと矮小化していた。(4) しかしながら、占領地軍政の観点から見ると、実は戦争の理念と軍事的要請の角逐というかなり深刻な問題ではなかったのだろうか。

そして最後に、初期進攻作戦期における戦争目的「大東亜共栄圏建設」とは何を意味していたのだろうか。戦争目的、占領地軍政と軍事作戦の関係から明らかにする。

一 「一次大綱」と「南方占領地建設方針」

(一) 「検討一五項目」と「一次大綱」

一九四二(昭和十七)年一月二十三日、参謀本部第一部長田中新一中将は、「第一段作戦の概了と共に第二段作戦に転移すべき、速にその方針、要綱の確立を要す。第二段作戦の主体を、不敗態勢の確立におくべきか、太平洋正面の早期決戦におくべきか、更に大陸および印度洋正面の作戦におくべきか、問題は極めて重大である。[5]」と述べている。これによると、海軍は太平洋重視、早期決戦案で固まっている。一方、陸軍は大陸中心の「大東亜共栄圏建設」重視を主張してきたが、参謀本部では海軍作戦による成果をビルマ正面での積極策のために活用する第三の意見が生じてきていることを物語っている。

他方、同時期、陸軍省内における会議の場で、軍務課長佐藤賢了少将は、「英国を屈服せしむればその機に米を和平に引込むが、これが出来なければ米が戦争意思を止める迄戦うという大方針は修正する必要がない。英を屈服せしむることについては濠州、印度が英帝国より実質的に離れることになつた場合、これにより直ちにその崩壊屈服を由来するものとは思われないが少くも非常に影が薄くなるであろうと考えられるので、濠印に対する作戦は至急これを断行する必要がある」[6]と述べている。軍務局は、「大東亜共栄圏建設」による長期持久戦を追求してきたが、この大方針は堅持しつつも、緒戦の大戦果をより積極的に活用する機運が省内でもまた芽生えつつあった。つまり、この時期、「一次大綱」を審議し、作戦目的と政戦略の整合を図ることは、それまで作戦遂行優先のため放置していた諸問題を解決するために必要であったと言える。

では、具体的には、何が議論されたのだろうか。一九四二（昭和十七）年二月四日の「連絡会議」において、東条首相は、今後の戦争指導の方策について、概略次のように述べた[7]。「追々作戦の進捗に伴い、比島、マレー、ジャワ、ビルマなどに対する予定の作戦が一段落したならば、一 今後如何に戦争を指導していくべきかは、統帥関係のみならず、国家として大いに研究しなければならぬ。二 作戦が着々進捗しつつある後方の建設を如何にするべきかは更に具体的に研究しなければならない。三 更に（第七九帝国）議会終了後国内を如何に指導していくべきかも、この際研究の要がある。以上はすでに大体大筋が決定している問題であるが、現状に即して更に具体的に考え、なるべく早く相談して決定したい」と、統帥関係に立ち入る部分もあるのでかなり控えめな問題提起の仕方であった。これが、「一次大綱」検討の始まりとされているが、ここで指摘しなければならないことは、検討すべき問題とされていることが戦略のみならず、占領地統治の在り方や国内問題、つまり外交・政治・経済問題に及んでいることである。

続いて二月九日、「連絡会議」で「爾後ノ戦争指導ニ関スル件」として、一五の検討項目が決定された。この検討項目中大本営が担任すべきは、「一、世界情勢判断」「三、速ニ英ヲ屈伏セシメ米ノ戦争意志ヲ放棄セシムル為既定計画ノ遂行ノミヲ以テ充分トスヘキヤ」「四、今後採ルヘキ戦争指導ノ大綱如何」「五、帝国ノ国防圏ヲ如何ニ定ムヘキヤ」「七、占領地域ノ帰属ヲ如何ニ定ムヘキヤ」「十四、思想戦強化対策」の六項目に過ぎない[8]。しかも大本営のみが単独で担任したのは三、五項の二項目に過ぎず、その他の項目は、陸軍省、海軍省、外務省、内務省、企画院、情報局との協同担任であった。つまり、東条首相の提案にもあるように、今後の戦争指導は統帥部中心の戦略から、行政府中心の政略に重心が移りつつあったと言える。

このことは、戦争目的との関連で重要な意味を持つ。占領地の拡大によって「自存自衛」という段階はすでに脱しつつあり、「大東亜共栄圏建設」に力を入れるべきで、そのためには行政府が主導すべきという東条首相の判断があったと考えられる。この判断は、ある程度統帥部でも受け入れることができたと見え、「四　今後採ルヘキ戦争指導ノ大綱如何」「七　占領地域ノ帰属ヲ如何ニ定ムヘキヤ」については、御前会議でご決定を願わなければならない問題であるから、その含みで審議を進めることに意見が一致した[9]。

では、これらの判断は「一次大綱」にいかに組み入れられたのだろうか。統帥部にとって、戦略的に重要な項目は第一項である。この項目に関して、杉山参謀総長は「既定計画ト大ナル変化無キヲ以テ改メテ　允裁ヲ仰グトカ御前会議ノ開催ヲ奏請スルトカノ必要ハ無カルベシ[10]」と述べている。ここから、陸海軍の戦略的対立を解消したわけでなく、既定計画を並列することにより結論を先送りにしたことがよく指摘されている[11]。ただし、観点を変えれば、開戦前から「占領地軍政実施ニ関スル陸海軍中央協定」によって太平洋正面は海軍担任、大東亜地域は陸軍担任と地域割りをし、順調に戦況が進展している以上、担任軍が最も合理的と考える戦略を遂行することはそれほど不自然なことではなかったことを意味している。したがって、実は、戦況有利なこの時期において陸海軍戦略上の諸問題は特に存在しなかったとも言える。

むしろ、陸軍にとっての問題は、長期持久体制の確立に重要な第二項である。「一次大綱」第二項は、迅速な自給自足体制の確立と国家戦力増強を目指しており、東条首相が提起した問題の多くはここに含まれていた。したがって、大本営及び政府にとっては、実はこの第二項にこそ具体化すべき多くの要素があったと考えるべきであろう。

このように、「検討一五項目」と「一次大綱」の関係を考察すると、「一次大綱」の持つ意味が明らかになってくる。それは、従来言われているような、長期持久態勢への移行を主張する陸軍と短期決戦を追求する海軍との間での戦略論争の果ての妥協という単純な問題だけではない。参謀本部及び政府にとって、最重要問題とは、実は占領地における軍政の要領をいかにするかだったのであり、それは戦争指導の主導権の問題に直結していた。したがって、この重要性は、参謀本部も陸軍省特に軍務局も、そして現地軍たる南方軍総司令部も十分認識していた。そして、各々がそれぞれの思惑を秘めていたのである。

（二）　大東亜建設審議会、国策研究会と「南方占領地建設方針」

それでは、陸軍における行政機関である陸軍省特に軍務局は、「大東亜共栄圏建設」換言すれば占領地軍政をどのようにすべきと考えていたのだろうか。

この時期に軍務局から出された占領地軍政に関する方針は、一九四二（昭和十七）年四月十一日発表の「南方占領地建設方針」[12]である。これは、陸軍としての占領地統治の方向を示したものと言えるが、従来はあまり知られることなく、研究の対象にすらなっていない。なぜなら、この内容は、開戦前に、「連絡会議」で決定を見た「占領地行政実施要領」[13]の焼き直しに過ぎなかったからである。

さて、この時期に「南方占領地建設方針」を公表することに何の意味があったのだろうか。もとより軍務局としては、統帥部に「軍政に関する大臣区処権」を認めさせたため、「一次大綱」に合わせ、今後問題になる占領地軍政について、何らかの方針を明らかにする責任を負ったからという評価も可能である。しかしながら、「南方占領地建設方針」の内容は新味に乏しく、内容自体に意味があったとは考えにくい。それでは、陸軍省は、南方占領地と日本を政治・経済等の分野で具体的にどう結び付けるかという重大な問題をどのように計画しようと考えたのであろうか。ここに、公表をこの時期に行わなければならなかった理由が隠されているのではなかろうか。

「大東亜戦争」前から、日本とアジアを結び付けるアジア主義を標榜する個人や団体は数多く存在した。[14]例えば、個人としては、第一次世界大戦期には「アジアモンロー主義」の徳富蘇峰、「新アジア主義」の浮田和民や「大アジア主義」の宮崎滔天が有名である。また満州事変期にかけては、北一輝、大川周明、石原莞爾らがいる。さらに、団体としては大亜細亜協会等が名高い。[15]したがって、「大東亜」という思想に関してはかなりの蓄積はあったと見るべきであろう。問題は、東南アジア一帯への進攻と占領が進むこの時期、朝野の研究機関・諮問機関[16]が次々と行った「大東亜共栄圏建設」についての研究を、陸軍省はいかに占領地統治に組み込んだかである。

軍務局長武藤章中将は、矢次一夫が主宰する国策研究会を陸軍省のブレーントラストとしていたと言われている。[17]それであるならば、陸相を兼ねている東条首相自らがこれらを直接率いて占領地の建設方針を策定しても良さそうだが、首相は敢えてそれをしなかった。それは、東条陸相のブレーントラストへの不信感と首相としての職業的倫理観によるものと思われる。東条陸相は、陸軍省内の会議の折、「ブレーントラストに民間のものを安易に採用するは危険なり。経済政策研究会あたりも危し。注意せよ」[18]と述べている。それは、ゾルゲ事件で昭和研究会に属していた尾崎秀実がスパイ行為を行ったことを東条陸相はよく覚えており、この種の人物が政策決定の場に混入することを警戒していたのである。また、東条首相は、軍務局長という身分は陸軍大臣の政治的幕僚であって、内閣総理大臣の幕僚ではないと考え、立場を超えての活動には抑制的であった[19]。したがって、内閣全体で当たらなければならない大事業である「大東亜共栄圏建設」の研究は、単なる陸軍省のブレーントラストが行ってはならず、別の機構を必要としたのである。また、だからこそ、軍務局が出せる「南方占領地建設方針」は、「連絡会議」で決定された「占領地行政実施要領」の枠内に止まらざるを得なかったのであろう。

そこで、武藤軍務局長は、大胆かつ巧妙な換骨奪胎策を考えた。一言で言えば、国策研究会の活動を公務化することである。このために、武藤軍務局長は、企画院と「大東亜建設審議会」（以下、「審議会」）の役割と構成に注目したのである。

企画院は、本来、支那事変遂行のための国策統合機関であった。国策統合機関は、二・二六事件を契機とする政党政治崩壊後、政党が担ってきたあらゆる政治勢力の意見調整を期待され、設置が研究されていた。ところが、支那事変勃発に伴い、軍部が主張する国策である国家総動員を、大蔵省及び商工省が経済統制と読み替え、支配下に置いた国策統合機関が企画院だった[20]。そして企画院は「物資動員計画」（以下、「物動計画」）により、生産に必要な物資の配分を牛耳り、日本経済を支配することに成功した。また、軍部は要求者側として多くの将校を企画院に派遣した。ここまでなら、企画院は、国内問題を扱う一機関に過ぎなかった。ところが、企画院を占領地軍政と深く結び付けたのが、実は、「占領地行政実施要領」であった。この第二要領、二項において「占領地ニ於テ開発又ハ取得シタル重要国防資源ハ之ヲ中央ノ物動計画ニ織リ込ムモノトシ作戦軍ノ現地自活ニ必要ナルモノハ右配分計画ニ基キ之ヲ現地ニ充当スルヲ原則トス」としていた。したがって、物資の徴発は「物動計画」に従属するものとされた以上、現地軍は占領地軍政の実施に当たり、企画院第六委員会[21]の指導に従う必要があったのである。

他方、一九四二(昭和十七)年二月二十七日、内閣総理大臣の諮問機関として設置されたのが「審議会」であった。その役割は、「内閣総理大臣ノ監督ニ属シ其ノ諮問ニ応ジテ大東亜建設ニ関スル重要事項(軍事及外交ニ関スルモノヲ除ク)ヲ調査審議ス」[22]ることであった。武藤軍務局長は、ここに国策研究会のメンバーを送り込んだのである。「審議会」の構成は、総裁は総理大臣、委員は勅命により学識経験者から四〇名以内、「専門ノ事項ヲ調査セシムル」ための専門委員若干名は内閣が任命する。また、「会議事項ニ付調査及立案ヲ掌ル」幹事長に企画院総裁、幹事に各省次官等、幹事補佐に各省課長を置き、庶務は企画院において司ることとされた。ここで注意しなければならないことは、陸海軍省からは幹事として次官と軍務局長の二名が派遣されており、他省が次官のみであったことを考えれば、要求元がどこであるかは明白であった。また幹事長が企画院総裁であったことから、企画院が審議内容を取りまとめる主務官庁となった。これを受けて「審議会」の委員となった貴族院議員二〇名中、有田八郎、後藤文夫、石渡荘太郎、藤原銀次郎の四名、衆議院議員九名中、前田米蔵、山崎達之輔、桜内幸雄の三名、財界代表一一名中大谷登、松本健次郎の二名が国策研究会の理事であった。つまり約四分の一の委員を国策研究会のメンバーで占めたことになる。

こうして、陸軍省は、国策研究会を通じて「審議会」をコントロールし、「審議会」を通じて企画院をコントロールし、企画院が策定する「物動計画」を通じて間接的に現地軍の徴発業務の指導権を握ったのである。

では、これに対し、統帥部は占領地軍政をいかに捉えていたのだろうか。統帥部の主張の根底にあるのは、「軍政の大本が統帥部に帰属すべき」[23]というものであり、統帥権の独立をうたった帝国憲法の考え方からは、この主張は全くの正論であった。また、統帥部が持つ伝統的な戦争観からすれば、宣戦布告ができず常に政治的配慮が必要であった日中戦争と違い、正式に宣戦布告をした「大東亜戦争」においては、統帥部主導によって、将来の占領地帰属を見越しつつ、治安の回復と徴発の延長として経済開発を行えば事足りると考えていたに違いない[24]。このことは、一九四二（昭和十七）年三月十八日の「連絡会議」で、杉山参謀総長が東条首相に対し、「帰属問題が未決定では軍政施行の基礎が固まらぬことになる。腹案でも立てておくことはぜひ必要である」と迫ったことからも明らかである。

この発言は、一九四二（昭和十七）年一月二十一日「軍政に関する大臣区処権」を認めさせるや、二月四日「一五項目の検討」発議、十六日「第二次東条声明」、二十七日「審議会」設置、三月七日「一次大綱」決定等、矢継ぎ早に戦争の政府主導を進める東条首相に対する統帥部の反撃でもあった。この問題に対し、東条首相は「占領地帰属問題を早急に決定することは不可能であり、審議会の答申を待ち、かつ六カ月くらいの軍政実施に基づいて決めることにしたい」と述べるに止まった。

杉山参謀総長は一九四二（昭和十七）年三月二十一日から四月八日にわたり南方作戦地域を視察し、四月九日に占領地の現状について上奏している。その中で、「占領地域全般ノ復興特ニ産業、経済組織ノ完全ナル運営ヲ図リ併セテ民生ノ安定ヲモ期待致シマスル為ニハ今後尚相当ノ歳月ト努力トヲ要スル」とし、その一方で「既ニ着々其ノ緒ニ就キツ、アリマスノデ今後ノ戦争指導上ニハ何等ノ支障ヲ生ズル虞レモ御座イマセヌ」[25]と述べ自信を見せている。つまり統帥部主導による占領地軍政の目的達成は可能と見ていた。

このタイミングで陸軍省から出されたのが、「連絡会議」で決定され、企画院と現地軍を深く結び付けた「占領地行政実施要領」の焼き直しである「南方占領地建設方針」である。つまり、これは参謀本部に対し、占領地軍政は陸軍省が主導するものという東条陸相の強い意志の表れだったのである。

その後、「審議会」は、一九四二（昭和十七）年七月までに、「大東亜建設ニ関スル基礎要件」（第一部会）、「大東亜建設ニ処スル文教政策」（第二部会）、「大東亜建設ニ伴フ人口及民族問題」（第三部会）、「大東亜経済建設基本方策」（第四部会）を内閣に答申した[26]。この答申は、陸軍省では軍務局長から南方総軍及び第十四軍に対し、「南方軍総参謀長及ビ第十四軍参謀長ニ対スル軍務局長説明要旨」[27]として通知されている。これには、答申された一連の文書が添付され、これを受けた南方軍総司令部は、八月二十一日、「軍政総監指示」[28]として隷下各軍に示している。また、国策研究会は、機関誌『国策研究会週報』に、「審議会」の審議に関連する事項を次々と発表し、読者の啓蒙を図った。

つまり、軍務局が発表した「南方占領地建設方針」は、単独で読むと、確かに既定路線の繰り返しや確認に過ぎない。しかしながら、「軍政に関する大臣区処権」「審議会」及び国策研究会との関係を含め考察すると、「大東亜共栄圏建設」のために、現地軍と企画院、「審議会」そして陸軍省を深く結合させ、「広義軍政」をシステム化したのである。これを「広義軍政システム」とすれば、これは、統帥部主導の「狭義軍政」に対する婉曲な否定であった。ただし、このシステムは大きな問題を含んでいた。まず、統帥部が想定していた「狭義軍政」といかに関係付けるかという点と「審議会」の審議事項に含まれていない大東亜共栄圏内諸地域に対する外交をいかに取り込むかであった。

占領地軍政が「大東亜共栄圏建設」に移行した場合、その実行は、行政府の力に負うところが大である。しかしながら、現に作戦を指導している状況にあっては、直接作戦を支援する「狭義軍政」は不可欠であった。であるからこそ、「占領地行政実施要領」にも「作戦ニ支障ナキ限リ」と但し書きが入っており、政府としても「狭義軍政」の存在と必要性を認めている。ただし、具体的にどのように移行するかは、参謀本部でも検討したが、実際には現地軍にその多くを委ねていた。

一方、国策研究会には外交官が多く参加しており、研究の段階では、「広義軍政」を行ううえであまり問題はなかったと言える。しかし、日本を指導国とする「大東亜共栄圏建設」という占領地改革を行いつつ、現地住民の政治参加や独立を視野に入れると、経済官庁である企画院が、占領地の政治や文教政策まで受け持つのは、いかにも不合理が目立つようになっていく。この動きが大東亜省設置に繋がるのであった。

　それでは、「一次大綱」が決定されたこの時期、前章で指摘した問題点である戦争目的と占領地軍政及び軍事作戦の整合をはたして図ることができたのであろうか。一般的に、「一次大綱」は、従来の作戦計画の焼き直しであったことから、あまり評価は高くない。また「南方占領地建設方針」に至っては議論すらなされていない。

　しかしながら、「一次大綱」と「南方占領地建設方針」を合わせ見た場合、次のような評価が可能ではないだろうか。初期進攻作戦が予想以上の成功を収めた結果、長期持久の見通しを、ある程度立てることができた。ただし、「腹案」に示したドイツの西アジア攻勢が当分望めない以上、「南方占領地建設方針」に依拠する「広義軍政システム」により国力の増強を図りつつ、太平洋正面は海軍が、大陸正面は陸軍が、ある程度の積極策に出て、戦争の主導権をとり続けることを狙ったもので、当時の状況から考えればそれなりの合理性を持っていた、というものである。この考え方に立てば、戦争目的との整合性も説明できる。「自存自衛」は、初期進攻作戦の成功により達成することができた。そこで、ようやく「大東亜共栄圏建設」の段階に入ったと言える。したがって、「一次大綱」により戦略方針を明らかにし、「南方占領地建設方針」により政略方針を定めた。そして、その背景には、明治以来の大アジア主義の蓄積があり、「広義軍政システム」により、これを戦争指導に反映させた。したがって、「一次大綱」と「南方占領地建設方針」は、明治以来の大アジア主義の蓄積を実行に移す端緒である。この考えは、日本国民にとっては戦争の大義名分が完全に立つため、魅力であったに違いない。

　さて、統帥権の独立や各大臣横並びの内閣官制に象徴される帝国憲法下の政治権力分権制度の下においては、この「広義軍政システム」は占領地軍政の政府主導を実現するうえで限界に近い知恵であった。そして、これを制度設計した武藤章軍務局長は確かに辣腕家であったと言える。しかしながら、統帥権による「狭義軍政」を否定されたように感じた参謀本部、その中でも高度な政治判断を要しない若手幕僚の反発は避けて通ることができなかった。作戦部長田中新一中将は、東条首相の陸相兼任を非難する若手参謀部員の声を抑えていた[29]。然るに、最終的に、武藤軍務局長罷免の声は止めがたく、この「南方占領地建設方針」発表後の、一九四二（昭和十七）年四月二十日、近衛師団長へ栄転という形で中央から遠ざけられたのであった。

二　現地軍の反応

（一）南方総軍司令部の反応

（ア）作戦指導

田中新一作戦部長が、南方軍に出張し、南方軍幹部と意見交換した一九四二（昭和十七）年一月二十八日は、南方軍にとっては、マレーの第二五軍正面こそ順調に進展しているものの、フィリピンの第十四軍正面においてはバターン半島及びコレヒドール島の攻略が、ビルマの第十五軍正面においてはモールメンの攻略がいまだ完了はしていない状況であった。しかしながら、占領地軍政にいかなる性格を付与すべきかは、早急に決定しなければならない問題であった。なぜなら現地軍としては、今ある占領地と作戦をいかに結び付けるかは、直面する重要な課題だったからである。「一次大綱」と「南方占領地建設方針」の議論及び決定を受け、現地軍はいかにそれまでの混乱や迷走を収束させていったのだろうか。

「一次大綱」を決定する「連絡会議」の場で、杉山元参謀総長が既定計画と大きな変化がないと述べたが、現地軍の立場では大きな変更が不要であることを必ずしも意味しない。なぜなら、中央が考えた当初の計画に、たとえ大きな変更がなくとも、現場における具体化の段階で新たな状況に直面し変更を余儀なくされる場合が多々あるからである。南方軍が直面した問題もまさにそうであった。確かに主進攻作戦である「マレー作戦」や「蘭印作戦」は変更する必要はなかった。ただし、停滞する支作戦正面であるフィリピンや支作戦正面から主作戦正面に変換されつつあるビルマについては、新たな作戦見積もりを必要としていた。

一九四二（昭和十七）年一月十日、杉山参謀総長が拝謁の折、昭和天皇は苦戦中の第十四軍に対する戦力増強を示唆した[30]。ここから「フィリピン作戦」に対する大本営と南方軍の迷走が始まる。確かに、昭和天皇の憂慮はもっともなものであった。なぜなら、この時期、「マレー作戦」も先が見え、ビルマ要域を占領する進攻作戦が開始されようとし、また「蘭印進攻作戦」が発令されていた。つまり、どの正面も順調に進んでいたにもかかわらず、第十四軍正面のみが思わしくなかったからである。特に米国が在比米軍の健闘を巧みに宣伝しているため、第十四軍軍政上だけでなく大東亜政策全般への悪影響が懸念された。

昭和天皇の憂慮に対し、大本営は戦力の増加によって作戦の進展を図ろうとした。また、第十四軍からも戦力増強要請が、南方軍に対して伝えられた。ところが、これに反発したのは南方軍総司令部であった。なぜなら、「蘭印作戦」と「ビルマ作戦」準備により船舶事情が非常に逼迫している現状では、支作戦正面に対する緊急増援の必要に対応できなかったからである。南方軍作戦参謀荒尾興功大佐は、支作戦の小波乱には拘泥しないとしていたにもかかわらず、大本営がバターンの一半島攻略に捉われることを訝しがった。[31] そこで、大本営と南方軍の間で増援の是非について議論されたが、結局、大本営は一九四二（昭和十七）年二月十日、第四師団（師団長北野憲造中将）を第十四軍に編入した。[32] ただし、船腹の関係上、第四師団がフィリピンに到着するのは三月下旬まで待たなくてはならなかった。つまり、「一次大綱」が示されるまでの間、現実の戦略を支配したのは昭和天皇や大本営の意志というより、船腹調達の状況だったのである。

（イ）軍政指導

では、その間にも次々と拡大を続ける占領地に対し、南方軍はどのような組織でいかに占領地軍政を考えていたのだろうか。そして何が問題だったのだろうか。

南方軍総司令部には当初は軍政監部がなく、参謀部第三課が兵站とともに占領地軍政を担当していた。これは、日中戦争において政務幕僚と兵站参謀が対立したことからの反省であった。この措置は「狭義軍政」を行う場合には、当然であったと考えられる。なぜなら、徴発行為は兵站業務に直結するからである。また治安の維持は、作戦担任の参謀部第一課が担当した。これも、治安の回復には討伐等軍事力の使用が必要なことから、当然の措置であった。そして幕僚業務を総参謀長が統括し、総参謀副長が補佐をするという体制をとっていたのであった。その中で、作戦は総参謀長が、軍政は総参謀副長が司令官に対し責任を持つという役割分担になっていた。

そして南方軍総司令部において、徴発の任に当たったのは、軍政幕僚石井秋穂大佐であった。石井大佐は軍務局の出身で、支那事変において兵站と政務の両方を担当した経験が買われての起用であった。南方軍総参謀長塚田中将も総参謀副長青木少将も軍政には興味がなく、石井大佐の独壇場であった。[33]

占領地軍政に関しては、石井大佐は、開戦前から規則の策定に深く関わっていた。例えば、「南方軍軍政施行計画（案）[34]」は、一九四一（昭和十六）年十一月というかなり早期の段階に策定されたが、「軍政に関する大臣区処権」を認めている。この時期は、開戦前で、まだ省部において激論が交わされている時期であることから、軍務局の考えが良く反映されている。また「軍政指導方策[35]」においては、占領地の重要物資は「物動計画」に織り込むこととなっており、これも石井大佐が主張していたことであった。[36] このことは、石井大佐は武藤軍務局長の「広義軍政システム」の理解者であったことを示している。

ただし、運用の考え方は少し異なっていた。東条陸相や武藤軍務局長は、占領地の早期独立による「大東亜共栄圏建設」が目的で、「政務指導」により「広義軍政システム」が機能すると考えていた。したがって、東条陸相は、石井大佐が報告する際、必ず「大東亜共栄圏建設」を報告や文書に挿入するよう念を押した。[37] また、陸軍次官木村兵太郎中将は、陸軍省における会議の席上、「次官会議で今回の大戦争は資源獲得を第一目的となすという様な論議あり。是正する要あり[38]」と言明した。これを「大東亜共栄圏建設」論とするならば、石井大佐の構想は、「拡大総動員体制」論とも言うべきであった。すなわち、「広義軍政システム」は国内の総動員体制を南方占領地に拡大したものであり、「自存自衛」のためのやむを得ない処置であるという考え方であった。石井大佐は、「軍政の三大眼目の一つに国防資源の急速獲得を挙げ、且つそのため及び占領軍の現地自活のためには民生に重圧を与えてもこれを忍ばしめると規定したことは大英断のつもりであった。このことは昭和十六年十月末の国策再検討に際し財政金融の見透しに関連して賀屋蔵相が主張した思想にも副ったものである。そしてこれが大東亜戦争の性格を雄弁に物語るものでもあった。こうまで規定しなければならないところに開戦の根因が宿っていた。[39]」と述べている。

石井大佐は、占領地経済を、企画院を通じて、日本国内の戦時経済に結び付けるという点では、東条陸相や武藤軍務局長と同様の考えであった。ただし、考えが異なっていたのは占領地の独立要領についてである。「大東亜共栄圏建設」論は、「第一次東条声明」に副うよう、即時独立による政務指導を期待していた。確かに、即時独立は政治的効果が大きいものの「大東亜共栄圏」内の経済建設に関する能率は必ずしも高くない。一方、「拡大総動員体制」論の考えでは、作戦が一段落したのち、まず軍司令官が対日協力者による行政機関を作り、見極めがついた後に独立させるというもので、汪政権承認問題で苦しんだことを教訓としていた。[40] これは段階的に政治参加を認め、最終的には独立を許与するもので、政治的効果はやや欠けるが堅実な方法であった。

（ウ）「一次大綱」発出以降の作戦と軍政の相互作用

では、「拡大総動員体制」論は、「一次大綱」発出以降の作戦指導にどのような影響を与えたのだろうか。端的に言えば、その後の南方軍の作戦指導は、船腹に余裕が出たことにも助けられ、明瞭化した。

この時期、「蘭印作戦」が終局に差し掛かり、差し迫った作戦正面はビルマとフィリピンであった。「拡大総動員体制」論からすれば、日本軍は、軍事占領を完了した地域の治安を安定させ、日本軍指揮下の対日協力者による行政府を設置しさえすれば良い。現地住民の政治参加や資源開発は、次の段階に行うことである。であるならば、現地軍は作戦に集中すれば良い。なぜなら、戦勝そのものが行政を円滑に行う条件だからである。

こうなれば、フィリピンの第十四軍に対しては戦力を集中し、バターン半島に立て籠もる米比軍を撃破することに専念させるのが最も合理的である。その他の地域の治安回復は、その後に処置をすれば良い。またビルマの第十五軍も同様である。これにより、それまでの「ビルマ工作」をなんら顧慮することなく、ビルマに進出した重慶軍を撃破し援蔣路を抑え、英軍を駆逐しさえすれば良かった。これを達成すれば、「腹案」に示した戦争からの英国脱落の可能性が生じようし、「一次大綱」に示す長期持久の態勢が確立できるのである。

ただし、石井大佐には大きな二つの問題が待っていた。一つは軍務局の「大東亜共栄圏建設」論との摺り合わせであり、いま一つは現地軍の独立工作との摺り合わせである。

武藤軍務局長は、一九四二（昭和十七）年四月上旬、南方占領地域の現地視察を行い、石井大佐と意見交換した。この際、石井大佐は、軍務局長と全く意見が一致したと述べている。[41] 四月十八日、武藤軍務局長は、陸軍省の会議の場で、「比島、マレー、ヂヤバ等各地域によりて、将来の帝国の処理方針が異る。これにより軍政のやり方にも違いが出来てくる。比島に関しては、大臣の声明せる如く大東亜共栄圏の一翼として独立せしむ。マレーにつきては、これを日本の領土として確保する。蘭印はインドネシア人の安住の地たらしむ。ビルマはドバマすなわちビルマ人のビルマを作る（比島と同様）。かくの如く各国により帝国の処理方針が異る故に、その軍政のやり方が異ることは当然である。……（中略）……軍政は飽く迄陸軍省の仕事で、大本営が軍政を行う様な考えを人に抱かしむことなき様注意すべし」[42]と発言している。要するに、当初軍政、そして段階を追って独立もしく政治参加という手順で、「大東亜共栄圏建設」を行うことが可能という意見に達し、「南方占領地建設方針」に自信を持ったのである。

石井大佐にとって厄介だったのは、むしろ現地軍の独立工作との摺り合わせであった。では、現地軍たる第十四軍及び第十五軍は、どのように問題を解決したのだろうか。

(二) ビ　ル　マ

(ア) ラングーン攻略と早期独立論の後退

一九四二(昭和十七)年一月三十日、モールメンを含むサルウィン河東岸を、第三三師団及び第五五師団をもって占領した第十五軍は、本格的な「ビルマ進攻作戦」を準備していた。そして二月九日の「南方軍命令[43]」により、この二個師団をもってラングーンに向かい前進し、南ビルマ要域を確保する作戦を開始した。第十五軍は、所在の英印軍を撃破しつつ前進し、三月八日、ついにラングーンを占領した。また、大本営陸軍部は、三月四日付の命令で、第十八師団、第五六師団の両師団を第十五軍に編入したのであった。その際、南機関の独立工作は作戦の補助手段とされたに過ぎなかった。この変化の意味するところは重大であった。なぜなら、「ビルマ作戦」に関して言えば、「腹案」に示された政略重視から戦略重視への切り替えだったからである。では、この変化は、第十五軍が行う占領地軍政にいかなる意味をもたらしたのだろうか。

「ラングーン攻略作戦」を準備する間、第十五軍と南機関及びＢＩＡはモールメンに対する作戦を行いつつ、相互に、そして南方軍とも政戦略の摺り合わせを行っていた。そして、一九四二(昭和十七)年二月六日、「緬甸ニ関スル謀略実施等ニ関スル件」として、南方軍の態度が明らかになった。この方針には、占領地域内に「局地的自治委員会」の結成と強力な新政権樹立をうたい、独立援助に一応の理解を示しているように見えたが、占領軍司令官が新政権の指導に当たり、その承認は戦争終末後に譲るとしていた[44]。つまり、この方針は南方軍軍政幕僚の石井大佐が主張していたことで、即時独立を求める南機関やＢＩＡの考えとは雲泥の差があったのである。実は、その頃、南方軍では独立工作によらずとも、二個師団増強によって、「ビルマ作戦」を遂行し得る目算がすでに立っていた。つまり、南方軍総司令部は、ビルマ即時独立を婉曲に否定したのであった。

一九四二（昭和十七）年三月十日、第十五軍司令官は軍政部の編成を命じ、参謀副長那須義雄大佐を軍政部長として、総務部、財務部、産業部、交通部、モールメン支部及び平岡機関（機関長平岡閏造大佐）を設置した。三月十三日、南機関も逐次ラングーンに入城したが、ここで、南機関長鈴木敬司大佐と軍政部長那須大佐の間で、あらためて問題になったのが、ビルマを即時独立させるか、軍政を施行するかであった。

最終的にはビルマの独立を許容することについて、政府、大本営、南方軍、第十五軍としても異論はなかった。「腹案」によって、ビルマの独立は「連絡会議」で確認されていたし[45]、第十五軍司令官飯田中将もまた、一九四二（昭和十七）年一月二十二日、ビルマ進撃の目的は英国勢力を駆逐してビルマ民衆を解放し、独立を支援することにある、とする声明を発していた[46]。ましてや「第一次東条声明」でビルマ独立が内外に闡明されている。

無論、石井大佐にしても、ビルマの独立は何人も一致した認識であり、独立問題の検討を拒むものではなかった。ただし、その時期については意見が分かれた。これは、省部間において占領地の帰属問題が決定せず、軍政の在り方が曖昧であった以上、当然の帰結であった。大本営内部においても、第十五軍のラングーン入城後の即時独立を主張する者もいた。また、岩畔機関長の岩畔豪雄大佐は「インド工作」のためにはビルマの早期独立が望ましい、と主張していた。しかし、その一方で、「東条声明」に批判的な者もいた[47]。わけても石井大佐の主張は、作戦が一段落ついてから独立させても遅くない[48]、というものであった。結局のところ、中央においてもいまだ議論が固まらず、「占領地統治要綱」の確認に止まった。その中で南方軍総司令部、特に石井軍政幕僚の意見が、そのまま第十五軍の行動を規定したものと言える。

（イ）ビルマ全土の占領と第十五軍軍政機関並びにＢＩＡ

第十五軍は、第十八師団及び第五六師団の来着を待たずトングー～プロームの線に進出し、一九四二（昭和十七）年四月一日、中北部ビルマに対する作戦を開始した。また、第十五軍は、両師団を逐次戦闘加入させ、重慶軍二個軍及び英印軍二個師団を撃破しつつ、中国本土怒江の線及び印緬国境に敵軍を圧迫した。さらに、所在の英支軍を撃破して中北部ビルマを一挙に占領したのである。五月十八日、第十五軍は、ビルマ全土を確保して警備体制に移行し、ここに全ビルマの占領を南方軍総司令官寺内寿一元帥に報告した。[49]

戦略の観点からすれば、「ビルマ進攻作戦」の成功が、南西正面に及ぼした影響は絶大であった。まず、援蔣路のラングーンルートを確実に封鎖し、重慶政権に大打撃を与えた。次に、マレー、タイ正面の脅威を排除し、大本営陸軍部と南方軍に南西正面の安定感を感じさせた。ただし、ビルマ全土を占領したものの、その作戦目的を十分達成できたかと言うと疑わしい。なぜなら、まず、確かに援蔣路を封鎖することはできたが、米国はハンプ輸送と言われるヒマラヤを越える空輸により対抗した。[50]また、第十五軍の迅速性を重視するが故の戦力の逐次投入や、敵に勝る機動力の不足により、所在の敵の撃破は十分なものとは言えなかった。したがって、連合軍が戦力を回復した場合、西の対英のみならず北での対中という新たな戦線が形成され、多正面作戦を余儀なくされ、ひいては苦境に陥る潜在性があったのである。要するに大本営の短期決戦構想は達成できなかったと言える。

政略の観点からすれば、独立工作が進攻作戦に従属する形になった結果、ビルマ独立に関し微妙な再調整が必要となった。従来、南機関の、日本軍と協力して英軍を駆逐することが即時独立に繋がるという説明は、ビルマ人に対し

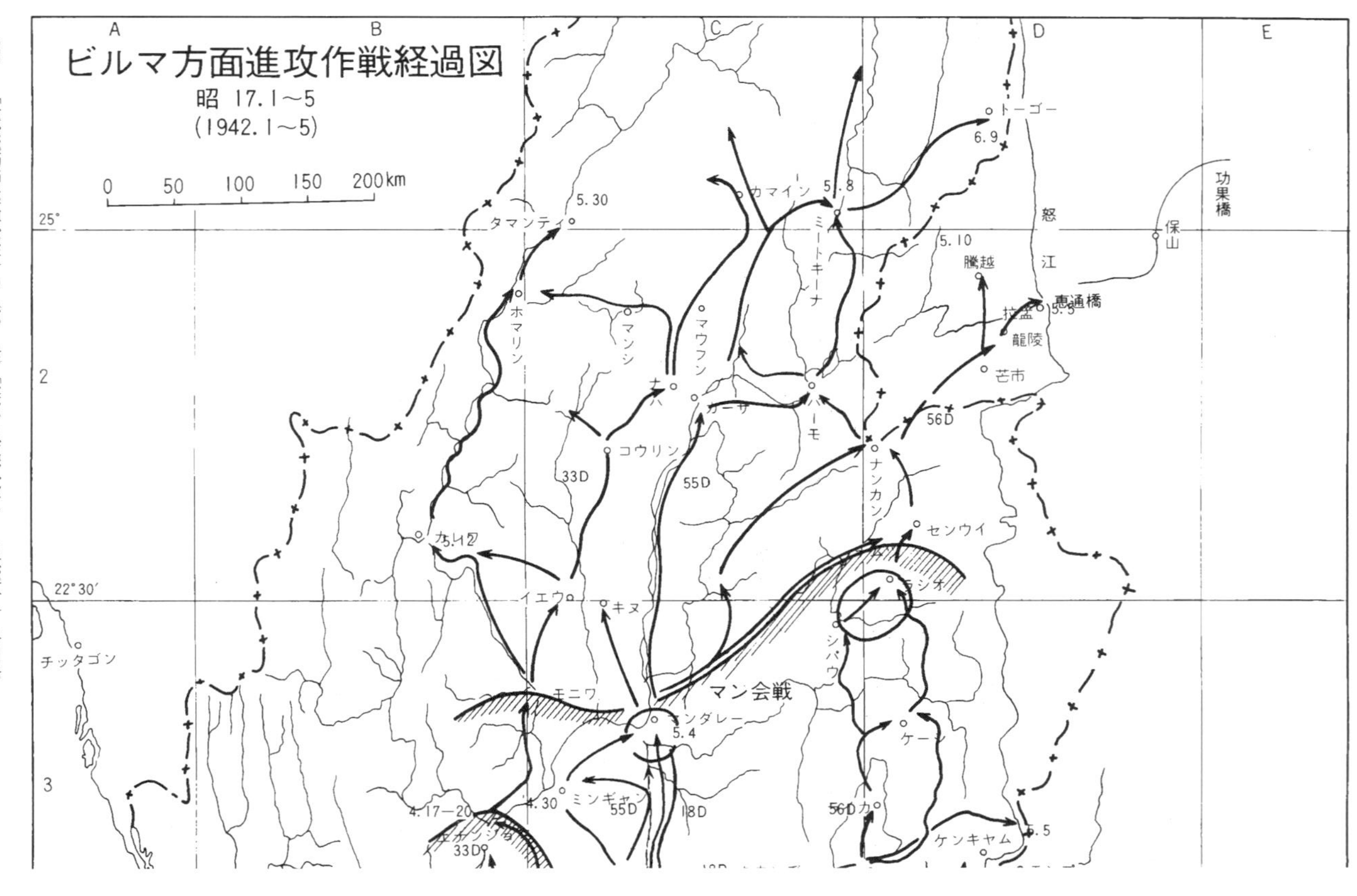
ビルマ方面進攻作戦経過図
昭 17.1～5
(1942.1～5)
0 50 100 150 200km
A
B
C
D
E
2
3
25°
22°30′
チッタゴン
タマンティ
5.30
ホマリン
マンシ
カマイン
5.8
ミートキーナ
マウフン
カーサ
バーモ
コウリン
33D
55D
56D
18D
イエウ
キヌ
モニワ
マンダレー
5.4
マン会戦
ミンギャン
4.30
4.17—20
ナンカン
センウイ
ラシオ
シパウ
ケー
ケンキャム
5.5
トーゴー
6.9
5.10
騰越
拉孟
5.5
恵通橋
龍陵
芒市
怒
江
保山
功果橋

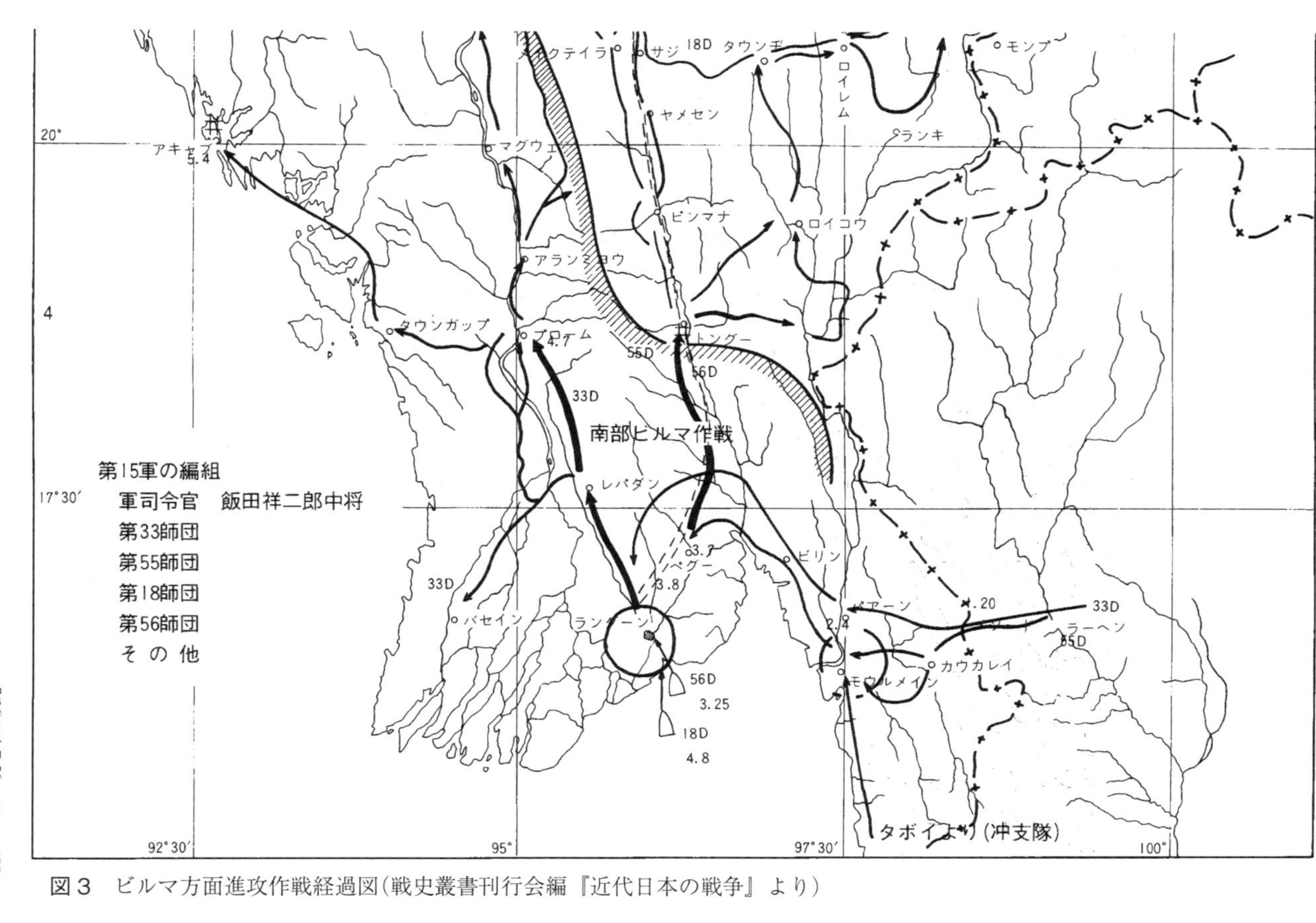

図3　ビルマ方面進攻作戦経過図(戦史叢書刊行会編『近代日本の戦争』より)

て極めて説得力があった。しかしながら、日本軍のビルマ占領とこれに伴う軍政実施の決定は、進攻作戦に協力したＢＩＡをいかに取り扱うのか、独立と軍政はどのような関係になるのか等を明らかにする必要を生じさせたのである。さらに問題であったことは、第十五軍にビルマの民生すなわち治安、経済活動等に責任が生じたことである。実は、開戦当初、第十五軍司令部には軍政部が設置されていなかった。おそらく大本営としては、ビルマに占領地軍政を実施するかどうかを決定できなかったからであろう。このためにも軍政部を拡充し、軍政と称しながらも行政上の問題を顧問や文官に委ねる必要があった。事実、軍政部から拡充した軍政監部には、主要な部署に司政官が配置されたのである。[51] 最後に、「ビルマ進攻作戦」の成功は「インド工作」の根拠地をつくり、対印工作機関である岩畔機関の活動を保証した。ただし、ではいかなる工作を行うかという点は手付かずであった。

一九四二（昭和十七）年三月十五日、第十五軍司令部は、「林集団（第十五軍）占領地統治要綱」（以下、「十五軍統治要綱」）を定め、軍政の基本方針を固めた。[52] 軍政部は、五月二日、マンダレー支部、六月一日、メイミョウ連絡所を設置し、また、六月三日、第十五軍司令官は軍政を布告し、正式にビルマに対し軍政をもって統治することを内外に示し、本格的に占領地軍政に乗り出すこととなった。[53] 引き続き、七月二十日、タボイ及びバセイン連絡所を設置して軍政の浸透に努めた。[54] このことは、ビルマ処理の作戦が、わずか六カ月の間に謀略から作戦主導に変わり、占領地軍政もまた第十五軍主導で行われつつあったことを意味している。

この間、あたかも日本の占領構想の混乱を示すかのように第十五軍軍政機関と南機関に指導されたＢＩＡとは、別個に肥大化しつつ活動していく。南機関とＢＩＡは、一面第十五軍に協力して、一面独自に、活動の範囲を広げていった。一九四二（昭和十七）年四月一日以降、第十五軍の中北部ビルマに対する作戦に協力するため、二個師団、一個独立連隊に改編されたＢＩＡは、第十五軍と摩擦を生じないようイラワジ河左岸を前進した。装備の不良、補給の途絶にも屈せず、ビルマ民衆の積極的援助に支えられながら、ＢＩＡは五月二十九日、バーモに進出した。また有力な一部は、四月三日、アキャブを占領した。そしてこの過程で次々と志願兵を吸収し、最終的に一五万の大兵力となっていった。(55)さらに、独自の活動として、ラングーン入城以前から、各地に治安維持会、ＢＩＡ地方行政委員会、臨時市政府等の地方行政組織をつくって治安維持に努め、その数は五〇に及んだ。すでに、鈴木大佐は、三月二十二日、ボーモージョ（鈴木大佐のビルマ名）の名において、ビルマ・バホ（Baho 中央）政府の成立を布告していた。主席行政官には、タキン・トンオク（Thakin Ton Oku）が任命された。その結果、バホ政府は、ＢＩＡの活動したビルマ四〇県中一七県に臨時行政府を設置している。(56)第十五軍としても、実際問題として、南機関の援助なくしてはコメの一俵さえも集めることは困難という状況に置かれた。(57)

かくて、中北部ビルマに対する作戦の期間は、観点を変えれば、あたかも第十五軍軍政機関と南機関率いるＢＩＡの勢力拡張競争の様相を呈した。それは上級司令部の曖昧な態度の帰結であった。しかし、第十五軍司令部としては、南方軍総司令部からの指導がある以上、「広義軍政」の徹底という形でこの問題に決着をつける時がきていたのである。

（ウ）　第十五軍軍政と中央行政府

一九四二（昭和十七）年七月二十五日、南方軍勤務令の改正に伴い、軍政部を軍政監部と改称し、軍政監部長を参謀長諫山春樹少将が兼任し、総務部長に那須義雄大佐が就任した。(58)

ビルマにおける第十五軍軍政は、他の地域とは違った大きな特徴を持っていた。まず、ビルマに対する中央の態度が終始変転し、これに伴い南方軍司令部の態度が曖昧だったことである。したがって、ビルマに対するあらゆる問題を第十五軍軍政監部で調整しなければならなかった。次に、戦略的に見れば、将来の連合軍からの反攻を予期した、作戦直結の軍政を行う必要があった。さらに政略的に見れば、将来の独立を前提としたものでなければならなかった。したがって、ビルマ軍政には、独立準備という側面があった。

まず、上級司令部の態度の曖昧性は、南機関の工作活動を追認するか否かの問題に影響を与えた。ビルマ進入後初めて軍政部を編成したが、その実質的かつ本格的活動は、「ビルマ進攻作戦」終了後に開始されたのであり、つまりは後手を踏んだのである。[59]このような状況の中にも、南機関による独立工作は、既成事実として進み、ビルマ人は歓迎したため、さらに一層、問題を複雑なものとしていた。したがって、第十五軍はこの既成事実を追認するかどうかを迫られたのである。

考え方によっては、これら既成事実をすべて認めても、あるいは問題はなかったのかもしれない。なぜなら、「十五軍統治要綱」においても、現行の組織、諸制度、民族的慣行、各種法令は軍政に支障のない限り尊重することになっていたからである。[60]ところが、そのようには進展しなかった。それには、バホ政府にも責任があった。

バホ政府は、タキン党やＢＩＡを中核として構成されていたが、中には渡船税、市場税等の徴収、募兵、物資調達その他を行い、かなり恣意的行政を実施する者も現れる状態であった。そして、急激な膨張の過程で不純分子の混入や、ＢＩＡの名を偽称し、戦争の混乱に乗じた略奪や個人的復讐、少数民族との衝突が各地に起こった。そしてその最大のものが、五月に発生した「ミャンミャ事件」であった。この事件は、イラワジデルタのバセイン近郊ミャンミャで、英軍に参加していたカレン人の復員兵に対し、武器を回収する際、ＢＩＡとカレン人の間で衝突が起こり、多くの死傷者を出したあげく、日本軍の手で鎮圧されたものであった。ビルマは、総人口一六八〇万人中、ビルマ民族は一〇〇〇万人おり、全体の六割を占めているが、カレン人、シャン人、カチン人など多種の少数民族が存在する地域である。[61] その中でもカレン人はキリスト教徒が多く、親英的で、英印軍に兵士として参加しているものも多かった。したがって、ビルマ人とカレン人の対立及び衝突は自然発生的とも言える。しかし、少数民族を抱えるビルマの安定を望む第十五軍は、ビルマ国内の民族衝突からくる占領地軍政が動揺をきたすことは何としても避けなければならなかった。このような事件の発生から、第十五軍軍政監部は、バホ政府ひいてはタキン党及びＢＩＡの政治的未成熟を感じ取ったのである。[62]

次に問題であったのが、南機関の取扱いであった。南機関は大本営の命令によって「ビルマ独立工作」に任ずべく編成された公的機関であった。そして、その行動が示すように、着実に任務を達成していた。しかしながら、すでに第十五軍軍政とは、もはや相容れない存在となっていた。南方軍総司令部は、情報参謀藤原岩市少佐を派遣して問題の解決に乗り出した。藤原少佐は、諫山参謀長ほか関係幕僚と協議し、南方軍司令官から中央に対し、ビルマの早期独立許容を進言すること、ＢＩＡをビルマ防衛軍（以下、ＢＤＡ）に改編・整理することで、第十五軍と南機関の妥協を図ったが、合意に達せず、なお調整は困難が予想された。そこで藤原少佐は、万策尽き、南機関長鈴木大佐の解任を具申するに至った。[63] これを受け、南方軍総司令部は、一九四二（昭和十七）年六月十日、南機関を解消した。

さらに、膨張したＢＩＡを正規軍たるＢＤＡに改編・整理することが必要であった。ＢＩＡは義勇軍であったがゆえに急激に膨張し、統制が困難になっていった。このことは自然と不祥事の温床となり、加えてＢＩＡはバホ政府を通じて行政にも介入しつつあった。[64] また、第十五軍による早期独立の否定は、ＢＩＡが日本軍に対し反抗する可能性を生ぜしめ、第十五軍は対応策をも検討したほどであった。[65] したがって、第十五軍は、一九四二（昭和十七）年七月三十一日、ＢＩＡをいったん解散し、その中から三、〇〇〇名を選抜してＢＤＡを編成することとした。[66]

結局、第十五軍軍政は、バホ政府の否認、南機関の解散、ＢＩＡからＢＤＡへの縮小・再編という形から始まった。

このことは、ビルマ独立という面から見れば、「ビルマ独立工作」からの大幅な後退であり、独立運動の中心であったタキン党員からは、日本軍に利用されたという不信感を買うことになったのである。

ただし、第十五軍としては占領地軍政を実施するうえで、ビルマ人による中央行政府を絶対に必要としていた。なぜなら、数少ない軍政要員で直接統治を行うことは、実質的に不可能であったからである。南方軍総司令部も、占領地軍政実施上、ビルマ人による中央行政府の設立に反対していたわけではなかった。したがって、新たな指導者の下に中央行政府を樹立することが適当と考えられた。(67) こうして第十五軍は、ビルマ要人の意見から、英国官憲によって投獄されていた元ビルマ政府首相バー・モオ博士を擁立し、早くも一九四二（昭和十七）年六月四日、彼を委員長とする中央行政機関設立準備委員会を発足させたのである。さらに八月一日、軍命令をもって中央行政府の開庁及び各長官並びに次官の任命を行ったのであった。(68)

この際の中央行政府とBIAとの分離及び各長官と次官の人事に、第十五軍の苦心の跡がうかがえる。まず、一九四二（昭和十七）年六月二日、メイミョーにおけるビルマ要人との会合の際、飯田司令官は、「武権と政権とを分離し相互に圧迫せざる如くするは立国の要諦なり」と挨拶し、タキン党の牙城であるBIAを全く行政面から切断することを明確にした。(69) しかる後に、BDAに改編したのである。次に、各長官と次官の人事として、行政府長官にバー・モオを据えるとともに、その他各長官一〇ポスト中、タキン党に四ポスト（農務部、林務部、交通灌漑部、行政府付）、バー・モオに近く戦前から存在するビルマ人団体総評議会（以下、GCBA）系に六ポスト（内務部、財務部、商工部、教育衛生部、司法部、土木復興部。うち内務部長官はバー・モオ兼務）を配分した。さらにその中で、行政府におけるバー・モオの突出を避けるため、行政府付としてタキン党の長老タキン・ミャ（Thakin Mya）を配置し、タキン党とバー・モオ派のバランスをとっている。また、GCBA系の中でもカレン人代表としてウ・ラ・ペ（U Hla Pe）を商工部長官として参加させ、ビルマ人だけでなく他の少数民族も包含する形をとった。ただし、次官人事においては、内務部次官には、バー・モオに近いウ・バイン(U Ba Win)を配置して、バー・モオに警察力を付与し、一、二〇〇丁の小銃を警察に貸与している。[70]これは、BDAの戦力に匹敵していた。また、その他は英軍の敗退後もビルマに止まったビルマ人高等文官から起用した。[71]つまり、タキン党にも長官ポストを与えて一応の配慮はしているようにも見えるが、次官以下の実務ポストには英国時代の行政機関を活用し、能率的な職務遂行を図る手堅い配置であった。第十五軍軍政監部は、バー・モオ派とタキン党のバランスをとりながら、占領地軍政の実を挙げようとしたのである。

さらに言えば、このバー・モオ派とタキン党のバランスは、第十五軍軍政と従来の「ビルマ独立工作」とのバランスでもあった。安定した占領地軍政のために老練な行政手腕を持つGCBAと、「大東亜共栄圏建設」に説得力を持たせるためにタキン党を、均衡を保ちながら登用したのである。つまり、この絶妙の均衡こそが第十五軍が行った矛盾の調整であった。

次に、占領地軍政が将来の連合軍からの反攻に備えたものでなければならなかったという点である。一九四二(昭和十七)年六月二十九日、南方軍の基本任務が更改され、南方領域の安定確保が命ぜられた。[72]このことは、「占領地行政実施要領」の方針を忠実に実行することを必要ならしめた。したがって、「十五軍統治要綱」においても、「治安の回復」「重要国防資源の急速獲得」及び「作戦軍の自活確保」が基本方針となった。[73]また、細部要領は作戦上の要求を満たすことにあった。爾後の「ビルマ防衛作戦」は、その態勢上、内線作戦となることは明白であった。雲南方面からの重慶軍、フーコン方面からの米中軍、インパール及びアキャブ方面からの英印軍と、四方向に対処しなければならないからである。このためには、戦略的観点からすると、各正面が持久している間に、後方に控置していた主力を戦略機動させ、敵軍の各個撃破を図らなければならない。そのためには、まず補給と輸送の自由を確保する必要があった。したがって、経済及び交通に関し、事細かに軍が統制するものとなっていた。

ただし、これら生産活動とその動脈たる交通を、軍が独占的に利用することは占領地住民の生活圧迫を意味していた。当時のビルマの主産業は、南部の農業及び北部の林業であり、特に南部のコメは、国内消費はもとより輸出が可能なほど豊富であった。そして、北部と南部を結ぶ交通路はイラワジ河の水運と鉄道に頼っていた。しかし、英軍が退却戦の過程で破壊したため、河船は絶対数が不足していた。また、鉄道は橋梁が破壊され、至るところで寸断されていた。加えて、第十五軍が交通路を軍用に統制したことから、南北の経済交流は激減しつつあった。このような状態であったので、いかに住民の生活を保障しつつ作戦準備をするかは、第十五軍司令部にとって大きな課題となったのである。

最後に、ビルマの軍政は将来の独立を前提としなければならなかったことである。「自存自衛」で説明できない以上、ビルマにおける日本の戦争目的は、「大東亜共栄圏建設」でなくてはならない。したがって、議会における「東条声明」も独立許容に言及していた。であるなら、当面は占領地軍政を行うにしても、日本に領土的野心はなく将来は独立を約束したものでなくてはならなかった。したがって、「十五軍統治要綱」には、「大東亜戦争」後の独立予想を明示した。この点からすれば、中央行政府の開庁はこの文脈にかなっていた。ただし、いくらタキン党員を参加させて脚色しても、バー・モオを首班としたＧＣＢＡの英国風統治は、その手堅さゆえに軍政の目的にはかなっていたが、やはり清新さに欠けていた。独立の際には、民衆に支持されたタキン党員を取り込む必要があった。では、いかに取り込むかは、全く予察に欠けており、これらの課題が山積みされていた。

（エ）　第十五軍軍政の性格

第十五軍は、「十五軍統治要綱」を策定し、曲がりなりにも政戦略上の要求の調整を果たし、変転する上級司令部の態度の矛盾を克服したようにも見える。しかしながら、その実態は、南方軍総司令部から示された「軍政指導方策」と「東条声明」で明らかにされた将来の独立を並列し、独立は「大東亜戦争」後に予想、と時期的順位をつけたものに過ぎなかった。つまり、現状における政戦略上の要求を巧みに織り込んではいたが、根本的な問題は先送りしたのである。第十五軍軍政が巧みに織り込んだ政戦略上の要求は、これだけではない。第十五軍軍政に付随する三つの特性、すなわち、独立工作と軍政の調節の必要性、作戦直結の軍政の必要性、独立前提の軍政、これらそれぞれに、タキン党とＧＣＢＡとの並列、住民生活の保障と作戦準備の並列、安定した軍政と独立準備の並列をもって解決しようとした。つまり、第十五軍軍政は、日本軍が行った政戦略すべての要求を包含し、かつ南機関が残した遺産と占領地軍政に伴う新たな政策を並列することによって成立していたのである。そして、この巧みに政戦略上の要求を「十五軍統治要綱」に織り込むことは、第十五軍としては、なし得る限りの妥協であり知恵の限界でもあった。

ただし、「十五軍統治要綱」ですべてを解決できたわけではない。このすべての要求を均等に包含した複合体は、誰もが満足できるようで、実は誰も満足できなかった。そしてビルマ人の納得は日本軍の優勢が前提になっており、劣勢になった場合には新たな方法が必要であった。要するに、問題は何ら解決されず、結局は先送りに過ぎなかったのである。

（三）フィリピン

（ア）「第一次バターン作戦」後における第十四軍司令部の苦悩

マニラ攻略に先立つ、一九四二（昭和十七）年一月三日、本間中将は大日本軍司令官名で軍政を布告した。また、「第一次東条声明」に呼応するかのように、一月二十三日、バルガスに対して比島行政府の機構を組織させ、軍司令官の指揮命令を受けて行政実施に任ずるように命令した。他方、バターン半島に逃げ込んだ米比軍は抵抗を継続していた。この時の第十四軍の眼前には、マニラとダバオは攻略したものの、有力な米比軍がバターン半島に拠って頑強に抵抗し、その他の地域は向背定まらぬ土地が広がっていた。そして、必要な戦力の増強も意の如く進まず、占領地軍政も安定しないという現実があった。では、このような時期において第十四軍は作戦をどのように考え、作戦は占領地軍政にどのような影響を及ぼしたのだろうか、また、「一次大綱」によりどのように変化したのであろうか。

この時期、米比軍はケソン政権の中心人物を連れ去り、計画的にバターン半島に後退して、第十四軍に不安定な占領地軍政を押し付けつつ不利な攻撃を強要して、フィリピン兵の対米離反を食い止めた。このように見ると、第十四軍は米比軍に完全に翻弄され、主導権を失ったかのようにも見える。かくなる状況で、前田正実参謀長は作戦遂行に焦慮していた。

バターン半島を攻めあぐねていた一九四二（昭和十七）年一月下旬、第十四軍司令部内では、その後の作戦指導について議論された。その内容は、高級参謀中山源夫大佐の主張するバターン先攻（甲案）と前田参謀長及び牧作戦主任参謀が主張するバターン封鎖・ビサヤ（中部フィリピン）先攻（乙案）であった。それぞれに一長一短であったが、戦力が不足する状態では、乙案よりほかに打つ手がなかったとも言える。議論が紛糾する中、ついに、二月八日、バターン攻撃を中止し、中南部地域の戡定作戦を行うことを考え始めた[74]。確かに戦力不足に苦しむ第十四軍にとっては、不利な力攻を続け貴重な戦力を消尽するより、その他の地域を支配下に置きつつ、バターンを封鎖して米比軍の自滅を待つことは、それなりに合理的な選択であった。しかしながら、一見合理的に見えるこの選択に、南方軍総司令部は懐疑的であった。なぜなら、南方軍総司令部は、それまでの第十四軍司令部の作戦指導から、消極性を感じ取っていたからである。そして、バターン攻撃の中止は南方軍総司令部の疑念を増幅したのである。

一九四二（昭和十七）年二月十二日、南方方面に出張中の田中作戦部長と陸軍省人事局長富永恭次中将がフィリピンに立ち寄った。その際、前田参謀長は乙案採用を報告した。田中部長は乙案に理解を示しつつも、バターン攻略に対する軍の決意に疑念を抱いた[75]。二月十三日、田中部長の了解を得たと判断した第十四軍司令部は乙案採用を決め、南方軍に報告したが[76]、南方軍総司令部の反対により、軍司令官は動揺した[77]。司令部内の意見もまとまらず、再度作戦会議を行った二月二十日、甲案を主張したのは中山高級参謀のみで、多数の幕僚は乙案となり、また、大本営も乙案採用に理解を示し[78]、杉山参謀総長も比島については戡定優先、爾後バターン攻略を可と考えている旨を奉答した。翌二十一日、第十四軍司令部は、再度乙案採用を南方軍総司令部に報告した。

ところが、南方軍総司令部の考えは違った。あくまでもバターン攻略である。その理由は、南方軍総参謀長塚田中将の第十四軍作戦参謀佐藤徳太郎少佐への指導により明らかである。まず、第十四軍の任務は米比軍の根拠地覆滅であるが、バターン半島で組織的抵抗を継続している以上任務達成したとは認められないこと。バターン半島に組織的抵抗を継続している米比軍を撃破するためには、ビサヤ諸島に兵力を割くべきではないこと。「マレー作戦」終了に伴い第四師団、第二一歩兵団(歩兵団長永野亀一郎少将)のみならずその他の部隊の増強を研究中であること。バターン半島に組織的抵抗を継続している米比軍が健在では、占領地軍政も浸透しないことであった。[79]さらに、南方作戦の順調な進展により、ようやくここにきて兵力及び船舶に余裕が生じた。かくして、甲案採用かつ新たな戦力によるビサヤ、ミンダオの同時戡定という形で、大本営、南方軍、第十四軍ともに方針が統一された。

ここで、塚田総参謀長が作戦の決定に際し、占領地軍政への影響を指摘していることに注意する必要がある。なぜなら、従来、彼は占領地軍政に無関心であった。[80]その塚田総参謀長が円滑な軍政のために「バターン作戦」を行うと考えたこと自体に、「バターン作戦」が、初期作戦とは性質が変化したことを物語っている。それは、「一次大綱」に示されている通り、「長期不敗の政戦略態勢」をとることを意識していたのである。

(イ) オリガークスの動揺と「第二次バターン作戦」

一九四二(昭和十七)年二月十八日。オリガークスで構成される比島行政府と議員団のメンバーは、ローズベルト大統領やケソン大統領に対しフィリピンにおける戦闘停止に関する声明を発するか、そしてどのような内容にするのかで果てしない議論を続けていた。日本の優勢が永続すると判断し、戦闘は無意味として声明に積極的なグループ、比島行政府を設立し日本軍に協力したことを訝しがるフィリピン民衆からさらに反感を持たれることから、声明に慎重なグループに分かれた。結局のところ、日本軍の優位は動かし難く、米軍来援の見込みがないことから、二十八日、声明を発することになったが、その内容は慎重に吟味された。例えばローズベルトに宛てた声明では、「これ以上の抵抗は意味がなく、フィリピン兵のみならず民間人に被害が及ぶことを避けるために戦いをやめる」ことを要求し、日本に協力するという意味ではないことを強調していた。[81]また、ケソン大統領にも同趣旨の声明を出した。第十四軍としては、オリガークスの態度は煮え切らないものであったろうが、ともかくも、日本側に立たせたということでは満足していたであろう。

このうえは、米比軍に対し近代戦力を駆使して、米国の威信を失墜させるまで殲滅して、日本軍の威容を、米国国民とオリガークスを含む全フィリピン人に示す必要があった。このことは軍司令官の訓示にも「今次作戦ニ於テ快勝ヲ博スルト否トハ啻ニ比島鎮定ノ目的ヲ達成スルニ止ラス実ニ米英ノ戦争継続意志ニ大ナル影響ヲ与フヘク」と表れており、このため、「今次作戦必勝ノ鍵ハ実ニ戦力統合発揮ニ在リ……敵軍ニ物心両面ノ大打撃ヲ与ヘ第一撃ニ於テ敵ニ震撼的打撃ヲ与ヘン[82]」としていた。

そこで、第十四軍は、「第二次バターン作戦」を単に戦力を増強するだけでなく、要塞攻略に準ずる要領で完遂したのである。まず、大本営予備の第四師団、南方軍直轄の第二一歩兵団（永野支隊）のほか、軍砲兵として第一砲兵司令部（司令官北島驥子雄少将）指揮の野戦重砲兵連隊等三個連隊、航空戦力として重爆撃機部隊等を集中した。次に、作戦要領については、情報活動を十分に実施し、軍砲兵による攻撃準備射撃の後、第一線ついで第二線と逐次に突破するという堅実な攻撃要領を採用したのである。

一九四二（昭和十七）年四月三日、第十四軍は攻撃を開始した。マッカーサー将軍はケソン大統領とともにすでに豪州に脱出していたが、残った米比軍はウェンライト（Jonathan M. Wainwright）中将の指揮で頑強に抵抗した。しかしながら、食糧の不足及びマラリアによって戦力が著しく低下しており、敗退を重ねバターン半島の部隊は四月九日、コレヒドール島の部隊は五月六日、ビサヤ方面の部隊は五月九日に降伏し、ついに全米比軍は降伏したのである。

それまで、オリガークスは軍政への協力に関し意見がまとまらなかった[83]。また行政府長官であるバルガスも意見集約のためのリーダーシップを発揮していない。この時期のバルガスの行動は、フィリピン国民を守るためにやむなく

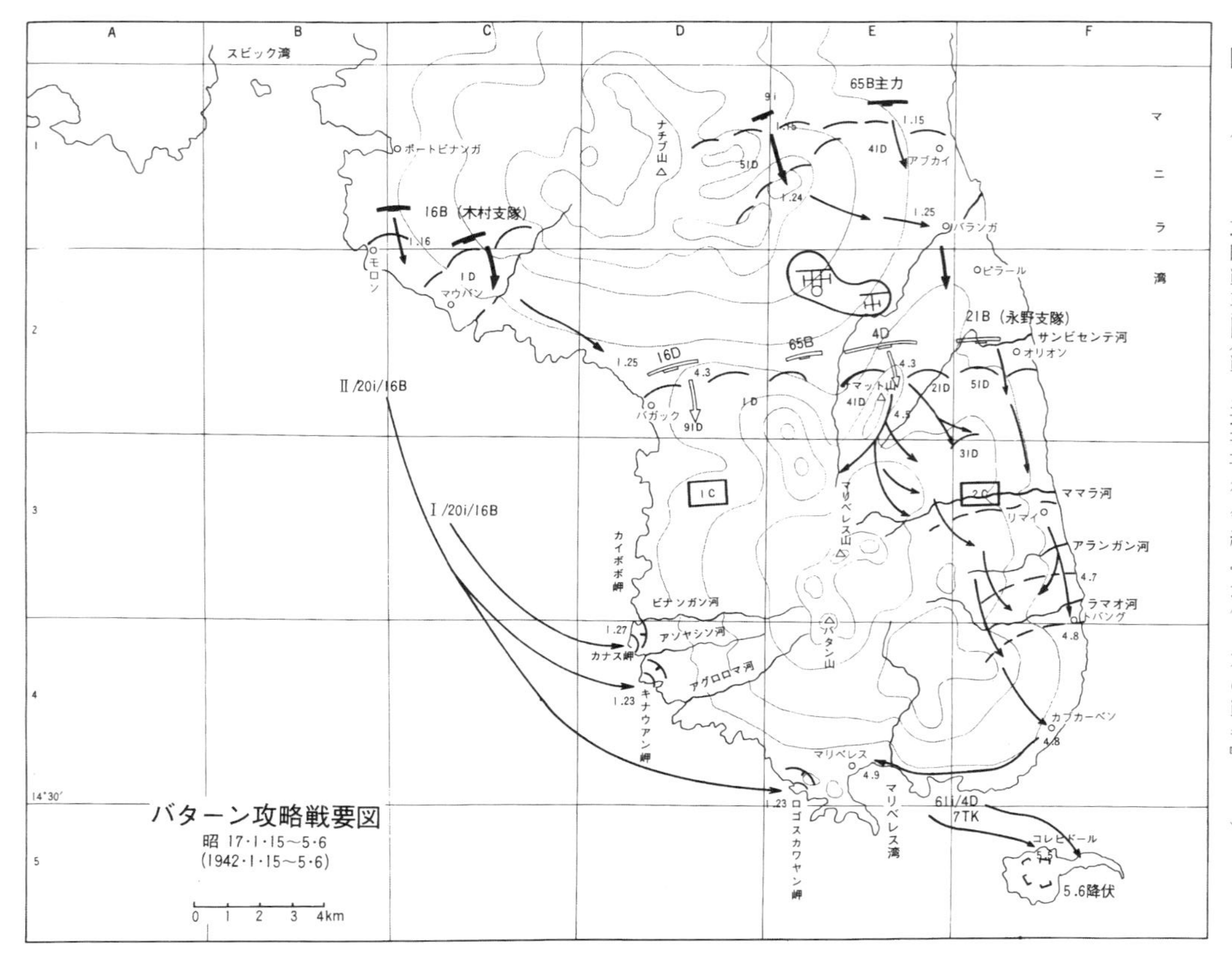

図4 バターン攻略戦要図（戦史叢書刊行会編『近代日本の戦争』より）

行った日本軍への協力か、あるいは自らがケソン大統領にとって代わるための行動かは不明だが、確実に言えることは、「バターン作戦」終了後の式典で、バルガスは「更生し日本軍に協力」することを誓っている。[84] この言葉を引き出したこと自体、作戦は紛れもなく成功であったと言えよう。

（ウ）第十四軍軍政の性格

「第二次バターン作戦」終了に伴い、軍司令官が交代した。第二代司令官田中静壹中将は、憲兵司令官等四年にわたる憲兵の経験があり、いわば治安確立の方策に精通していた。ここに陸軍省の期待が想像できる。また、田中中将は参謀長兼軍政監和知鷹二中将の軍政手腕を高く評価するとともに、軍政顧問村田省蔵の意見をよく容れた。一方、和知中将は、中国における特務機関に長く勤務し、いわば謀略に長けた将軍であった。したがって、軍事作戦一辺倒ではなく、幅広い視野を有していたと考えられる。そこで、田中中将はゲリラ討伐に、和知中将以下が占領地軍政に専念するという役割分担が行われた。ではこの時期の占領地軍政には、どのような特色があったのであろうか。

まず、将来の独立準備としての軍政は、独立予定のフィリピン人にはそれほど好感を持って受け入れられなかった。したがって、米国による独立付与の約束以上に魅力ある将来像を提示する必要に迫られていた。

次に、フィリピンの国内政治では、すでにフィリピンコモンウェルス政府が成立しており、自治政府を担っていた。ただし、軍政監部総務部長宇都宮直賢大佐から見れば、独立国家として政治に携わる人材の数は、それでもなお不足していた。南京政府（汪政権）と比べると政治家と呼べる人物は、せいぜい中央政府までで、それ以下の人物は払底していた。[85] これは、フィリピンにおいては、未だ中産階級が未成熟であり、社会構造上の矛盾やそれによる国内対立構造がそのまま継続されることを意味していた。[86]

最後に、フィリピンは西太平洋の島嶼部であり、中国、印緬国境、南東正面の戦場のいずれからも離れていたことから、フィリピンの戦略的価値は南方への戦力輸送の中継地もしくは兵站拠点に過ぎないと見ていた。また、自活自戦しようにも食糧を自給できない経済構造であったから[87]、第十四軍を大本営直轄とし、大陸や内地から南方進出する部隊の待機場所や部隊を再編成する後方拠点とした。したがって、保有戦力も一九四三(昭和十八)年一月現在では、一個師団、三個独立守備隊に過ぎなかったのである。加えて、「重要国防資源の急速獲得」という面からも銅以外は見るべき資源に乏しかった。このため、戦略上最も重要なことは、軍政の浸透つまり治安の確立であり、そのためには、行政府に対する警察力の付与、住民に対する食糧の安定供給が必要であったのである。

一般的に日本軍の圧政によって、親米フィリピン人の不満が爆発しゲリラ化したと言われている[88]。ところが、これらフィリピンの社会的不安定を、第十四軍司令部、特に軍政監部は的確に分析し、宥和しつつ治安を確保する方策を模索していたのである[89]。

(四) 現地軍から見た占領地軍政と軍事作戦

一九四二(昭和十七)年三月の「一次大綱」発出以降、作戦は順調に進み、ビルマは五月十八日、フィリピンも五月末にはほぼ全域の戡定を終え、軍政による安定確保の時期に入った。その占領地軍政も、軍司令官が指揮する現地人行政府による等、確かに両地域に類似点は多い。しかしながら現地軍の視点で、「一次大綱」発出以降の作戦と占領地軍政を見てみると、全くと言って良いほど、その性格は異なっている。

ビルマの場合は、軍事作戦の狙いは重慶軍及び英印軍撃破による短期決戦の機会招来であった。また、占領地軍政は早急な独立を抑制するための中央行政府の設立であった。一方、フィリピンの場合、軍事作戦の狙いは、米比軍根拠地の覆滅による、長期持久態勢の確立であり、交通路の確保であった。また、占領地軍政は、比島行政府の設立によりフィリピン人が持つ米国に対する信頼を断ち切ることに主眼が置かれていた。これらの相違は、それぞれの地域の戦略的価値の違いによるものであろうが、その後の軍事作戦や占領地軍政に大きな影響及ぼすものであった。

例えばフィリピンの場合は、米軍は、執拗な抗日ゲリラ作戦によりフィリピン人の信頼を維持しようとした。あれほどの努力を蘭印の油田地帯で行っていたら、日本を苦しめるという意味ではもっと成果が上がったであろう。また、マッカーサーが損害を顧みず、フィリピン解放を唱えたのも同じ理由からであろう。ニミッツ（Chester W. Nimitz）のフィリピン迂回・台湾攻撃の主張は、軍事合理的ではあったが、フィリピン人の信頼回復は不可能で、日本の降伏という目的は達成できたとしても、占領地域の旧状回復にはつながらない。したがって、米軍の威信回復を達成する活動を実施する必要があったのである。そして、それはフィリピンを舞台とした日米両軍の宣伝戦と治安戦となっていった。一方、ビルマの場合は実戦であった。米軍は重慶政府を救援するため、損害の多いハンプ空輸を行った。また、援蔣路を開放するため北ビルマで損害の多い戦いを続けたのである。

三 軍政の浸透と大東亜省設置

（一） 省部間の軍政分担問題

一九四二（昭和十七）年五月十八日、南方軍はビルマ及びフィリピンの作戦を終え、南方攻略作戦の完了を宣した。六月二十九日、大本営は南方軍に対する命令を更改し、南方要域を安定確保すべき持久任務を与えた。このように、作戦が終了し、軍政が浸透して、占領地が安定していく中、日本国内では、日本軍の南方占領地及び中国、満州を、いかなる体制をもってすれば効率的に統治できるかが議論された。この議論は、次第に省部間の軍政分担問題と大東亜省設置問題に収斂されていく。これは、それぞれが統帥大権と編制大権、外交大権と編制大権の問題を生ずる、帝国憲法下では想定していなかった厄介な問題であった。では、どのようにこの問題を解決したのであろうか。

開戦以来、占領地が拡大する中、陸軍内において占領地軍政の担任と役割分担が議論されてきた。特に軍務局では、「審議会」の議論を受けて、大東亜省の設置とも関連して、占領地軍政については、「軍政に関する大臣区処権」に基づき指示すべきであるという意見であった。なぜなら、戦力造成を効率的に行うためには、占領地における資源の開発、日本への還送、軍需品の生産、戦地への輸送、部隊への軍需品の交付等、強力な行政指導が必要なことばかりであった。そして、この強力な行政指導を行えることが日本の強みであると「広義軍政」論者は考えていた[90]。また、戦況の悪化と物動の窮迫がこの問題に拍車を掛けていた。一九四二（昭和十七）年六月のミッドウェイ海戦の敗北や八月に始まったガダルカナル島を含む消耗の多い南東正面の戦いには、生産力の拡充強化が是非とも必要であった。特にこの時期は、商船建造、鉄鋼生産、液体燃料不足が問題であったのである。陸軍省戦備課では、この理由を、輸送力不足と労務の不良にあると見ており、だからこそ、効率的「広義軍政」が必要と考えていたのである。

他方、統帥部は、占領地軍政に関してもまた違った問題意識を持っていた。そもそも緒戦の快進撃は、統帥権の独立により政府の介入を排して軍事合理性を追求した結果であった。然るに、「軍政に関する大臣区処権」は、現地軍の行動を制約するものであった。例えば、「広義軍政システム」は、現地取得の重要物資を中央の「物動計画」に織り込んでいるため、現地軍が適時に必要なものを徴発できない仕組みになっていた。また、鉄道等のインフラを軍事利用することは作戦上不可欠であったが、軍政部が管理し戦略重要物資の運搬を優先されることは大きな制約となってしまう。このため、「狭義軍政」の優先は、現地軍にとって切実な問題となる可能性があったのである。ましてや、「占領地行政実施要領」には軍政の三大目的の一つに作戦軍の自活確保が挙げられているのである。つまり統帥部の主張はただ単なる形式論のみならず、実際上の問題を解決するためにも一理あるものであった。双方が、十分合理性のある主張であったことは、一層解決を困難にしたのである。

（二）「南方占領地統治要綱」と軍政会議

「南方作戦ニ伴フ占領地統治要綱」を改定して、占領後の実情に適合した「南方占領地統治要綱」を策定することは、一九四二（昭和十七）年六月二十九日、南方軍に対して出された占領地安定確保の大命に基づき、当然であった。しかしながら省部間の検討は、容易に進まなかった。

政府、大本営ともに軍政の浸透は戦争の成否に直結する問題であるという認識は一致していた。このため、大本営は、七月二十五日、南方軍に軍政総監部を、各軍に軍政監部を新設し、将来の経済建設、民族指導、交通・通信施設の運営等、広範な分野にわたって、各軍の軍政施行を統括指導させることとしたのである。(91)軍政総監は南方軍総参謀長、各軍の軍政監は各軍参謀長の兼任であった。軍政と作戦の調節を図るためには適切な施策と言えよう。また、東条陸相の意向を受け、陸軍省の主張により村田省蔵、砂田重政、桜井兵五郎、児玉秀雄といった各界の権威を最高顧問として軍政に参画させて広い見識により、軍政の浸透と「大東亜共栄圏建設」に役立てようとしていた。(92)

さて、一九四二（昭和十七）年十月三日、参謀総長、同次長、第一部長は陸軍次官木村兵太郎中将と「南方占領地統治要綱」について会談し、激論の末、「南方作戦ニ伴フ統治要綱」は改定せず、新しく付加しようとする事項は、省部各々の分担に応じて決定するという方針に決定した。(93)省部痛み分けである。なぜなら「南方作戦ニ伴フ占領地統治要綱」は、占領地における取得物を「物動計画」に織り込むことを明記した「占領地行政実施要領」に連動している。したがって、改定なしということは、「広義軍政システム」を統帥部は認めたことになる。ただし、各地域別統治要綱を大本営から指示することにより、「現地軍」が「狭義軍政」を優先することを、大本営は陸軍省に認めさせたことになった。つまり曖昧な決着だったのである。

一九四二（昭和十七）年十月十二日から三日間、参謀本部の主催で軍政会議が東京で行われた。その中で、「南方占領地各地域統治要綱」(94)が大本営陸軍部の指示で示達された。かくして各地域の統治方針は定まった。二日目は、陸軍省において、東条陸相が訓示を行ったが、特に目新しいものはなかった。

以上で軍政会議は終了した。曖昧さが残る会議ではあったが、参謀本部は大成功と考えていた[95]。特に、東条陸相が活躍を期待していた最高顧問を会議に参加させたこと、及び東条陸相の訓示がこれまで省部間で確認された事項の繰り返しに過ぎなかったことによるだろう。なぜなら、「大東亜共栄圏建設」論者であった東条陸相が、「大東亜共栄圏」諸国に対する指導の中核と期待していた最高顧問達に、軍政に関する公式の会議において、省部間での確認事項を述べるに止まったということは、それは実質的に「狭義軍政」の肯定であり、最高顧問達の役割は権威付けであって、実権はないことを認めたに等しいからである。

南方軍軍政幕僚石井大佐が、最高顧問は飾り物であったと回想したこと[96]から判断すれば、次のように推察できる。陸軍省が行うことを企図した、政府主導の「広義軍政システム」を、現地では二義的なものと考えていることを、参謀本部は、「南方占領地各地域統治要綱」で説明し、最高顧問に理解させ、東条陸相にも認めさせたのである。ところが、おそらく東条陸相は、これぐらいの譲歩はとるに足りないものと考えていた。なぜなら、陸軍省は、「狭義軍政」こそ二義的なものと考えており、それは、大東亜省設置という内閣官制の改革によって、軍政会議よりも大がかりに企図されていたからである。

(三)　大東亜省設置の狙いとその波紋

一九四二(昭和十七)年十一月一日、大東亜省が設置された。大東亜省は、拓務省が、興亜院、対満事務局、外務省の東亜局及び南洋局を統合一元化したものであった。その目指すところは、「大東亜共栄圏」諸地域に対する諸般の施策を一元的に管理するものであった[97]。

「大東亜共栄圏」経営の機構問題が政府部内で議論となったのは、シンガポール陥落を契機としている。[98] 外務省の関与を避ける形で、興亜院、陸軍省、企画院、海軍省の四者間で隠密裏に研究が進み、三月十日に機構案が成立した。この機構案が想定した「大東亜共栄圏」は永久領有地域（香港、マレー連邦、ボルネオ、ニューギニアなど）と、帝国保護下に独立させる地域（比島、仏印、ビルマ、インドネシア、豪州、印度など）とに分け、「政治外交ハ勿論経済開発、貿易、金融通貨、交通通信等ハ日本ノ強力ナル統制指導ノ下ニ独立（保護）国及占領諸地域全般ヲ通シ計画的ニ運営」することを想定した「指導国」構想であり、[99] まず、満州、中国、タイ、仏印に対する外交事務、領事事務、拓殖事業を行い、最終的には大東亜全域に対する一元的な「政務指導」機構を目指す二段階論であった。そしてその時期は軍政段階から建設段階に移行した時とされており、それは「審議会」の基本答申とほとんど同一であった。[100]

この案に対し、真っ向から反対したのは、東郷茂徳外相であった。その根拠は、外交一元化に反すること、大東亜の建設のためには、「独立を尊重し、濫りに干渉をせぬことに依つて、始めて相手国をして帝国に真に協力せしむることが出来る」という点にあり、ことに中国の場合はそうであった。[101] 他方、参謀本部は、中国に対しては機構一元化の必要は感じていたものの、[102] 南方地域においては軍政を推し進めれば十分と考えていた。枢密院でも、特に外務省OBである小幡酉吉は「支那との融和は永遠に不可能ならん」と切言し、石井菊次郎からは、大東亜諸国から属国扱いという疑念を生ずる可能性について指摘があった。[103] しかし採択の結果は石井ひとり反対したものの、最終的には政府原案通り可決された。

東郷外相の単独辞任という政変の危機を招きながらも、なぜこの案に東条首相は固執し、外務省は最終的に同意したのだろうか。海軍が西太平洋上の優位を約束した期間は、二年間に過ぎない。つまり、その間に大東亜地域の産業構造を、日本中心に再編成をしなければ、来るべき英米の反攻に対処できないことになる。なにしろ、一九四二（昭和十七）年秋と言えば、ミッドウェイ海戦で多くの艦船を失い、南東正面の戦いで多くの輸送船を失っていた時である。また、鉄鋼・燃料も不足していた。そのような時に従来型の外交で、大東亜地域の産業構造の再編成という大問題に対処可能なのであろうか。

実は、外務省も外政一元化の建前を主張しつつも、現実的には、むしろ大東亜省に人材を送り込み実質的な影響力を確保しつつ、煩雑な占領地業務は大東亜省に委ね、「従来より更に高度の対世界政策遂行及び研究に没頭することが賢明」という判断に傾いていた[104]。また、外交官OBをメンバーとする「十人会」は外相の諮問機関の役割を担っていたが、その中の有田八郎、堀内謙介、天羽英二といった主要メンバーは国策研究会と密接なつながりを持っていた[105]。国策研究会が「広義軍政システム」に深く関わっていたことから、政治経済指導に外交を加味した大東亜省設置にも理解を示すことができたのである。さらに、統帥部も軍政会議で、現地においては実質的に「狭義軍政」を行うことを認めさせたため、その態度は宥和的であった。

こうして、大東亜省は曲がりなりにも発足したが、その後の作戦や占領地軍政にいかなる影響を与えたのだろうか。三月十日案では、段階的に大東亜省を発足させることになっていたが、一足飛びに発足させなければならないところに国内外の事情が悪化したことが考えられる。それは国内的には消耗する戦力を回復するための経済再編の圧力である。日本の指導の下、経済開発を行いつつ独立を準備させる政治的体制がこれで整い、その効果は早くも南方資源の内地還送量の激増という形で表れた[106]。このため、その後の占領地軍政は、「広義軍政システム」を浸透させつつ占領地の帰属を視野に入れた「政務指導」を準備したものとなり、軍事作戦では占領地域を安定させるための作戦が重要性を帯びていくのである。

まとめ

一九四二（昭和十七）年秋のこの時期、戦争目的、占領地軍政と軍事作戦の関係の整合をはたして図ることができたのだろうか。そして、初期進攻作戦期における戦争目的「大東亜共栄圏建設」とは何を意味していたのだろうか。

中央における統帥部と政府という観点からすれば、「一次大綱」と「南方占領地建設方針」を発出することにより、戦争目的、占領地軍政と軍事作戦の整合はそれなりの成果はあったものと考えられる。特に「南方占領地建設方針」による「広義軍政システム」は、それまでの作戦の焼き直しと考えられてきた「一次大綱」に新たな意味を与えた。それは、占領地軍政を確立するための作戦である。東条首相兼陸相と軍務局は、この「広義軍政システム」を大東亜省設置に発展させることにより、政府内では、戦争目的「大東亜共栄圏建設」に関する認識を一致することに成功したのである。また、統帥部との調整も重要であった「南方作戦ニ伴フ占領地統治要綱」の改定を避けつつ、参謀総長の「狭義軍政」に関する権限を認め、軍政会議を行って相互の役割分担を明確にした。つまり、日本軍の占領地軍政は統帥部が指導する「狭義軍政」と陸軍省が指導する「広義軍政」と大東亜省が指導する「政務指導」という重層的な構造が確定したのである。

さて、最後に初期進攻作戦期における戦争目的「大東亜共栄圏建設」の意義である。「一次大綱」前は、占領地拡大のための謀略に過ぎなかった。しかしながら、「一次大綱」により占領地の経済建設とそれを達成するための軍事作戦に意味合いが変化した。そして、「南方占領地建設方針」により「広義軍政システム」の確立という形で具体化されていったのである。ただし、急速に悪化する「物動計画」やその背景にある海軍の積極作戦をいかに規制するかは、東条政権にとって大きな課題となっていくのであった。

註

(1)「今後採ルベキ戦争指導ノ大綱」(参謀本部第20班　第15課「大本営政府連絡会議決定綴　其の4(東条内閣時代)」防衛省防衛研究所戦史研究センター史料室所蔵)中央－戦争指導重要国策文書－1103。

(2)参謀本部編『杉山メモ』下、昭和十七年二月四日(原書房、一九六七年)一六頁。

(3)桑田　悦「初期進攻作戦終了後の戦略の混迷」(長谷川慶太郎責任編集・近代戦史研究会編『日本近代と戦争4　国家戦略の分裂と錯誤　下』PHP研究所、一九八六年)二八三―二八四頁。

(4)波多野澄雄『太平洋戦争とアジア外交』(東京大学出版会、一九九六年)七一頁。

(5)参謀本部第1部長陸軍中将田中新一「大東亜戦争作戦記録　其2」(防衛省防衛研究所戦史研究センター史料室所蔵)文庫－依託－237、一一六頁(以下、「大東亜戦争作戦記録　其2」)。

(6)金原節三「金原節三業務日誌摘録　後編　その2の(ロ)」昭和十七年一月二十九日(防衛省防衛研究所戦史研究センター史料室所蔵)中央－軍事行政その他－3、四三頁。

(7)参謀本部編『杉山メモ』下、昭和十七年二月四日、一六頁。

(8)検討項目は、「一、世界情勢判断」「二、米濠並英印濠間ノ相互依存関係並之カ遮断ニ依ル影響」「三、速ニ英ヲ屈伏セシメ米ノ戦争意志ヲ放棄セシムル為既定計画ノ遂行ノミヲ以テ充分トスヘキヤ」「四、今後採ルヘキ戦争指導ノ大綱如何」「五、帝国ノ国防圏ヲ如何ニ定ムヘキヤ」「六、帝国領導下ニ新秩序ヲ建設スヘキ大東亜ノ地域」「七、占領地域ノ帰属ヲ如何ニ定ムヘキヤ」「八、占領地ヨリノ物資取得ノ現状並将来ノ見透如何」「九、大東亜経済建設ノ為ノ具体的方策」「十、大東亜建設ノ為ノ大和民族増強並他民族利用ニ関スル方策」「十一、大東亜建設ヲ能率化スルタメ国内又現地ノ機関ヲ如何ニスヘキヤ」「十二、国民生活最低限度ノ確保及国民士気昂揚ノ具体的方策」「十三、船腹ノ現状並之カ増強対策」「十四、思想戦強化対策」「十五、国民教育訓練ノ振興方策」(同右、昭和十七年二月九日)二一一―二一二頁。

(9)同右、昭和十七年二月九日、一八―一九頁。

(10) 同右、昭和十七年三月七日、五三―五四頁。
(11) 桑田「初期進攻作戦終了後の戦略の混迷」二八三―二八四頁。
(12) 「南方占領地建設方針」の原文は残っていない。企画院研究会編『大東亜建設の基本綱領』(同盟通信社、一九四三年)に、陸軍省軍務局員加藤中佐談「南方建設の方針と現況」として記載されている。
(13) 「南方占領地行政実施要領」(参謀本部第20班 第15課「大本営政府連絡決定綴 其の2(東條内閣時代)」防衛省防衛研究所戦史研究センター史料室所蔵)中央―戦争指導重要国策文書―1100。
(14) 平石直昭「近代日本の国際秩序観とアジア主義」(東京大学社会科学研究所編『20世紀システム1 構想と形成』東京大学出版会、一九九八年)一八五―二〇八頁。
(15) 大亜細亜協会については、松浦正孝『「大東亜戦争」はなぜ起きたのか』(名古屋大学出版会、二〇一〇年)に詳しい。
(16) 国策研究会の機関誌『国策研究会週報』で著名人の意見を掲載している。また、拓務省、大蔵省、商工省、農林省、逓信省、文部省の南方政策及び経済連盟や南方経済懇談会の研究を掲載している(『国策研究会週報』第四巻第三号、一九四二年一月)。
(17) 防衛庁防衛研修所戦史室『戦史叢書65 大本営陸軍部 大東亜戦争開戦経緯(1)』(朝雲新聞社、一九七三年)三三四―三三五頁。
(18) 金原節三「金原節三業務日誌摘録 後編 その3の(ロ)」昭和十七年四月四日局長会報(防衛省防衛研究所戦史研究センター史料室所蔵)中央―軍事行政その他―6。
(19) 矢次一夫『東條英機とその時代』(三天書房、一九八〇年)三八頁。
(20) 御厨 貴「国策統合機関設置問題の史的展開」(近代日本研究会編『昭和期の軍部』山川出版社、年報・近代日本研究〈1〉、一九七九年)一六一―一六二頁。
(21) 「第六委員会設置(16・11・28閣議)」(第1復員局「南方軍政ニ関スル措置事項要旨(経理関係)」防衛省防衛研究所戦史研究センター史料室所蔵)南西―軍政―64。
(22) 「大東亜建設審議会官制並に議事規則」(企画院研究会編『大東亜建設の基本綱領』)三二〇頁。
(23) 「大東亜戦争作戦記録 其2」九九頁。
(24) 甲谷悦雄大佐「甲谷日誌 其2」昭和十七年九月二十六日(防衛省防衛研究所戦史研究センター史料室所蔵)中央―戦争指導重要国策文書―825。
(25) 「占領地ノ現状ニ就イテ」(参謀本部第2課「上奏関係書類綴 巻1其2」同右)中央―作戦指導上奏―4。
(26) 企画院、大東亜建設審議会編『大東亜建設審議会関係史料:総会・部会・速記録 第1巻』(龍渓書舍、一九九五年)六頁。

(27) 陸軍省軍務課「南方軍総参謀長及ビ第十四軍参謀長ニ対スル軍務局長説明要旨」(「南方占領地　占領地行政関係綴」防衛省防衛研究所戦史研究センター史料室所蔵)南西－軍政－128－2。
(28) 「軍政総監指示」(「軍政施行上の諸規定方針　計画要領等綴」同右)南西－軍政－19。
(29) 軍事史学会編『大本営陸軍部戦争指導班　機密戦争日誌』上、昭和十七年四月二十四日(錦正社、一九九八年)二四一頁(以下、『機密戦争日誌』)。
(30) 参謀本部第1部長「田中新一中将業務日誌1/7　1/3部」(防衛省防衛研究所戦史研究センター史料室所蔵)中央－作戦指導日記－25、一三五頁。
(31) 荒尾興功「機密作戦日誌資料　南方総軍の統帥(進攻作戦期)」二月三日(同右)南西－全般－33(以下、「南方総軍の統帥」)。
(32) 参謀本部「大陸命第五九九号」(「大陸命綴(支那事変、大東亜戦争)　巻8」同右)中央－作戦指導大陸命－36。
(33) 石井秋穂「南方軍政日記」(同右)文庫－依託－96、三一六頁。
(34) 「第十一章　南方軍軍政施行計画(案)」(「南方作戦初期軍政関係重要書類綴」同右)南西－軍政－63。
(35) 「軍政指導方策」(「南方軍作戦関係資料綴(石井資料第11号)」同右)南西－全般－8。
(36) 石井「南方軍政日記」一〇頁。
(37) 保阪正康『陸軍良識派の研究』(光人社、二〇〇五年)一九一頁。
(38) 金原節三「金原節三業務日誌摘録　後編　その3の(イ)」昭和十七年三月二十五日局長会報(防衛省防衛研究所戦史研究センター史料室所蔵)中央－軍事行政その他－5。
(39) 石井「南方軍政日記」九頁。
(40) 同右、九五頁。
(41) 同右、二六頁。
(42) 金原「金原節三業務日誌摘録　後編　その3の(ロ)」昭和十七年四月十八日局長会報。
(43) 「南総作命甲第五五号」(「南方作戦」同右)南西－全般－12。
(44) 「緬甸工作ニ関スル件報告」(「陸亜密大日記　第42号2/2　昭和十七年」同右)大日記－陸軍省：陸亜密大日記－S17－110－222。
(45) 厚生省引揚援護局「支那事変及大東亜戦争戦史資料　其の3　石井秋穂回想録」(同右)中央－作戦指導回想－108、一八三頁(以下、「石井秋穂回想録」)。
(46) 「現地最高指揮官布告」(『朝日新聞』昭和十七年一月二十三日朝刊)。

(47) 『機密戦争日誌』上、一月二十一日、二二五頁。
(48) 石井「南方軍政日記」九五頁。
(49) 防衛庁防衛研修所戦史室『戦史叢書5　ビルマ攻略作戦』（朝雲新聞社、一九六七年）四六〇―四六一頁（以下、『戦史叢書5　ビルマ攻略作戦』）。
(50) 西澤　敦「対中軍事援助とヒマラヤ越え空輸作戦」（軍事史学会編『日中戦争再論』錦正社、二〇〇八年）二七五―二八五頁。
(51) 太田常蔵『ビルマにおける日本軍政史の研究』（吉川弘文館、一九六七年）六三頁。
(52) 陸軍省「緬甸軍政史　其1」（防衛省防衛研究所戦史研究センター史料室所蔵）南西‐軍政‐68、一五頁。
(53) 同右、一八頁。
(54) 『戦史叢書5　ビルマ攻略作戦』五〇六頁。
(55) 陸軍省「緬甸軍政史　其1」三二頁。
(56) 根本　敬『現代アジアの肖像13　アウン・サン――封印された独立ビルマの夢――』（岩波書店、一九九六年）一一二頁。
(57) ビルマ国軍事顧問部「南機関外史」（防衛省防衛研究所戦史研究センター史料室所蔵）南西‐ビルマ‐43、九九頁。
(58) 同右、一九頁。
(59) 同右、二三頁。
(60) 陸軍省「緬甸軍政史　附表」（防衛省防衛研究所戦史研究センター史料室所蔵）南西‐軍政‐71、六一頁。
(61) 陸軍省「緬甸軍政史　其1」四頁。
(62) 太田『ビルマにおける日本軍政史の研究』四七頁。
(63) 藤原岩市『留魂録』（振学出版・星雲社発売、一九八六年）八三頁。
(64) 太田『ビルマにおける日本軍政史の研究』四八頁。
(65) 『戦史叢書5　ビルマ攻略作戦』四五〇頁。
(66) 陸軍省「緬甸軍政史　其1」三一頁。
(67) 同右、三四頁。
(68) 「集団長布告」（陸軍省「緬甸軍政史　附表」）七七頁。
(69) 「緬甸要人（委員内定者）ト会合ノ際集団長挨拶要旨」（同右）六九頁。
(70) 陸軍省「緬甸軍政史　其1」五二頁。

(71) 長官及び次官名簿は、「軍命第二十一号行政府長官及各部長官任命ノ集団命令」及び「軍命第二十二号行政府各部次官任命ノ集団命令」（陸軍省「緬甸軍政史　附表」）五六頁、五七頁。各派区分は、根本　敬「ビルマの都市エリートと日本占領期」（倉橋愛子編『東南アジア史のなかの日本占領』早稲田大学出版部、二〇〇一年）三四頁によった。

(72) 「大陸命第六五〇号」（参謀本部「大陸命綴（大東亜戦争）　巻9」防衛省防衛研究所戦史研究センター史料室所蔵）中央－作戦指導大陸命－38。

(73) 「林集団占領地統治要綱」（陸軍省「緬甸軍政史　附表」）六一頁。

(74) 防衛庁防衛研修所戦史室『戦史叢書2　比島攻略戦』（朝雲新聞社、一九六六年）二九三―二九四頁（以下、『戦史叢書2　比島攻略戦』）。

(75) 「台電第一六四号」（参謀本部「南方軍（隷下部隊）関係電報綴」防衛省防衛研究所戦史研究センター史料室所蔵）中央－作戦指導重要電報－53。

(76) 南方軍総司令部「南方作戦」（同右）南西－全般－12。

(77) 「南方総軍の統帥」二月十五日。

(78) 「参電第九九五号」（参謀本部「南方軍（隷下部隊）関係電報綴」）。

(79) 『戦史叢書2　比島攻略戦』三〇九―三一〇頁。

(80) 石井「南方軍政日記」五頁。

(81) Armando J. Malay, *Occupied Philippines: The Jorge B Vargas during the Japanese Occupation* (Manila: Filipiniana Book Guild, 1967), pp. 83-88.

(82) 『戦史叢書2　比島攻略戦』三六九―三七〇頁。

(83) Malay, *Occupied Philippines*, pp. 56-57.

(84) 「慶祝大会ニ於ケルバルガス比島行政府長官祝辞」（渡集団軍政部「軍政公報　第4号」（昭和十七年六月十五日）防衛省防衛研究所戦史研究センター史料室所蔵）比島－全般－82。

(85) 宇都宮直賢『南十字星を望みつつ――ブラジル・フィリピン勤務の思い出――』（自家出版、一九八一年）五六頁。

(86) 生田　滋、池端雪浦『東南アジア現代史Ⅱ』（山川出版社、一九七七年）一三一頁。

(87) 比島調査委員会「第6章　農産物を中心とする比島農業の再編成」（比島調査委員会編『極秘　比島調査報告』第2巻、龍渓書舎、一九九三年復刻）。

(88) 生田、池端『東南アジア現代史Ⅱ』一三六―一三七頁。
(89) 中野 聡「宥和と圧制」（池端雪浦編『日本占領下のフィリピン』岩波書店、一九九六年）三五―三六頁。
(90) 石井大佐は、民主主義国は世論対策があるため国力の戦力化は遅れると判断したがそれは間違いだったと回想している（「石井秋穂回想録」二五三―二五六頁）。
(91) 岩武照彦『南方軍政論集』（巌南堂書店、一九八九年）七七頁。
(92) 村田省蔵は元逓信・鉄道相（近衛内閣）、砂田重政は元農林政務次官（犬養内閣）、戦後、防衛庁長官（鳩山内閣）、桜井兵五郎は元拓務政務次官（岡田内閣）、無任所相（鈴木内閣）、児玉秀雄は元拓務相（岡田内閣）、逓信相（林内閣）、内務相（米内内閣）、国務相（小磯内閣）、文部相（鈴木内閣）等で大物政治家を派遣した。
(93) 『機密戦争日誌』上、昭和十七年十月三日、二九二頁。
(94) 「大陸指１３０８号別冊　南方占領地各地域統治要綱」（参謀本部「大陸指綴（大東亜戦争）　巻８」防衛省防衛研究所戦史研究センター史料室所蔵）中央－作戦指導大陸指－32。
(95) 『機密戦争日誌』上、昭和十七年十月十四日、二九四頁。
(96) 石井「南方軍政日記」三〇頁。
(97) 外務省百年史編纂委員会編『外務省の百年』（原書房、一九六九年）七二六―七二九頁。
(98) 波多野『太平洋戦争とアジア外交』五九頁。
(99) 馬場 明『日中関係と外政機構の研究』（原書房、一九八五年）三九三―三九九頁。
(100) 企画院研究会『大東亜建設の基本綱領』一八―二一頁。
(101) 伊藤 隆、片島紀男、広橋真光編『東條内閣総理大臣機密記録――東條英機大将言行録――』（東京大学出版会、一九九〇年）八三―八四頁。
(102) 『機密戦争日誌』上、昭和十七年八月二十四日、二七四頁。
(103) 馬場『日中関係と外政機構の研究』四五七―四六八頁。
(104) 同右、四二七―四二九頁。
(105) 有田八郎は国策研究会の理事（『国策研究会週報』第一号、一九四二年一月参照）、天羽英二及び堀内謙介は『国策研究会週報』において研究発表（第二六、二七、四九号）を行っている。
(106) 荒川憲一『戦時経済体制の構想と展開――日本陸海軍の経済史的分析――』（岩波書店、二〇一一年）一三三頁。

第四章 「今後採ルベキ戦争指導ノ大綱」(第二次)と「大東亜共栄圏」の成立

——政治・経済・軍事の鼎立——

はじめに

一九四三(昭和十八)年九月二十五日、「連絡会議」の場で、悪化する戦況への対応と占領地軍政に関するそれまでの施策を総合した「今後採ルベキ戦争指導ノ大綱」(以下、「二次大綱」)が決定された。

これによると、一九四四(昭和十九)年中期を目途として英米の侵攻に対応すべき戦略態勢を確立すること、そして絶対確保すべき要域は、千島、小笠原、内南洋(中西部)、西部ニューギニア、スンダ、ビルマを含む域圏とされていた。いわゆる「絶対国防圏」である。また、大東亜の諸国家諸民族に対しては、民心を把握し帝国に対する戦争協力を確保するように指導することとされた[1]。さらに、「今後採ルベキ戦争指導ノ大綱ニ基ク当面ノ緊急措置ニ関スル件」では、陸海船舶徴傭及び補塡目標、航空機・船舶の生産目標が掲げられていた。つまり、「二次大綱」及び「今後採ルベキ戦争指導ノ大綱ニ基ク当面ノ緊急措置ニ関スル件」(以下、「二次大綱等」)は、「自存自衛」と「大東亜共栄圏建設」という戦争目的こそ、繰り返していないものの、軍事・外交・経済という各政戦略を網羅し、「大東亜共栄圏建設」を戦争目的として確定したという意味においては、この時期の大戦略であったとも言える。そして、その結果として、ビルマ独立と「インパール作戦」やフィリピン独立と「中南部フィリピン討伐作戦」が行われ、海軍が担任していた中部太平洋に陸軍部隊が展開された。

そもそも「二次大綱」策定の背景は、一九四三(昭和十八)年二月のガダルカナル撤収以降、連合軍の反攻に直面した日本の対応であった。このため、政略として五月に策定された「大東亜政略指導大綱」(以下、「政略大綱[2]」)により、日本を中核とする大東亜諸地域の結束の強化を図った。また、戦略としては統帥部において六月に開始された戦線縮小に関する極秘研究により、対米長期不敗の態勢を確立することであった[3]。いわゆる「絶対国防圏」構想の萌芽である。そして、最終的に、九月に「二次大綱等」として整理され、十一月には軍需省が設置されるとともに、「大東亜会議」において「大東亜宣言」として声明され大東亜諸国間で確認された。政府及び大本営は、この体制をもって、四四年以降に予期する連合国の本格的反攻に備えようとしたのである。

従来、「二次大綱」は、「絶対国防圏」構想を定めたものとして、対米作戦構想、特に陸海軍戦略の摺り合わせとその限界の問題として説明されてきた[4]。また、「政略大綱」は、対中国政策との関係で説明されることが多かった[5]。さらに、軍需省設置は国内の生産体制強化として説明されてきた[6]。しかしながら、多様な議論がある中で、戦争目的である「大東亜共栄圏建設」を、政戦略として総合的かつ体系的に決定したという点に「二次大綱等」の重要性がある。

これにより、開戦時より、陸軍対海軍、あるいは統帥部対政府間に存在した戦争目的論争にようやく終止符を打ったものとも言える。[7]すなわち開戦以降一年半以上経て、ようやく占領地の独立を政策として闡明し、政治的・軍事的・経済的に「大東亜共栄圏」の構成国及び地域を位置付け、「大東亜宣言」として大東亜諸国に同意を得たのである。

とすれば、「二次大綱等」は、現地軍による占領地軍政と軍事作戦の相互作用に劇的変化を生じさせたことが予想されるが、どのように変化したのであろうか。より具体的には、「二次大綱等」は、ビルマ独立と「インパール作戦」に、またフィリピン独立と「中南部フィリピン討伐作戦」にどのように影響したのだろうか。これらを中央の策定経緯から「絶対国防圏」構想と「政略大綱」、軍需省設置の相互関係を分析しつつ、現地軍の作戦や占領地軍政指導への影響を確認して、「大東亜共栄圏」の意義を明らかにすることが本章の目的である。

このため、まず、一九四三（昭和十八）年二月のガダルカナル撤収以降、連合軍の反攻に直面した日本占領地であるビルマ及びフィリピンの状況及び「二次大綱等」策定の背景を第一節で明らかにする。

次に、どのように「二次大綱等」は策定されていったのだろうか。また、戦略である「絶対国防圏」構想と政略である「政略大綱」及び軍需省設置は、「大東亜共栄圏建設」という観点からどのような関係にあったのであろうか。この問いを「二次大綱等」策定に当たりイニシアチブをとり、最終的に「大東亜共栄圏」に結実させた東条首相兼陸相率いる陸軍省の視点で説明するのが、第二節である。

さらに、「大東亜共栄圏」成立の影響は、具体的には、ビルマ独立指導と「インパール作戦」に、またフィリピンの独立指導と「南部フィリピン討伐作戦」に収斂されていく。この際の、現地軍の混乱と政戦略指導を明らかにするのが第三節である。

そして、最後に、「大東亜共栄圏」の意義を政治・軍事・経済の鼎立関係の視点で明らかにする。

一 戦略環境の悪化と占領地軍政

（一） 連合軍の再建と戦略環境の悪化

第十五軍のビルマ占領や第十四軍の「第二次バターン作戦」の成功を頂点として、一九四二（昭和十七）年秋以降、「大東亜戦争」における日本を取り巻く戦略環境は悪化の一途をたどっていた。ミッドウェイ海戦の敗北、ガダルカナルにおける蹟き、重慶政府の抗戦意志の継続や、ドイツの西亜進攻による日独連絡の可能性が少なくなったことから、「腹案」達成の見込み、換言すれば日独連携による戦争終結は難しくなりつつあった。

ガダルカナル島撤収後、南東（ソロモン海）正面において、連合軍の戦力は、逐次増強されていった。米陸軍第四三師団は一九四三（昭和十八）年二月、ガダルカナル島北西四八キロのラッセル諸島に進出し大前進基地を設定した。また、ガダルカナル島を大基地として物資の集積やジャングル戦闘の訓練を行い、南太平洋の連合軍はいつでも戦闘に参加し得る状態となっていた。[8] これら敵情は、ソロモン及びニューギニアを担任する日本陸軍第八方面軍（司令官今村均大将）も正確に見積もっており、特に米空軍はソロモン正面一七〇機、ニューギニア正面一五〇機と判断され、逐次増強されていった。[9] これに対し、日本軍は陸海軍協同で対処すれば、同等の航空戦力を有したが、米軍と異なり容易に損耗を補充できない状況に陥っていた。

他方、フィリピンにおいて深刻となりつつあったのが、ゲリラ活動であった。フィリピンには、「ユサフェ」ゲリラだけでなく共産系フクバラハップ団やイスラム系ゲリラ等多様なゲリラが存在したが、特に、米潜水艦の支援を受けた「ユサフェ」ゲリラの活動が脅威となりつつあった。[10] フィリピンの軍政担当は第十四軍であったが、一九四二（昭和十七）年十一月にはゲリラ討伐中の第九連隊長武智漸大佐が戦死し、翌年三月には軍司令官田中静壹中将（四二年八月交代）さえもが襲われるという深刻な状況であった。

このような戦略環境の悪化は、南西正面すなわちビルマにおいても同様であった。[11] 一九四二（昭和十七）年春に、ビルマから退却した連合軍はビルマを奪回すべく部隊の再建に没頭していた。特に、重慶軍を指揮した米陸軍中将スチルウェル（Joseph W. Stilwell）は、インドに敗走したが、この地で部隊を再建するだけでなく、雲南正面の重慶軍に対しても再編整理に乗り出した。米国としては、重慶政府が連合軍から脱落することを防ぐために、封鎖された援蔣路を努めて早く打通させる必要があったのである。[12] さもなくば、重慶政府は戦争から脱落し、中国大陸に所在している二三個師団、二〇個混成旅団、計約六八万の日本軍は、一斉に太平洋正面に転用されるであろう。それだけではない。米国が支援している重慶政府が継戦意志を持続しているからこそ、米国は日本の戦争目的である「大東亜共栄圏建設」、換言すれば「米英勢力のアジアからの駆逐」に反論できるのである。こう見れば、重慶政府が崩壊した場合、重慶政府に同情的であるインド国民会議派の向背は不明であり、アジアの政治状況が大きく変わる可能性があった。そして、そうなればアジア地域における英国の孤立化が進み、戦争の帰趨が不透明になっていく。このような状況を避けるため、米国はあくまでも重慶政府を支援しなければならなかったのである。

この努力の結果、重慶軍は、米式の訓練と優良装備とによって、確実に実力を向上させていった。[13] 一方、英軍も本国及びアフリカから戦力を増強し、北部と南部ビルマそれぞれの奪回を計画し準備中であった[14]。さらに重要なことは、空軍力の飛躍的増強である。日本軍により援蔣路が閉鎖されたため、その代替案として東部インドのチンスキヤから昆明に至る援蔣空路を開設し、ハンプ輸送と呼ばれる航空輸送により重慶政府支援を行った[15]。もちろん、その輸送量は陸路からするものとは比較すれば僅少であり、困難な地形気象から損害の多いものであったが、重慶政府を連合軍側に繋ぎ止めることができた。また、作戦用航空機も逐次増強され、一九四三（昭和十八）年春には四〇〇機を上回るようになった。それに対して、第十五軍を支援する第五飛行師団（一九四二年に集団から師団に改称。師団長小畑英良中将）の保有する航空機は一六一機に過ぎなかったので戦勢は逐次逆転し、日本軍はビルマにおける主要都市や重要施設の爆撃を連合軍に許すようになっていたのである。

このような状況下、英陸軍による反攻が行われた。すなわち第十四インド師団による「アキャブ作戦」及びウィンゲート（Wingate O. C.）旅団による「長距離挺進作戦」であった。一九四二年九月に開始された「アキャブ作戦」は、第五五師団の果敢な反撃により、翌年二月に開始された「長距離挺進作戦」は第十八師団により討伐されたが、第十五軍は奔命に疲れ、現防衛態勢は案外脆いものであることを感じさせた。

これら、戦略環境の悪化によって苦境に直面している現地軍の報告や派遣参謀の意見[16]により、陸海軍統帥部は、今後の作戦指導に自信を持てなくなりつつあった。そして、統帥部としても、激烈な対米消耗戦を戦い抜くには、内閣の主張である日本を中心とした大東亜諸民族の結集が必要であること、またそれによる戦力の維持回復が必要なことを、認めざるを得ない状況になったのである。そしてこのことを敏感に感じ取ったのが、東条英機首相と陸軍省であった。

（二）占領地の状況

（ア）ビルマの経済混乱

では、ビルマにおいて、戦略環境の悪化はどのように経済に影響したのだろうか。ビルマは米作中心の植民地経済であった。すなわち、英国による大型プランテーションにより、分業的米作を行い、収穫したコメを国内消費はもとよりインド、マレー等に輸出するのである。その精米生産量は年間四九〇万トンに達し（一九三六～三九年の平均）、うち三〇〇万トンを輸出していた。半面、工業生産は低調であり、完全製品を輸入していた。ゆえに、空爆によるラングーン港の使用不能は、東南アジア全体のコメ経済に大きな打撃を与えた。日本軍占領直後の一九四二（昭和十七）年におけるビルマ国内では、コメがだぶつき価格が暴落したが、その半面、マレーではコメが不足し、飢餓が危険視されるようになった[17]。また、製品輸入が途絶えたことも深刻であった。交通は軍が管理しているため、当然ながら航空機用燃料、弾薬等軍用品が優先され、民生用の綿布や砂糖、マッチ等の生活必需品は極端に品薄状態になった。このことは、インフレーションを生み、ひいては社会不安をもたらすようになりつつあった[18]。

さらに、進攻作戦期間中、英印軍が破壊したエナンジョン油田、モーチ鉱山等の施設の復興に必要な建設資材は現地において調達は不可能であったが、さりとて制空権の喪失や船舶状況のひっ迫から日本からの搬入もできない状態となり、重要国防資源の取得にも問題が生じた。大本営は、ビルマとの海運が停止したことを重く見て、一九四二（昭和十七）年六月二十日、タイとビルマを結ぶ泰緬鉄道の建設に着手し、新たな輸送手段を確保しようとした。ところが、泰緬国境の地形は峻厳で工事は容易に進まず、ビルマのみならず、ジャワ、マレーから原住民労働者を募り、果ては連合軍捕虜まで投入し、四三(昭和十八)年十月二十五日、何とか完成を見たが、建設のための厳しい労働環境や風土病から、ある労務班では三人に一人は絶命するほどで、日本軍に対する怨嗟が深まった[19]。しかし、これほど心血を注いで完成にこぎつけた泰緬鉄道も、度重なる空襲とこれに伴う補修作業で、実質的な輸送量は期待していたほどの増加は見込めず、さらに、その限られた輸送力も鉄道補修資材や兵員輸送に割かれたため、軍需品輸送の余力はほとんどなく、第十五軍を失望させる結果となった[20]。

域外交通のみならず、国内交通の途絶も深刻であった。もともと北ビルマはチーク材等林業が盛んで、これにより得た収益で南ビルマからコメを買うという地域間経済交流が成立している状況だったが、そのために不可欠である水運・陸運はともに寸断されていた。占領直後、英軍退却の折に破壊を免れ、第十五軍が使用し得た河川用舟艇は小蒸気・モーターボート合わせてわずか二一隻に過ぎなかったのである[21]。また、鉄道も徹底的に破壊され、かつ機関車・貨車ともに不足していた。なぜなら、ラングーンから北進する日本軍に対し、英印軍は貨物を積んだ貨車の多くを北へ移動し、しかる後に橋梁を破壊したため、破壊を免れた機関車や貨車の多くは北部にあり、橋梁の補修を終えなければ使用できなかったからである[22]。ラングーン~マンダレー間は、一九四二(昭和十七)年八月から、何とか運行が再開されたものの、空爆の絶好の標的となり再補修を繰り返さざるを得なかった。さらに軍事輸送が最優先となり、民間利用は極度に制限されていた。これらのことは、当然円滑な国内流通を妨げる。かくして南部ビルマにはコメが余り、北ビルマにはコメが不足する、という状況になったのである。

さらに、ビルマの現地経済を混乱させた要因として、経済失政がある[23]。既述の貿易停滞及び国内消費の困難によりコメ市場が閉鎖されたため、ビルマの余剰米が余りに多く、米価が下落したことから、南方軍はコメの作付けを制限し、大東亜諸国で不足していた棉作を奨励した。しかし、いきなりの転作は、農業技術の問題で難しく、自家自足分のコメのみ生産するようになった。したがって、結局のところコメの作付面積のみが縮小しただけで、全くの失敗に終わった。このような影響から昭和十七米穀年度は前年の七割しか収穫がなく、昭和十八米穀年度はさらに下回る見通しとなり、北ビルマでは飢餓が噂されるようになった。かくも深刻な状況に直面した第十五軍軍政監部は、あわて米作を奨励したが、状況の改善には至らなかった。なぜなら、米価の下落に比し、衣類、コーヒー、タバコ等の民生品が高騰したので、いくらコメを増産しても生活の向上に繋がらないため、農民の米作意欲は容易に改善されなかったからである。また、農民が、ＢＤＡ、日本軍兵補、泰緬鉄道等建設に充当されたため、農業に従事する労働力が急速に低下した。さらに、役牛も、牛疫の流行、軍用徴発により、農業用に使用できなくなった。加えて、インド人の逃亡も見逃せない。インド人は金融業を営み、その高利のゆえにビルマ人から嫌われてはいたが、別の観点では米作資金貸付という形で経済に貢献していた。また、大規模精米所や鉄道で技術者として働いていた者が、戦争に伴い本国に逃げ帰ったので、この部分の役割を果たす者がいなくなり、経済には打撃であった。かくなる状況で、戦略環境の悪化は経済不振を導き、ひいては日本軍への不信とビルマ国内政治の動揺に繋がっていったのである。

(イ)　フィリピンの独立志向と軍政の浸透

一方、フィリピンの場合は大きく事情が異なっていた。第十四軍が軍政を担任し、比島行政府による間接軍政を行った。これは、ビルマと同様であり、日本軍の方針から、将来の独立が前提、国内政治への配慮、連合軍の反抗への備えといった特色もまた同じであったが、その具体的内容は政治状況及び戦略的環境の関係で微妙な違いがあったのである。

軍政会議が終了し、大東亜省が設置された直後の一九四二(昭和十七)年十一月五日、軍務局は、南方政務班を、一カ月間フィリピンの現地視察に派遣した。この南方政務班は、軍務局員松尾次郎中佐のみならず、元シンガポール領事であった陸軍司政長官郡司喜一も含まれており、治安回復や徴発等「狭義軍政」の枠を超え、産業開発等の行政も担う「広義軍政」を意識していた。そして、南方政務班は、十二月五日帰国し、復命・報告した。この視察において、第十四軍軍政監部当局はもちろん、各地方視察、支部長会議への出席、比島要人との会談を精力的に進めた。その結果、「比島視察報告書」(以下、「報告書」)は現地軍及び比島行政府要人の意見が集約されたものとなった。そしてその内容は、驚くべきことに戦後の研究者が指摘した日本軍のフィリピン軍政に関する問題点を、すでにほとんど示唆していたことである。

「報告書」では、「比島軍政ハ軍官民共ニ懸命ノ努力ヲ払ヒ此ノ間産業、交通其ノ他ニ著シキ進展ヲ見セ居ルモ何分治安思ワシカラザルタメ未ダ所期ノ目的ヲ達成シ居ラザルモ比島側ノ協力ハ『コレヒドール』ノ陥落後六、七月ニ至リテ漸ク其ノ実ヲ示シタルモノニシテ真ニ軍政開始ヨリ僅カニ半歳過ギザルコトヲ思ヘバ先ズ以テ成功ト言ハザルヲ得ズ」[24]として、治安が安定しない状況から目的が達成できていない現状を素直に認めていた。また、コレヒドール陥落後、急速にフィリピン要人の対日協力態度が積極的なものに変わったということは、既述の考察を裏付けていると言える。一方、「治安ノ回復ト共ニ各種産業ノ開発ヲ見ルベク又比島行政府側ノ要求ヲ容レテ彼等ヲシテ衷心ヨリ日本ニ協調セシムルト共ニ多少ノ風紀ノ改善ヲ計ルニ於イテハ比島軍政ノ完璧ハ期シテ俟ツベキモノアリト思惟ス」として、第十四軍軍政に関し、今後のあるべき方向性を述べている。それは、まず治安を回復させること。次に、産業を興すこと。最後にフィリピンを日本に協調させるためにも、日本側も襟を正すこと、すなわち第十四軍の軍紀を厳正にし、また渡航日本人の不正を見逃さないことであった。

より具体的には、まず治安対策として、保甲制度の採用、比島奉仕団の建設、比島再建特別工作、帰順首領の利用等、フィリピン人が自ら治安を確保する方策が提言されている。また、特筆すべきは「憲警兼務について」という一文である。これには、「第十四軍命令ニ依リ治安部長ヲ憲兵将校トシ軍憲兵隊長ニ統制区処ヲ各部隊長ニ治安警察務ニ関シ区処セシムルハ止ムヲ得ザルノミナラズ他ニ適切ナル手段ナキ如ク思惟セラル」[25]とし、第十四軍の処置を支持している。確かに「ハーグ陸戦規則」はあらゆる手段をもって治安を回復すべきことが規定されている。したがって、警察組織が崩壊しているフィリピンでは、この支持も至当と言えるが、「戒厳令」に近いこの処置は、放置をすれば大きな問題を生ずる危険性を残していた。それは、続けて「比島警察隊ハ憲兵隊、支部長、州知事（行政府）ノ三者ヨリ区処ヲ受クルヲ以テ三者連繋ヲ密ニセザレバ我方ノ威信ヲ失墜シ行政府ノ要人、地方上級官庁役人等ニ対シ悪影響ヲ与フルコト大ナルニ注意ヲ要ス」と指摘している通りであった。

次に、産業関係である。「報告書」では、フィリピンへの期待は銅、綿、コプラ、マニラ麻としている。この中で、野心的な試みが棉作であった。フィリピンは戦前より棉作はあったが、その生産量は極めて限られていた。一方、日本は、原綿の多くを米国やインドからの輸入に頼っていた。しかしながら、戦争によってこれらの輸入が途絶えたため、綿布の生産が事実上不可能となっていた。「大東亜共栄圏」内においては日本の綿布生産がほとんどだったので、この不足は大東亜地域全体の問題だったのである。したがって、すでに一九四二（昭和十七）年から四六（昭和二十一）年までの五カ年計画を策定し、過剰気味である砂糖からの転作を奨励したのであった。ところが、綿を含む期待物資のいずれもが戦前の生産を下回っており、その理由は治安にあるとしていた。

最後に、日本への協調という点については「比島民今後ノ指導理念」に表れている。「報告書」では比島要人の心境を「最早日本ト提携スル外途ナク……（中略）……比島ハ他ノ南方諸地域ノ如ク、米人ノ桎梏モナク、搾取モナク喜ンデ米国ノ統治ヲ謳歌シ来タリ。」[26]とその複雑性を指摘している。そして、「白人ノ桎梏ヨリ解放」等の標語では共感を得ることができないと警告している。そのうえで「広域経済ノ理論ヲ骨子トシ、東亜広域ノ各地ガ容認シ有無相通ジテ始メテ各地区共ニ其ノ所ヲ得ルノ共栄圏理念ヲ説キ、……(中略)……本邦ノ指導ノ下ニ立ツニアラザレバ決シテ比島ノ立国ヲ維持シ得ザル理由ヲ説明シ、之ニヨリテ比島民ノ指導理念トナスヲ適当トスベク、更ニ比島行政府ニ対シテハ治安ノ回復等ヲ俟テ一層ノ権限ヲ与ヘ漸次高度ノ自活ヲ与フル様措置スベキモノ」としていた。つまり、すべて治安の回復に掛かっていた。

第十四軍軍政監部も比島行政府も、よくこの要求に応えようと努力したと言える。第十四軍軍政監和知中将は、一九四三(昭和十八)年一月の談話で、独立を早めるためには、フィリピン一六〇〇万国民が過去を清算し、経済再編成に全力を尽くし、速やかに精神的・思想的に東亜本然の姿に還元することが必要であると述べていた。

では、和知中将が、速やかに精神的・思想的に東亜本然の姿に還元すべきと捉えた、フィリピンはどのような状況だったのだろうか。まず比島政治を牛耳っていたのは既述したようにオリガークスであった。彼らの力の源泉は、米国との経済的・心理的結び付きによる文化人としてのプライドである。総務部長宇都宮直賢大佐も、自分たちは文化人だというフィリピン人エリートたちのプライドを傷つけないよう、紳士として扱わなければならなかった、と回想している。[27]ただし、彼らは中下層フィリピン人と一体感を持っているとは必ずしも言えない。

彼らオリガークスは、コモンウェルス政府の閣僚として独立準備に没頭していたが、直面していた問題だったのが、治安の維持と食料の安定供給であった。したがって、コモンウェルス政府は、日本軍の占領を待つまでもなく、警察軍や地方警察を整備しつつあった。[28]そもそも、コモンウェルス政府は地方エリートの連合政権であった。[29]したがって、政府内に地方の対立が持ち込まれたり、下層住民の反乱が絶えることがなかった。つまり国家としての統一意識は未だ不十分という状況で、警察と言ってもオリガークス個々の私兵集団とほとんど変わりなかった。そして、それが治安の悪化につながっていたのである。

また、フィリピンは、アメリカの植民地経済を受け入れて以来、多くの食料とりわけ主食のコメを自給自足できなくなっていた。産業人口の八割は農業従事者であったが、耕作方法の不良、化学肥料及び灌漑設備の不足、地主小作制度、大型プランテーションによる砂糖やマニラ麻等輸出用商品作物の栽培奨励、華僑に独占された流通システムなどに問題があった[30]。したがって、コメについては仏印からの輸入に頼っていたし、コムギはアメリカからの輸入に頼っていた。つまり、食料の供給は東南アジアの域内貿易と宗主国アメリカとの貿易で成り立っていたのである。そこで、コモンウェルス政府はナリック（National Rice and Corn Corporation　国家米穀公社）を設立した。ナリックはコメ管理の国営化と生産農民の利益を保証し、かつ消費者が購入可能な価格設定を行うことにより、安定した食料供給を行うことを目指していた。このため、収穫が落ち込んだ時には外国からの輸入により補塡し、価格が高い地域には余剰米を融通して価格の引き下げが可能なように備蓄を進めたのである[31]。

このようなフィリピン特有の国情において、和知中将の構想は、まず、オリガークスの信頼を勝ち取ることであった。まず、彼らを文化人として扱いつつ対米依存を払拭させる。そのうえで、彼らの地位を保障し、警察力をつけさせて国内を安定させる。次に経済改革によって、中下層フィリピン人の対米依存を打ち切れば、「大東亜共栄圏建設」に協力させることが可能である。そして、最後に教育により、日本に対する信頼感を醸成する。この構想は、日比双方に魅力的なものに映ったに違いない[32]。日本から見れば、戦力の不足を補うことが可能であり、オリガークスからすれば、エリートの立場を放棄せず社会改革が可能だったからである。ここにおいて、占領地軍政という占領地改革によって、政治エリートのみならず、中産階級を育成しつつ、中下層フィリピン人をも日本側に引き付けるという企てが行われたのである。このため、軍政監部のオリガークスに対する態度は宥和的であった。また、本土の作家・新聞記者らを国民徴用令により動員して軍宣伝隊を組織し、地方エリートや敗残兵投降工作を行い、北部ルソンでは、ホーラン大佐率いる敗残兵投降の成果を得ている[33]。

つまり、第十四軍にとっては、平和と秩序・教育・経済の三点は、いずれも相乗効果を期待できる三位一体の改革だったのである[34]。したがって、第十四軍軍政監部は、比島行政府の指導のみならず、独自の施策を矢継ぎ早に行っていた。

まず、軍政監部は、治安対策として、保甲制度を整備し[35]、比島警察制度の改正と教育を行った[36]。この中でも、従来あまり指摘されてこなかったが、比島警察の改正と教育については、独立準備の側面も併せ持っていたのである。一九四三（昭和十八）年七月には行政府長官バルガスが警察軍学校の卒業式に出席し訓示するなど、比島行政府としても警察組織の制度化を重視していた。帰順兵士を再教育し警察軍として再編成することは、軍政監部としても比島行政府としても自らの統治の正当性を明らかにすることだったのである。

また、この時期の治安対策の特徴は、努めて比島行政府側に治安の責任を負わせ、日本軍側は軍事力を背景に警察組織の整備と教育を行うことであった[37]。この方式は日比双方に好都合であった。なぜなら、この時期、十分な軍事力をフィリピンに配備できない日本としては、フィリピン警察の近代化により治安を回復できるならばこれほど望ましいことはなかった。また比島行政府としても、この機会に警察組織を近代化し、群雄が割拠するフィリピンの中央集権化が達成できるなら、これほど有り難いことはなかった。したがって、比島行政府は第十四軍の意向を十分活用しようとしたと言える。そこで、軍政監部は行政府を支え軍政に協力する全国団体の設立を希望していたが、比島行政府はこれをカリバピ（ＫＡＬＩＢＡＰＩ）として結成した[38]。そして、それまで比島行政府において治安と地方自治の責任者だった内務部長官ベニグノ・S・アキノ(Benigno S. Aquino)をカリバピ副総裁兼事務局長に据え[39]、地方政治にまで軍政協力に関する中央の意向を反映させることとした。後任の内務部長官は、司法部長官であったホセ・P・ラウレル(Joseph P. Laurel)が任じられた。ここにおいて、政府及びカリバピによる表裏一体の地方指導が行われたのである。ラウレルは一九四三(昭和十八)年二月の地方長官会議で、知事、市長、警察軍幹部に対し、中央と地方の役割分担及び権利・義務について事細かに説明した[40]。それには、知事は地方行政の責任者であること、平和の回復と維持に責任があること、カリバピと連携をとることが強調されていた。また、比島独立準備委員会の会談で、再度平和の回復とそれを維持するシステムづくりが独立に直結することを強調した[41]。そこでは、フィリピンを七つの警察区に分け、それぞれの知事を援助する行政府のメンバーを指定した。

次に、親日エリートの養成であった。従来の政治エリートは、ケソン、オスメーニャに代表されるサントトーマス大学やアテネオ・デ・マニラ大学等、スペイン時代からの私立大学出身者で占められていた[42]。しかしながら、米国領になった後、国立であるフィリピン大学が設置され、ラウレルやロハス(Manuel Roxas)、バルガスといった法学部卒業生を中心とする政治エリートが養成された[43]。ただし、これらの大学はいずれも医学部を除けば法学部が中心であり、農林水産業や鉱工業の指導者養成が遅れていた。そこで、マニラ近郊のタガイタガイに訓練所を設置し、日本人教官による集中教育を行っている。ここで、バルガス自ら卒業式に訓示を行っており、期待の大きさがうかがえる[44]。また、教員養成所を開設し、「大東亜共栄圏建設」の思想を教育し得る教員を養成した[45]。さらに、農業及び工業を日本で学ぶため、フィリピン側から日本への留学制度創設の打診が軍政監部にあった。これが日本で制度化され、「大東亜共栄圏」諸地域に対する南方特別留学生招聘事業となっていった[46]。

最後に、産業振興の面ではどうだろうか。第十四軍軍政で興味深いことは調査研究と産業政策を同時に行ったことである。調査研究は、軍政顧問村田省蔵の強いリーダーシップで行われた。村田顧問は大阪商船社長、第二次近衛内閣において逓信大臣兼鉄道大臣を歴任した海運界の実力者であった。開戦後、東条首相に請われて軍政顧問になった幅広い視野を持つ人物でもあった。彼は、一九四二(昭和十七)年二月、マニラに着任すると、もっぱらフィリピンの歴史・地理を研究する一方、フィリピン政界要人と交流し、彼らの信頼を勝ち取っていた。そのうえで、調査委員会に積極的でない軍政監部を説得し、蠟山政道を中心とした学者を中心に比島調査委員会を十二月に設立した[47]。この委員会は、民族・統治・教育及び宗教・経済に関し、多数のフィリピン側専門家にも研究を委嘱し、四三(昭和十八)年九月二十二日、黒田重徳軍司令官に「比島調査報告」を提出した。

では、委員会の研究目的は何だったのだろうか。当時の新聞発表では「軍政諸施策の資料蒐集調査」とされた。ただし、これは明らかに矛盾がある。なぜなら、「比島調査報告」が提出された時期は軍政の終末期であり、軍政に活用されなかったのは当然であった。それより、村田顧問のフィリピン発展への使命感が大きいと考えられる。委員のひとりであった東畑精一は「村田さんにとって衷心からの比島最大の問題はまずその経済的発展、なかんずく独立自立の基盤たる比島の中産階級の育成ということであった」と述べている[48]。この信念と、比島調査委員会が、大東亜省設置と同じ一九四二(昭和十七)年十一月に設立されたこと、また報告の提出が独立直前だったことを考え合わせれば、村田顧問は当初から、軍政撤廃後を見通しており、そのための研究であったと考えられる。

それでは、実際の産業政策はどのようなものであったろうか。軍政監部として最初に取り組まなければならなかったことは、食料の安定供給とりわけ米穀の生産拡充であった。ついで、「大東亜共栄圏」において自給できない農産物が綿であった。したがって、余剰物資である砂糖から棉作への転換が図られた。

まず、食料の安定供給である。軍政監部は設立されるや、ただちに住民や軍への食料供給という問題に直面した。

第十四軍による安定的な統治のためには、住民に対する食糧供給の重要性を、よく認識していた。[49] そこで軍政監部は、比島行政府が管理するナリックを通じ、米穀の安定供給を図るとともに、サイゴンからコメを輸入した。[50] しかしながら、当面はこれで良いにしても、コメの生産拡充によって自給を成し遂げなければ、究極の問題解決にならないことを、軍政監部はよく認識していた。他方、「比島調査報告」によると、米穀の収穫について、フィリピンの潜在能力は高いが、農耕技術・灌漑設備・農具の問題から急激な増産は難しいとされた。[51]

ただし、学問的分析はそれで良くても、現地自活を至上命題とする第十四軍は、何らかの対策を必要とした。そして、それは軍管理農場による軍需と民需の分別であり、試験結果の普及である。[52] この構想は巧妙であった。なぜなら、軍管理農場において台湾で成功した蓬莱米[53]の試験栽培[54]をすることで、民需と軍需の競合を避け、軍に安定的な食糧補給の可能性を見出したからである。また、高度な農耕技術・灌漑設備・農具を軍管理農場に集中使用し蓬莱米の現地適応の可否を確認できた。最後に、雇用したフィリピン人に対する農業技術指導により、フィリピン農業の可能性を確認することができたのである。これらの政策の結果、一九四二(昭和十七)年後半から四三(昭和十八)年前半にかけて、米価は安定を見るようになった。[55]

次に棉作指導である。大東亜地域にとって、これは食糧自給と並ぶ大問題であった。なぜなら、戦前から五〇万トンを輸入に頼り、綿を自給できない地域であった。[56] そのうえ、開戦とともに輸入が停止した。その理由は、当時の綿の主要な産地は、米国及びインド、エジプトであって、いずれも連合国もしくは連合国の支配地域であったからである。「比島調査報告」第2巻によれば、フィリピンは気候的に必ずしも棉作に好適とは言い難いが、土質、気候等からミンダナオ島の内陸部などが地域的に可能であるとされていた。[57] また、戦前すでに、コモンウェルス政府も独立準備の一環として繊維産業の振興に努め、同時に綿花栽培を奨励していた。[58] つまり、棉作指導もまた米作指導とともに独立準備の一面を有していたのである。

では、第十四軍軍政監部は、どのような棉作指導を行ったのであろうか。これについては先行研究が多くあるので[59]、詳細はこれらに譲るが、フィリピン経済を破壊したものとして批判的である。しかしながら、確かに結果的には大失敗であったが、従来の占領地軍政の枠を超えた極めて野心的な試みであったとも言える。それは、棉作を会社請負として民間技術の移転を図ったこと、棉作のみならず繊維産業そのものを確立しようとしたことである。これらは、むろん現地自活のための産業調整ではあるが、占領地であるフィリピンにも十分利益をもたらす可能性を秘めたものであったと言える。なぜなら、内地の労働力不足に悩む日本にとって、フィリピンに技術移転をし、繊維産業を興すことは魅力的であったからである。独立後、砂糖産業の不振を予想していた比島行政府にとっても、日本の技術指導により新たな産業を興すことは、それなりに理にかなっていた[60]。

まず、どのように軍政監部は、棉作に関する民間技術の移転を図ったのだろうか。軍政監部の棉作に関する考え方は、一九四二(昭和十七)年に策定された「比島棉花増産計画実施要綱」に表れている。それによると、棉作企業九社が担当となり、そしてそれを指導する比島棉花栽培協会が設置された。棉作企業の事業は、栽培、金融、収買、繰綿、包装、運搬、付帯事業の七項目であり、要するに紡績する前のすべての作業が担任であった。四二年から四六(昭和二十一)年までの第一期計画で、最終年度は、作付面積目標四五万五〇〇〇ヘクタールで、収穫目標一五一万ピクル[61]と壮大ではあるが、フィリピン国内で自給を図るためには必要な量であった[62]。ただし初年度は、作付面積目標一万二〇〇〇ヘクタールで、収穫目標三万七〇〇〇ピクルとかなり控えめであった。棉作事業の経営形態は企業直営、契約栽培、一般栽培の三種類であり、初年度の割合が六:三:一であるの対し、最終年度は〇・八:九:〇・二と契約栽培の飛躍的増大を目指していた[63]。このことからも、初年度はあくまでも実験という位置付けであったと考えられる。

また、棉作予定地の八割はサトウキビ作地であり糖業調整が図られた。なお、棉作増産対策として、土地改良、小作改善、農業経営の改革が挙げられている。このように、企業直営農場で、フィリピン農政の転換が、実験的にではあるが行われていったのである。

次に、軍政監部は、どのように繊維産業そのものを確立しようとしたのだろうか。戦前、フィリピン紡績業は主に国家開発公社（NDC）直営の紡績工場であった。軍政布告後、第十四軍は、ただちにこれを接収し、一九四二（昭和十七）年五月に操業を再開した。野心的な「比島棉花増産計画実施要綱」が策定された結果、繊維産業の復興も野心的であった。比島棉花栽培協会が設立された四三（昭和十八）年二月頃から、日本の繰糸機を輸入する案が持ち上がり、四月には台湾拓殖がバタンガス州で紡績工場を設立した。[64] また、五月にはフィリピンを「大東亜共栄圏」における繊維産業の拠点とする計画が明らかにされた。これにより、日本において遊休資産となっている数万台の繰糸機・力織機・メリヤス編機のフィリピンへの輸入が計画されたのであった。これが達成されれば、フィリピンで綿布の国内自給が可能になるはずであった。

これらから判断するに、一九四三（昭和十八）年初頭のフィリピンは、不安定化しつつあったビルマ正面や崩壊寸前の南東正面とは違い、最も軍政が浸透した時期と言える。それは、警察官を養成し治安を維持しつつ、植民地経済という矛盾の多い経済システムから「大東亜共栄圏建設」という新しい経済システムへの改編や新国家を担うエリートの養成という日本軍の狙いとコモンウェルス政府の流れをくみ、独立のための国内改革を必要とした比島行政府の狙いが、一致しないまでもかなりの部分歩み寄れた時期でもあった。

（ウ）　ビルマとフィリピンの相違点

ビルマとフィリピンの状況を比較するに、同じ占領地においてもずいぶん様子が違っている。この違いは、戦略環境の問題と国内問題に起因していたと考えられる。ビルマは、英印軍・米中軍と対峙していたため、日本軍が充当する戦力も多く、治安そのものは安定していたが、より作戦を意識した占領地軍政が必要であった。このことは、第十五軍が輸送を独占的に使用する必要があったため、現地の民間経済を圧迫する傾向を免れなかった。他方、フィリピンは戦略的には無風状態にあったため、第十四軍に充当される戦力が少なかった。このため、宥和的な政策により治安を安定させ産業を開発する試みが続いていたのである。したがって「昭和十八年度作戦計画」においても、作戦及び防衛の焦点をビルマ、治安確立の重点をフィリピンに置くこととなっていたことは合理的だったと言える。

ビルマの経済不安とフィリピンの軍政浸透は、東条首相も軍務局も十分伝聞していたと考えられる。そして、政戦略の状況から、東条首相や軍務局が新たに認識したことは、戦局を安定させなければ適切な占領地軍政を行えないこと、また適切な占領地軍政による生産向上が戦局安定に寄与することであった。つまり、従来になく占領地軍政と軍事作戦が調整されなければならない事態となったのである。

二 「二次大綱等」の策定と「大東亜共栄圏」の成立

(一) 東条首相の占領地視察とその影響

一九四三(昭和十八)年春、逐次戦勢が逆転しつつあったこの時期、東京中央では、この状況つまり東西の戦略環境の悪化やビルマの経済不安とフィリピンの軍政浸透をどのように捉え、どのように反応したのだろうか。

東条首相は、一九四三(昭和十八)年四月二十日、突然の内閣改造を行い、駐華大使重光葵を外務大臣に抜擢するとともに外務大臣谷正之を駐華大使に任命した。重光の入閣に当たって東条首相は、昭和天皇が重光の対支新政策に熱意があり、東条自身もそう考えていると重光を評価し入閣を説得した[65]。続いて、東条首相は、五月十六日から三十日、計一五日の長きにわたり、東南アジア各地を視察し、現地軍指揮官及び現地住民指導者と会談を行っている[66]。そして、五月三十一日に御前会議において「政略大綱」を決定し、十一月の「大東亜会議」が政治日程に上った。内閣改造から決定までの一カ月という異例の速さを考えれば、重光外相が、「対支新政策」から「政略大綱」策定を経て「大東亜会議」に至る東条首相の処理は「実に見事なものであった」と評した[67]のも首肯されるところである。従来「政略大綱」は、重光外相を中心とした外務省が主導したと考えられてきた。しかしながら、東条首相の迅速な行動から見ると、「政略大綱」という計画はすでに相当部分検討済みであり、その中心を担ったのは、東条陸相率いる陸軍省とその政策中心である佐藤賢了少将率いる軍務局だったのではないだろうか。なぜなら、これほどの外交政策の大転換を、わずか一カ月で行うには、首相兼陸相である東条大将の並々ならぬ意志とそれを支える政治勢力である陸軍省の事前準備があって初めて実現できることだからである。

当時、統帥部は戦略環境の悪化をかなり深刻に捉えていた。特に南東正面における消耗戦に巻き込まれ、船舶と航空機の損失は、確かに厳しい状況であった。ここにおいてとるべき解決策は、新たな戦略態勢を確立することであり、それには消耗した戦力を努めて速やかに回復することが必要であった。このことは、それまで「大東亜共栄圏建設」に対し統帥部がとり続けてきた冷ややかな反応[68]から転換する必要があり、ようやく参謀本部も戦争目的「大東亜共栄圏建設」を肯定する機運が熟したものと考えられる。また、一九四三（昭和十八）年六月、大本営陸軍部は、新たな戦略態勢として「絶対国防圏」構想の研究に着手している[69]。つまり、大本営陸軍部から見れば、日本の軍事力が占領地を圧している間はまだ良いものの、連合軍の反攻に際し、占領地が離反することになれば、大東亜地域を確保するという戦略目的が達成できなくなる。また、そればかりか、現地軍自活を前提にしていただけに、生存の危機に立たされるのである。大東亜戦争の全般態勢から、制空権や制海権の急速な回復が見込めない以上、占領地を繋ぎ止めておくために統帥部にできることは限られていた。それは、「大東亜共栄圏建設」の是認である。具体的には、政略では占領地の独立を許容することであり、戦略では陸海軍戦力の結集による連合軍の各個撃破であり、大東亜地域における有利な戦略態勢の確保であった。そして、それは東条首相及び陸軍省側の思惑と合致したのである。

東条首相から見れば、一石三鳥の好機が到来した。その三鳥とは、重光外相が提案し、昭和天皇が支持した「対支新政策」への移行を確実にすること、戦争目的である「大東亜共栄圏建設」に実効をもたらすこと、戦争指導の主導性を統帥部から政府に移管すること、であった。そして、この三島は、それぞれ深く結び付いていた。政府が、南京政府を平等視する「対支新政策」に移行しなければ、東南アジア諸民族の支持は得られない。東南アジア諸民族の支持が得られなければ、政府は戦争目的である「大東亜共栄圏建設」に実効をもたらすことができない。「大東亜共栄圏建設」に実効をもたらすためには、政府が戦争指導の主導性を握らなくてはならないという構図があったのである。東条首相にとって、これらを実行に移すためには、戦略環境の悪化も占領地の動揺も好機であった。ところが、東条首相は大きな宿題を抱えることとなった。それは、「大東亜共栄圏」の実効性に疑問を持つ統帥部、特に海軍軍令部や早期独立に不安を感ずる現地軍の一部に対する説得であった。つまり、この時期の精力的な外遊は、「大東亜共栄圏」における現地人指導者の対日協力の可能性と大東亜経済圏自立の可能性の確認が目的だったのである。

そして、この外遊の地域的焦点はフィリピンであったと考えられる。なぜなら、日本にとって最も難治の国だったからばかりではなく、対米戦が主体になりつつある以上、戦略的に大東亜防衛の核心となりつつあったからである。一九四三(昭和十八)年一月十四日、「連絡会議」において決定された「占領地帰属腹案」において、ビルマとフィリピンの独立が確認された[70]。その中で、独立志向の高いビルマは使節団(長バー・モオ)が三月来日し、「大東亜共栄圏」への参加を表明していることから[71]、特に問題はなかった。しかし、フィリピンは、仮に早期に独立させたとしても、「大東亜共栄圏」内の一国として日本に協力するだろうか。より具体的に言えば、食糧を自給させ、治安を回復し、大東亜の一員という意識が持たせられるか。東条首相の確認したい事項はこの一点だったに違いない。

この時期、第十四軍司令官田中中将は、熱病で病臥の状態であったが、軍政監和知中将の説明は東条首相を満足させるものであった。なぜなら、この時期は、食糧の自給に見通しがつき、棉作への転換がかなり有望視されたからである。また、東条首相は、比島行政府長官バルガスと会見し、治安が確立しつつあり、軍政監部がオリガークスの協力を取り付けていることを確認して、軍政が浸透していることに自信を深めたのである。[72]

(二) 「政略大綱」による政治的「大東亜共栄圏」の成立

実は、フィリピンにおける軍政の安定は、ほんのこの一時期に過ぎなかった。しかし、「大東亜共栄圏建設」という戦争目的に実効性をもたらそうという東条首相の動きは迅速であった。これより先の、一九四三(昭和十八)年三月、「連絡会議」において「緬甸独立指導要綱」の決定を見ていたが、そのうえで、外遊から帰国直後の五月三十一日、御前会議において「政略大綱」が決定された。これにより、東南アジア占領地の帰属だけでなく、日本と大東亜地域における独立国、独立予定国及びその他の占領地域に関する関係が総合的に規定されることとなり、かつ「大東亜会議」の開催を決定したのである。そして、この政略態勢を十一月初頭までに達成することを目途とすることとされた。これにより、十一月までには、独立国に存在する日本軍は同盟軍となり、独立国政府との関係は「政務指導」が予定された。ただし、それまでの「政務指導」は、諸外国から国際法違反という批判を回避することが目的であったのに対し、これ以降、大東亜諸国の支持を取り付ける目的に大きく変化したのである。

一方、この「政略大綱」に関する議論において、最大の争点は「占領地帰属腹案」において決定された占領地の独立や政治参与を容認する施策を早めるか否かであった。この争点は、煎じ詰めて言えば、海軍が「大東亜共栄圏建設」という戦争目的を飲むかであった。なぜなら、海軍はこの戦争を「自存自衛」の枠内に止めたいという意図があったからである。[73] 海軍としては、占領地の独立は、資源確保を妨げ、作戦の支障となると考えていた。この論争は、陸軍の占領地域であるビルマ及びフィリピンの独立容認と権益放棄を柱とする「対支新政策」への移行、つまり日華同盟条約の締結を明記したことから、一応の歩み寄りができたと言える。

さて「政略大綱」による政治的「大東亜共栄圏」は、何を目指していたのだろうか。外務省特に重光外相は、戦後構想見据え、「大東亜会議」を「大東亜国際機構」創設の第一歩と考えていた。[74] しかしながら、東条首相や陸海軍統帥部は、現実の戦争を戦い抜くため、方針第二項にあるように、大東亜占領地住民の結束を固めることであった。この議論の論点は、戦後か現在のいずれを重視するかであった。そして、参謀本部が考える具体案は、対英米共同戦争遂行のため、一九四三（昭和十八）年一月九日に出された「日華共同宣言」に見ることができる。それは、「軍事上政治上経済上完全なる協力をなすものなること」であった。[75]

したがって、政府、大本営は、「政略大綱」に基づき、一九四三（昭和十八）年十一月までに「軍事上政治上経済上完全なる協力」とは何かを立案し、大東亜諸国と合意することを「大東亜会議」の最大の目的としたのである。

（三）「二次大綱」による戦略的「大東亜共栄圏」の成立

「政略大綱」の決定後、矢継ぎ早に国際政治に関する細部事項が決定、発表された。「第八二帝国議会における内閣総理大臣説明」（一九四三〈昭和十八〉年六月十二日「連絡会議」決定）、「原住民政治参与ニ関スル件」（六月二十六日「連絡会議」了解）、「比島独立指導要綱」（六月二十六日「連絡会議」決定）等である。[76]「政略大綱」を取りまとめた東条首相と軍務局にとって、次の課題は戦略との調整であった。より具体的に言えば、どこで連合軍の反攻を阻止し「大東亜共栄圏」の諸民族を結集するかであった。この地域を「絶対国防圏」とし、その定義は九月の「連絡会議」で「内線屈敵の自由を保持しながら、本土及び大東亜圏重要資源地域に対する侵襲阻止、圏内海空陸輸送の安全確保、大東亜圏内重要諸民族の政略的把握といった政戦略上の要請を充足する最小限度の要域」と説明されている[77]。要するに政治・経済的「大東亜共栄圏」を軍事的に防衛する戦略的「大東亜共栄圏」とも言うべき概念であった。そして、それは政府、大本営が折り合えるかを意味していた。

一九四三（昭和十八）年六月の状況ではすでに、連合軍は、南東一帯を防衛する第八方面軍を迂回しつつあった。本来、参謀本部は、これら島嶼部にある部隊を逐次後退させなければならないが、船舶状況のひっ迫はそれを許さず、新たな抵抗線が必要となるが、それはどこか。

参謀本部作戦部第二（作戦）課長であった真田穣一郎少将（一九四三〈昭和十八〉年八月二日昇任）は、西北部ニューギニア、トラック、サイパンの線を検討している[78]。他方、軍務局長佐藤賢了少将は、航空戦力発揮が容易なフィリピンまで後退し、そこで決戦を行うべきと主張した[79]。その後の作戦経過を見れば、軍事合理性の面ではフィリピン後退案のほうが優れていた。なぜなら、航空要塞を建設する地域的・時間的余裕があり、陸海空の総合的な戦闘力の発揮が容易だったからである。これに比べると、西北部ニューギニア、トラック、サイパンの線では、航空基地設定に制限があり脆弱性を克服できない。また、陸軍戦力も島嶼部に散在し、まとまった戦力発揮が困難であった。何よりも、現戦場に近くて準備の余裕に乏しい。では、なぜ東条首相は、それを措いてもなお、確保すべき地域を参謀本部案で取りまとめようとしたのだろうか。

まず、「二次大綱」策定の時期に注目したい。これは、一九四三（昭和十八）年九月三十日に御前会議の場で決定されている。フィリピンの独立は同年十月十四日であり、同日、「日比同盟条約」が締結されている。このような、独立間もなく国家の体制が未だ固まっていない時期に、フィリピンを戦場に想定することはフィリピン政府の疑惑を招くのは確実であった。また、それればかりだけでなく、その他の諸国に「大東亜共栄圏建設」そのものの存在を疑わしめ

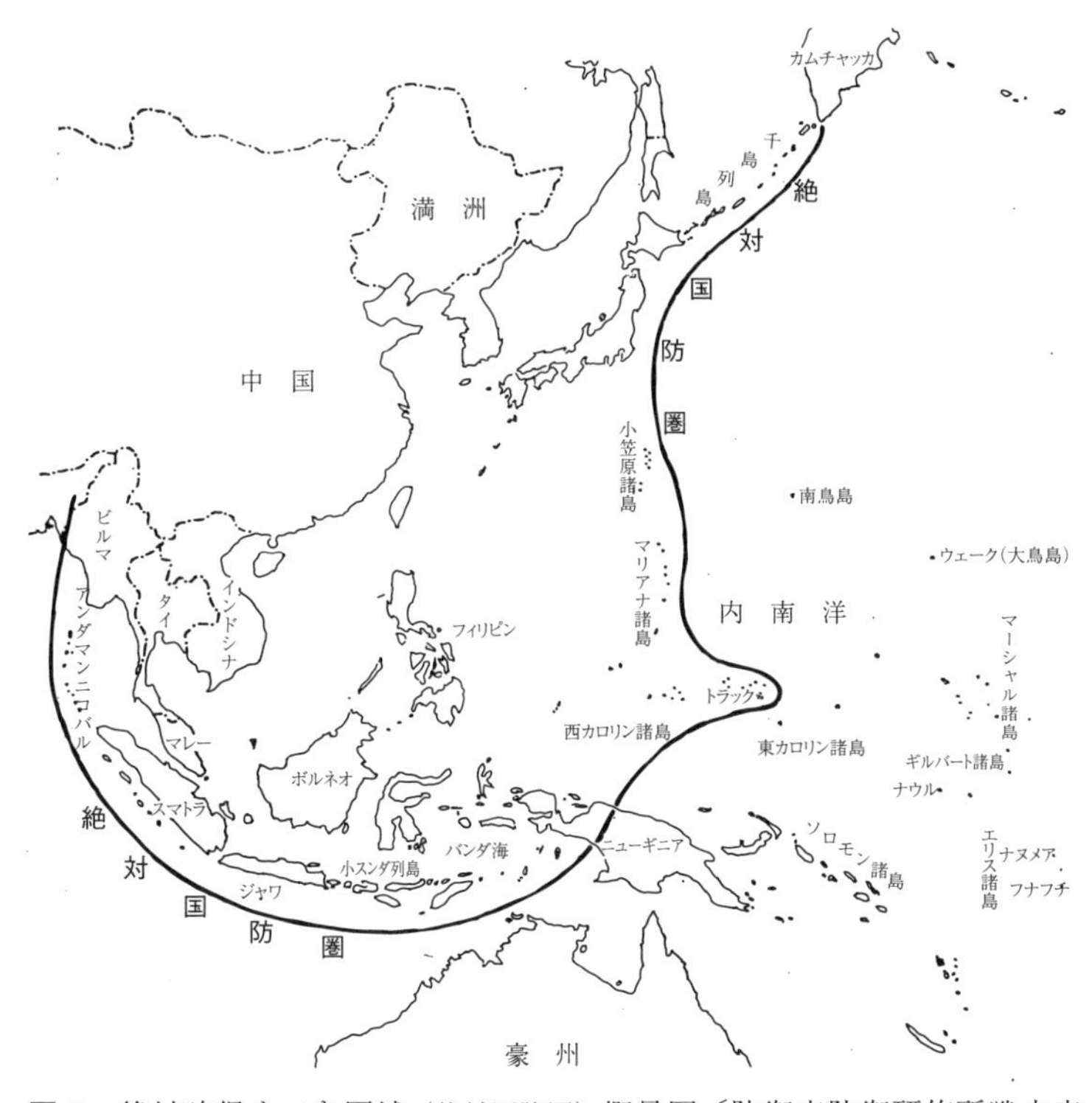

図５　絶対確保すべき圏域（絶対国防圏）概見図〔防衛庁防衛研修所戦史室『戦史叢書 67　大本営陸軍部（7）　昭和十八年十二月まで』（朝雲新聞社、1966 年）195 頁より作図〕

るものであったろう。それは大東亜省の容れるところでは到底なかったのである。

次に、海軍の同意を取り付けることが難しかったことにある。海軍軍令部は、すでに一九四三（昭和十八）年三月、連合艦隊に対して第三段作戦命令を示達済みであった。この第三段作戦命令の内容は、要するにトラック島を扇のかなめとして、マーシャル島等に進出した敵艦隊を邀撃するものであった(80)。このような構想を持っている海軍が、フィリピン後退を認めるわけがなかった。

最後に、サイパンが陥落した場合は、最新鋭爆撃機B29によって本土空襲を許すことであった。東条首相の政権基盤は、宮中の厚い信頼と民衆の支持であったと言われている。もし本土爆撃を許すことがあれば、そのいずれも失われることは確実であった。事実、サイパン島失陥は東条内閣崩壊を導くこととなった。つまり「二次大綱」を取りまとめるためには、統帥部及び政府の全会一致が必要である以上、参謀本部案以外はあり得なかったのである。

では、東条首相の本心を知りながら、佐藤軍務局長はなぜ、殊更フィリピン後退案に固執したのであろうか。おそらく、それは軍令部に対して参謀本部の立場を強めるためではなかったろうか。佐藤軍務局長は、海軍が海軍基地トラックを有するマーシャル諸島海域での艦隊決戦を希求していることを理解していた[81]。したがって、フィリピン後退に絶対に賛成しないことは確信していたに違いない。そこで故意にフィリピン後退案を出し、マーシャル諸島確保の海軍案とフィリピン後退案を提案し、最終的に参謀本部案である西北部ニューギニア、トラック、サイパンの線で折り合いをつけようと考えたのであろう。こうして統帥部に恩を売りつつ東条首相案を成立させたと考えられる。ともあれ、ここに戦略的「大東亜共栄圏」は成立した。

（四）軍需省設立による経済的「大東亜共栄圏」の成立

一九四三（昭和十八）年十一月、陸海船舶徴傭及び補塡目標、航空機・船舶の生産目標が掲げられた「今後採ルベキ戦争指導ノ大綱ニ基ク当面ノ緊急措置ニ関スル件」の徹底を期すため、商工省の大半と企画院を統合し軍需省が設立され、初代軍需相には東条首相が兼任した。

この時期、軍事力整備に責任を有する陸・海軍省で切実な問題であったのが、航空機・船舶の予想を超える損耗とその補充であった。一九四三（昭和十八）年九月に決定を見た「絶対国防圏」設定のためには大量の船舶増徴が必要であり、作戦上の要求と今後の国力造成のためには輸送力の画期的増強が必要であった。[82]また、航空機生産の行政査察の結果、航空機増産のためには陸・海軍機生産の統一が必要であることが、陸海軍・企画院・商工省の関係者によって認識された。そして、航空機・船舶の画期的大増産を実施するためには、計画官庁である企画院と、実施監督官庁である商工省が分立していては困難であることが指摘されていた。ここから計画から実施まで一元管理し、かつ陸海軍統一規格によって生産の効率化を図ったものであり、典型的な計画経済化であった。

ここまでならば、日本における総動員体制の強化である。しかしながら、「広義軍政システム」が企画院の「物動計画」によってコントロールされていたため、「大東亜共栄圏」の経済もこれに組み入れられることになった。つまり軍需省の設置は、経済的「大東亜共栄圏」の成立とも言える。

ただし、戦略物資取得の中心は依然として大陸であった。[83]なぜなら、船舶が不足していたため、輸送距離の短縮が必要であったからである。したがって、それまでの開発努力にかかわらず、南方からの取得物資はボーキサイト等の優先すべき資源以上を期待することは困難になったのである。

（五）　政治・経済・戦略鼎立と「大東亜会議」

「二次大綱等」の成立を経て、実質的に、初めて政府及び大本営間で、戦争目的である「大東亜共栄圏建設」のための範囲と確保の要領が確認された。そして、「絶対国防圏」「政略大綱」「軍需省設置」により、政治・経済・戦略的「大東亜共栄圏」が成立した。これら「大東亜共栄圏」の鼎立関係は、「大東亜会議」によって大東亜諸国に「大東亜宣言」として確認された。

この鼎立関係は、どのような構造になっているのだろうか。まず、政治と戦略の関係では、戦略は政治に防衛という責任を有し、政治は戦略に政治的協力を行う。次に、政治と経済の関係では、経済は政治に民政の安定を促し、政治は経済に教育や行政制度をもってその発展に寄与する。最後に戦略と経済では、戦略は治安回復をもって経済の活動を保障し、経済は戦略物資の提供をもって軍事力を強化する。つまり、この鼎立関係により「大東亜戦争」の構造が、「大東亜共栄圏」を防衛するよう安定的に変化したのである。この構造こそが「日華共同宣言」に見る、対英米共同戦争遂行のため「軍事上政治上経済上完全なる協力をなすものなること」であった。

ところが、重光外相にとって、「大東亜会議」とは日本を中心とする「大東亜共栄圏の建設」から一歩進んだ「大東亜新政策」の一環であり、それは、大東亜の独立国の主体的結束を基礎とし、主権尊重・平等互恵の原則を内容とする「大東亜憲章」をうたい上げる場でなくてはならなかった。そして、「大西洋憲章」に対置させることによって、連合軍の戦争目的を消滅させる外交攻勢でもあった[84]。ところが、「大東亜宣言」はこれらをかろうじて満たした妥協の産物に過ぎなかった。

だが、東条首相にとっては、これで十分だったのである。なにしろ、「大東亜宣言」により、アジア諸国の支持を曲がりなりにも取り付け、その結束をアピールできた。また、大東亜省設置以来、何かと関係が険悪となっていた外務省を引き付けることができた。そればかりか、準備不足のため早期独立を訝しがる大東亜省や海軍も抱き込むこともできた。要するに、準備のごときはやり方でどうにでもなると考える東条首相にとっては[85]、「大東亜共栄圏建設」で国論を統一して「大東亜会議」を行い、大東亜諸国民を結集させることが最大の目的だったのである。

ただし、「大東亜共栄圏建設」という大構想の下に行われたわけでなく、大東亜諸国に対する外交政策、戦略である「絶対国防圏」、経済再編である軍需省設置が各々脈絡なく進んでおり、各アクター同士の妥協の産物であった。

したがって、この鼎立関係の維持・発展には強力な指導力が必要であり、東条首相が、参謀総長・軍需相を兼ねたことは論理の帰結とも言えよう。また同様に、大東亜諸国間でも必ずしも「大東亜共栄圏建設」の概念は一致していなかった。したがって「大東亜会議」の中で、日本を指導国と位置付け強力なリーダーシップを発揮せざるを得なかったのである。

しかしながら、このような曖昧な合意に過ぎなかったとしても、東条首相を中心とする戦争指導に関する当面の準拠としては適切であったのではなかろうか。なぜなら、どのような形でも共通認識があったほうが良いのは確かだからである。そして、この鼎立構造がうまく機能すれば、長期不敗の持久態勢は確立できた可能性があったのである。

三　「二次大綱等」と占領地の独立

（一）　フィリピン独立と「中南比討伐作戦」

（ア）　軍政の動揺とフィリピン独立

東条首相及び陸軍省が「大東亜共栄圏建設」でようやく国論を取りまとめた一九四三（昭和十八）年九月には、第十四軍軍政に早くも陰りが生じてきた。それは治安の悪化による産業の不振である。

軍政関係各機関の努力も空しく、この年の米穀の生産拡充や棉作指導は完全な失敗に終わった。その理由は、水害や旱魃等の天災、害虫の被害、灌漑施設の不足、小作人の不熱心のほか、ゲリラによる妨害が挙げられている[86]。ただし、ゲリラの問題を除けば、天災や害虫は農業そのものが持つ偶然に対する脆弱性の問題であり、灌漑施設の不足、小作人の不熱心は、当時のフィリピン社会が持つ社会制度の矛盾に起因していた。これらを克服しようとした軍政監部や農業技術者の努力は、もっと評価されて良いのではないだろうか。高度な産業技術の移転は、書物や留学生によるよりも、技術者の直接指導による方が最も効果的であったとする研究もある[87]。台湾で灌漑に成功した八田與一ら日本の農業技術者が、フィリピンを目指した「大洋丸」で殉職してもなお、軍政監部や担当企業の熱意は衰えなかった。そしてこの動きを比島行政府も国づくりの一環として歓迎したのである。

しかしながら、ゲリラ活動は止まらなかった。そう考えると、治安の回復に失敗したことについて第十四軍が責めを負うべき事項となる。それでも討伐や宣撫工作によって、ルソン島それもマニラを中心とした地域には、曲がりなりにも治安を回復させ、フィリピン政府の下に、フィリピンを独立させることができた。しかしながら、棉作の中心と期待された中南部フィリピンまでは手が届かなかったのである。

では、あらゆる手段を講じたにもかかわらず、なぜ失敗したのだろうか。その原因は、一言で言えば、中南部フィリピンの戦略地位が曖昧であったことからくる、駐留戦力の不足であった。戦力が不足するからこそ、ひとまずルソン島を中心とした地域に戦力を集中し安定をもたらしつつ、産業育成を行い、最終的にフィリピン全土にあまねく広めることは、合理的でもあったのである。したがって、軍務局に対する視察報告にあったように、中南部フィリピンでは憲警兼務が不可欠だったのである。だが、それをしてもなお治安の回復は不可能であった。

この中南部フィリピンにおける治安の不安定という現実は、ラウレルの独立準備を直撃した。なぜなら、フィリピンは、コモンウェルス政府以来、共和国を予定していたからである。したがって、ラウレルは憲法を準備しなければならず、これに基づく国民議会を招集し大統領に選出されなければならない。だからこそ中南部代表の支持も政権強化には不可欠だったのである。

ラウレルは、この中南部代表の支持を得るためには、日本と対決している姿を見せる必要があった。ここに政治家ラウレルのしたたかな姿が見える。新憲法起草と独立準備のため、独立準備委員会が設置され、ラウレルがその委員長となった。独立準備委員会は、すでに制定を見ていたいわゆる「一九三五年憲法」を守りたいと考えていたが、ラウレルは強力な大統領権限のみが、戦時の切迫した状況を乗り切れると信じていた。[88] したがって、彼は、日本と対決している姿を見せて同僚の支持を得つつ、大統領の権限が強化される条項には日本と妥協した。そのため、新憲法における大統領権限は強まり、議会の権力は最小限となった。[89] また、徴兵制は布かず、大統領の支配権が及ぶ警察軍のみ保有した。独立準備委員会の反対を押し切って日比同盟を締結したが、東条首相が強く要求した宣戦布告、戒厳令は留保し、キャスティングボートを握り続けた。もし、独立とともに宣戦布告を行ったなら、おそらくフィリピンは「ユサフェ」ゲリラとの間に内乱状態になったであろう。そして、宣戦布告、戒厳令の日本軍にとっての意味は、「捷号作戦」の際、明らかになる。これらの難題をクリアし、ラウレルは、一九四三（昭和十八）年九月二十五日、国民議会により共和国大統領に選出されたのである。

（イ）「絶対国防圏」構想と「中南部比島討伐作戦」

一九四三（昭和十八）年初頭におけるフィリピン所在部隊は、第十六師団（師団長大場四平中将）、三個独立守備隊及び第六五旅団の二個連隊であった。この二個連隊はラバウル方面へ転進が、第十六師団も前半年中に討伐を終了させ、終結し大本営予備となる予定であった。なお四月頃、ガダルカナルから撤退した第二師団（師団長横山静雄中将）をフィリピンで戦力を回復させ、討伐を援助する予定であった。

参謀本部でも「絶対国防圏」構想の研究が始まっていた一九四三（昭和十八）年五月、参謀本部・陸軍省合同の南方視察班は、フィリピンのマニラ及びセブを大本営の前送作戦根拠地、在ラバウルの第八方面軍を小スンダ列島のハルマヘラ島に移動させて豪北（東部小スンダ列島及びニューギニア）を作戦根拠地とする案を第十四軍に提示した[90]。この案は、南東正面を縮小し豪北正面で米軍の進攻を阻止するため、中南部フィリピンを根拠地とすることを狙ったものである。

戦略的地位が確立し、第二師団を加えた第十四軍の討伐の成果は目覚ましかった。第六五旅団の一個連隊を中部太平洋に派遣してもなお、一九四三（昭和十八）年十月のフィリピン独立までに主要部であるルソン島は山地と要度の低い離島を除いて治安の回復を見、フィリピン政府の威令が及ぶようになったのである。中央から見ても、第十四軍から見ても、またフィリピン政府から見ても、開発や人材養成に最も資金や人手をかけたルソン島の治安が安定したのは歓迎すべきだった。

「二次大綱」によりフィリピンの戦略的地位が確立したことは、中部及び南部フィリピンの討伐にも大きな影響を与えた。その影響は一九四三（昭和十八）年十月に矢継ぎ早に生じた。それは、第二師団の転出、比島作戦根拠造成任務の受領、第八方面軍に代わる第二方面軍（司令官阿南惟幾中将）司令部のダバオ進出、中部太平洋及び豪北正面を支援すべき船舶兵団（兵団長物部長鉾少将）司令部のセブ配備、そしてこれらを円滑に行うための第十六師団のレイテ進出である。これらは要するに、安定を見たルソンはフィリピン政府に任せれば良く、戦略重心は明らかに中南部フィリピンに移ったことを意味していた。豪北正面の緊迫化は、中南部フィリピン討伐をフィリピン政府に任せておくだけの時間の余裕を奪ったのである。そこで、フィリピン政府は独立を機に期限を切って帰順工作を行ったが、その終了を待たず、第十六師団長は討伐を再開した。

「二次大綱」の影響は、戦略体制の整備にも表れた。在比戦力の充実と統帥組織の一元化である。まず、在比戦力の充実は一九四三（昭和十八）年十一月十六日、第十四軍を一個師団、四個旅団とする大命が発令された[91]。すなわち第十六師団を残置し、三個独立守備隊及び第六五旅団の一個連隊を四個独立混成旅団（第三十～三三）に改編するものであった。これら旅団は司令部、歩兵六個大隊、旅団砲兵、工兵、通信隊からなるものとされた。ただし、フィリピン全体ではこれでも十分なものとは言えなかった。因みに、第十四軍は、外敵防衛兵力として七個師団、ゲリラ対策として二四個大隊を希望していたことからもそれは明らかである[92]。

次に、統帥組織の一元化である。大本営の構想としては、「絶対国防圏」確保・対米主敵への転換に伴い、南方統帥を一元化することであった。これは一九四四（昭和十九）年三月、大命として発令された。その趣旨は「南方軍に第二方面軍、第十四軍を加える。第七方面軍を新設して南方軍隷下に入れる」というものであった。そして、第七方面軍（司令官土肥原賢二大将）を昭南（シンガポール）に新設することは、南方軍を対米作戦に集中させるため、総司令部に対し、指揮所をマニラに移すことを暗に求めていた。この考え方は、フィリピン政府に対する「政務指導」に大きな影響を与えた。なぜなら、フィリピン政府に対する指導業務の担当が、第十四軍司令部から南方軍総司令部に代わり、第十四軍は作戦軍に改編されることを意味していたからである。そして実際、フィリピン独立前軍政を担当していた第十四軍参謀長和知中将は、指導業務の間隙を埋めるため、南方軍総司令部の総参謀副長に転出した。また、新たに南方軍総参謀長に補職された飯村穣中将は、第十四軍司令部に、中部フィリピンのパナイ島キャピスに進出することを求めた。

ところが、一見合理的であるこの判断も、それまでの経緯から容易に実行されなかった。その経緯とは、南方軍総司令部のマニラ移駐に総司令部自身が反対していたこと及び第十四軍司令官黒田重徳中将の作戦構想と大本営の構想に大きな開きがあったことである。

総司令部がマニラ移駐に反対する理由の一つに、昭南からの後退がわが国民、大東亜諸民族、敵側の戦意に及ぼす感作を挙げていた。こうなると、移駐も隠密裏に行うことが必要となる。実際一九四四（昭和十九）年五月に移駐することになるが、公式には発表されなかった。作戦行動であれば秘匿も一つの方法であるが、フィリピン政府に対する「政務指導」は公式に行う必要がある。そこで、南方軍総司令部は、対策として総参謀副長和知中将率いる総司令部マニラ派遣班を常置し、総司令部の位置を秘匿しつつ、フィリピン政府及び第十四軍との連絡調整を行うようにしたが、当事者間で意思の疎通を欠きがちであった。

次に、第十四軍司令官黒田中将の作戦構想と大本営の構想に大きな開きがあったことも、大きなマイナス要因であった。大本営は、「絶対国防圏」構想に基づき、航空決戦の戦場を豪北に求め、第十四軍を航空基地設定軍として中南比に配備しようとした。そのための船舶司令部のセブ推進であり、第十六師団のレイテ派遣であった[93]。また、治安戦力向上のため、現在の四個混成旅団をさらに師団に改編し、南比には在朝鮮第三十師団（師団長両角業作中将）の投入を予定したのである。一方、黒田中将は、豪北における航空決戦は成立せず、敵は直路ルソン島に来攻する。その際はマニラ東方山地に籠城戦を行うべきという考えであった。このため、第十四軍司令部のパナイ島進出は行われず、さりとてルソンの防衛準備もなされなかった。結果として、大本営と第十四軍の齟齬は、その後の作戦及び「政務指導」にも大きな影響を及ぼしたのである。

では、フィリピン政府には、どのような影響があったのであろうか。もちろん討伐が進み、反政府勢力が弱体化していくことは、一般的には歓迎すべきだったであろう。ところが、討伐が進む一九四四（昭和十九）年四月の警察軍幹部会議のスピーチで、ラウレル大統領は複雑な胸の内を次のように明かしている。[94]まず、食糧と衣料の不足が警察軍の職務執行に悪影響を及ぼしていること、また日本軍との関係が微妙であり、警察軍の権威を確立することが難しいことを率直に認め、日本軍に抗議したことを伝えた。次に、米軍と対峙する日本軍が占領中であるという現実、将来はアジアに回帰しなければならないという現実を示し、社会変革の必要性を訴えた。そして、「大東亜共栄圏」に対する不信をのぞかせつつも、米国に先んじて独立を許与した日本を評価し、第十四軍司令官黒田中将に対して、日本軍をルソン島のフォートマッキンリーとシュトッテンバーグに集結させ、フィリピン政府に治安回復を任せることを要求したことを警察軍幹部に説明した。そしてそのうえで、警察軍が独り立ちしフィリピンの平和と安定のために尽くすことを求めた。このスピーチは、警察軍幹部というラウレルが最も信頼する集団に対し与えたものであり、かつ日本軍への批判も含まれていることから、彼の本心と考えられる。

このスピーチの中で、「政務指導」と作戦の関係で二つの興味深い点が指摘できる。まず、「政務指導」と作戦の複合した悪循環であり、次に第十四軍とラウレル政権の大本営の作戦構想に対する共闘関係である。

第十四軍やフィリピン政府にとって、「政務指導」と作戦に関する三つの悪循環が複合的に起こってしまった。まず、治安が回復できないため、産業が復興しない。産業が復興しないため食糧・衣料品等の必要物資が不足し治安が悪化する。これが「政務指導」の悪循環である。次に、フィリピン警察軍に任せても治安が回復しないため、日本軍が強引に討伐を実施する。一時回復したかに見えても、日本軍が去ったと同時にゲリラは規模を倍加させ蜂起する。地元警察軍が信頼を得ていないため、さらに手を付けられなくなり、討伐を行う日本軍の非違行為が多発する。[95]これが作戦の悪循環である。最後に、「政務指導」の理念「大東亜共栄圏建設」を受け入れれば受け入れるほど協力を強いられる。そして日本軍に対するゲリラ攻撃の巻き添えになり、「大東亜共栄圏建設」に対する不信感となっていく。これが理念と作戦の悪循環である。

では、これらを断ち切るには、どうしたら良いのであろうか。ラウレルは自力であると考えた。そのためにも、第十四軍との共闘関係は重要であった。ラウレルは、黒田中将に日本軍のルソン島への集結を要請し、日本軍のプレゼンスは活用するが、その他の政務はフィリピン政府が実施して、ラウレル政権に実質をもたらそうと考えたのである。この面から見てもラウレル政権は傀儡ではなかった。そして、黒田中将もこれに応え、中比に派遣した第十六師団をルソンに引き上げ、最終的にはマニラ近郊で籠城するという構想を立てたと考えられる。これが、第十四軍とラウレル政権のゲリラに対する共闘関係である。しかし、この構想は大本営の構想すなわち「絶対国防圏」防衛のための前送根拠地設定とぶつかざるを得なかった。つまり第十四軍は、戦争の理念と軍事的要請の袋小路にはまってしまったのである。そして、この袋小路における時間の浪費は「捷号作戦」時に命取りとなった。

政治的「大東亜共栄圏」を規定した「政略大綱」は、フィリピンに独立をもたらし、占領地軍政も、「政務指導」に移行した。この変化の中で、ラウレル大統領は、独立に名実を与えるため、一面日本に協力し一面抵抗し、権力を強化していく。また、第十四軍もこの動きを支持し、盛り立てようとした。しかしながら、この動きは、戦略的「大東亜共栄圏」を規定した「絶対国防圏」構想に基づき、「中南部フィリピン討伐作戦」を予定し、戦略重心を推進しようとした大本営の意向とは利害が衝突し、フィリピン全土の防衛準備は遅れていったのである。

（二） ビルマ独立と「インパール作戦」

（ア） ビルマ独立許容とビルマ方面軍の新設

一九四三（昭和十八）年一月四日、東条首相は「連絡会議」の場において独立問題を提議した[96]。大本営陸軍部もこれに応じ、一月十一日、部長会議の場においてビルマ行政府成立一周年（四三年八月一日）を目途としての独立を決定している。また大東亜省はいち早く二月の独立を主張した[97]。そして一月二十八日、東条首相は議会において、それまで曖昧なままで放置されていたビルマの独立許容を明らかにしたのである。

では、日本政府はビルマの独立許容に何を期待したのであろうか。「占領地帰属腹案ノ説明」（一九四三〈昭和十八〉年一月十四日「連絡会議」決定）によれば[98]、まず「帝国の公正な態度の実証」、次に「ビルマ民心の収攬」、最後に「インド民衆に及ぼす政治的影響」が挙げられている。つまり、「大東亜共栄圏」の理想を現実に示し、ビルマを把握し、もって「インド工作」に波及させることとなろう。そして、具体的な行動として次のことが考えられたのである。

まず、「帝国の公正な態度の実証」については、ビルマをただちに独立させ、国家としての体裁を整えるとともに、バー・モオ政府を承認しかつ大使を交換するという外交的手続きを踏むことが予定された。そのうえで、バー・モオを国家元首として「大東亜会議」に招請し「大東亜共栄圏建設」に参画させるものとされた。

また、「インド民衆に及ぼす政治的影響」については、「ビルマ人のビルマ」から「インド人のインド」に波及させるため、ドイツに滞在中のインド国民会議派の独立運動家スバス・チャンドラ・ボース（Subhas Chandra Bose　以下、

S・C・ボース)を招致した。ついで、光機関を編成し、一九四三(昭和十八)年十月、S・C・ボース首班のインド自由仮政府設立の支援を行わせた。また、日本軍が緒戦で捕虜にしたインド兵を主体として編成したインド国民軍を、同仮政府の隷属下に置き、さらにビルマに近く日本が占領していた英領アンダマン、ニコバル諸島を帰属させ、その政府の体裁を整えるとともに、将来の行動に備えさせたのである。

問題は「ビルマ民心の収攬」であった。「緬甸独立指導要綱」(一九四三〈昭和十八〉年三月十日「連絡会議」決定)によれば、フィリピンと異なり、指導者国家の形態をとり、国家代表が司法・行政・立法・統帥大権を保持するものとされていた。[99] このような政体とした理由は、第一線的地位にあるビルマにおいて作戦上の要請に即応する迅速な政務の執行が必要なこと及び小党分立的傾向顕著なビルマ政界においてバー・モオの地位を守り立てる必要があるためであった。[100] つまり、大本営及び政府が考えた「ビルマ民心の収攬」とは、指導者に広範な権限を付与しこの指導者を中心に国家としての一体化を醸成するものであり、そのことが日本とビルマの「大東亜戦争」遂行上、合理的とされたのである。

ただし、ビルマは大東亜圏の西第一線という戦略環境から、日本軍のために一切の便宜を供与することとなっていた。さらに、交通・通信はビルマの主権の下に置くが、日本の特別なる要請を認めさせる、というものであった。一九四三(昭和十八)年三月、東条首相はバー・モオ一行を日本に招き、ビルマ独立に関する日本政府の意向を伝え、「緬甸独立指導要綱」に基づき「東条内閣総理大臣ヨリ緬甸行政府長官一行ニ対スル示達」として明らかにされた。[101] これにより、ともかくも、ビルマは「大東亜共栄圏」を構成する一国家として独立することが確定したのである。

戦略的な面では、統帥部は、陸軍戦力の増強と、政戦略にわたる処理を行う司令部の強化、すなわち方面軍司令部の新設が必要と考えた。第十五軍としても、連合軍が続々増強されつつある苦境に鑑み、一九四二(昭和十七)年十一月には、所要兵力として、一個方面軍、三個軍、方面軍直属一個師団計九ないし一〇個師団態勢の必要性を具申していた。南方軍もまた、第十五軍の意見具申に同意した。[102] しかしながら、南東正面に重大な問題を抱える当時、船舶状況の逼迫は、容易に戦力の増強を許さず、第三一師団及び第十五師団の編入が決定されたのみであった。また、方面軍司令部新設についても検討が進められ、四三（昭和十八）年三月二十七日、ようやく緬甸方面軍が新設され、同時に第十五軍は野戦軍として改編された。方面軍司令官には河辺正三中将が、第十五軍司令官には第十八師団長であった牟田口廉也中将が親補された。

この際、方面軍司令部はビルマ方面の作戦指導及び「政務指導」の処理に任ずることが期待された。その点、河辺中将は適任と思われた。なぜなら、一九三六（昭和十一）年から四三（昭和十八）年まで、天津軍支那駐屯歩兵旅団長、北支那方面軍参謀副長、中支那派遣軍参謀長、満州駐屯第十二師団長、満州駐屯第三軍司令官、支那派遣軍総参謀長を歴任し、支那及び満州を知り尽くした将軍と言える。[103] したがって、作戦指導のみならず、「政務指導」の処理・治安の確立等十分な経験を有していた。

一九四三（昭和十八）年三月十八日、杉山参謀総長は、河辺中将に対し、作戦的には徹底的殲滅戦によって敵の戦意を破砕するとともに政略的には民心を把握し、対印施策及び軍政の浸透を促進し戦争完遂に協力し得る物心両面の態勢を整えることを希望した。[104] 要するに米、英印及び重慶軍を撃破し、独立ビルマを掌握し、インドを我陣営に引き摺り込むことであった。また、三月二十三日の東条陸相との会見の際、河辺中将は、対ビルマ施策は対印施策の先駆に過ぎず、重点はあくまで対印施策にあるとの指示を受けた。[105] 陸軍の統帥部及び行政府の長官が、異口同音に対印施策の重要性を指摘したことは、「ビルマ防衛作戦」の地位・役割を明確に表し、かつ政戦略の狙いが一致していたことを示している。つまり、ビルマを防衛すること自体が対印施策を促進し、それが戦局全般を好転させることに繋がるのである。また、そのための陸軍戦力による連合軍の撃破が、ビルマにおける日本軍の苦境を救う方策と考えられた。ただし、これをいかに実施するかは、「政略大綱」や「二次大綱」も未だ策定されていない時期であったため、混沌としていた。このためには、在ビルマ日本軍の指導や南方軍との調整のみならず、ビルマ政府及び自由インド仮政府の指導・調整が必要であり、雲南、北緬、アラカン、フーコンといった複数の戦場を見据え、方面軍司令部の責任は重大であった。

（イ）　独立ビルマとビルマ方面軍

一九四三（昭和十八）年八月一日、ビルマ建国議会は独立を宣言した。これに引き続き、暫定憲法とも言うべき国家構成の基本法が審議可決され、さらに国家代表として前行政府長官バー・モオ博士が選出された。日本はただちにこれを承認し、独立国家「ビルマ」が誕生した。この直後、ビルマ政府は、英米に対し宣戦を布告するとともに日本との間に「日本国、ビルマ国間同盟条約」[106]（以下、「日緬同盟」）を締結した。この際、方面軍が直面した問題は、いかにバー・モオ政府を指導するか、日本軍とビルマの関係をいかに律するかであった。

日本が想定した「国家代表を中心とする指導者国家」は、フィリピンと違い指導者に権限が集中していたため、日本にとっては「政務指導」が容易になるはずであった。半面、見方を変えれば、その成否は指導者の能力いかんに関わっていた。したがって、指導者バー・モオの強力な指導力が必要であり、また期待されたが、彼の資質については、政府発足の当初から、すでにビルマ国内のみならず第十五軍も疑念を抱いていた。例えば、河辺中将は、バー・モオの排他的な性格を心配し、このままで民心を収攬できるのか憂慮していた[107]。また、ビルマ軍事顧問沢本理吉郎少将は、バー・モオ更迭を中央に意見具申している[108]。さらに、独立後においても、一九四四（昭和十九）年二月には、軍政監部の一司政官がバー・モオ暗殺未遂事件まで起こしている。しかしながら、東条首相はバー・モオに対し同情的であり、政権の継続を望んでいた。そして、そのための指導と地位の強化が必要と考えていた。[109] バー・モオに対する「大東亜会議」招請の伏線は、ここにもあったのである。河辺中将は、日本政府の意思もすでに決定済みであるだけでなく、彼に代わって万人の納得する対抗馬もいないことから、あくまでバー・モオ一本で進むべし、と決心した。[110]

しかしながら、バー・モオの支持基盤は、なお脆弱であった。ビルマ内閣においてバー・モオ派は一六名中八名に過ぎず、タキン党は六名、その他二名であり、[111] 副首相（タキン党）、内務（中立）、外務（タキン党）、財務（中立）、国防（タキン党）といった主要ポスト以外は他派が占めていた。[112] そこで、バー・モオは地方の長を自派で固めようとしたが、たちまち人材が枯渇し、昨日の仕立て屋、今日は副警察署長といったことまで起こり、他派からの不評を買った。要するにビルマでは、フィリピンと同様、エリートの養成が遅れており、中央政府に充当すれば、地方まで人材がいきわたらなかったのである。こうした状況の中で、元来少数派であったバー・モオが政治的に優越した立場を保持するには、日本の支援が必要不可欠であった。

さらに問題であったことは、ＢＤＡから発展したＢＡ（ビルマ軍）との関係であった。国防大臣オンサン少将は、タキン党の出身であり、ＢＩＡを指揮し第十五軍とともにビルマを解放した自負があった。オンサン少将は、バー・モオは、ＢＩＡと第十五軍が共同でビルマを解放した「ビルマ進攻作戦」の時は獄に繋がれており、何らの寄与もないにかかわらず日本軍に擁立されて実権を掌握し、ＢＡの強化を望まないばかりか、これに対抗するため、警察の強化に励んでいると思えたのである。[113] つまりバー・モオは、ほかに対抗馬がいないにしても、「指導者国家」の指導者としては、必ずしも適格とは言えなかったのである。このことだけ見ても、本当に「指導者国家」による「ビルマ民心の収攬」が可能であったかどうかは疑わしかった。

次の問題は、方面軍とビルマ政府の関係であった。複数の連合軍と対峙している以上、ビルマ方面軍のビルマ政府に対する要求は、過酷なものにならざるを得ない。独立と同時にビルマ駐屯陸海軍司令官とビルマ国国家代表との間で締結されたのが「日本国緬甸国軍事秘密協定」及び「日本国緬甸国軍事秘密協定ニ基ク細部協定」（以下、「日緬軍事秘密協定等」）であった[114]。これらによると、日本国・陸海軍軍隊は「大東亜戦争」間ビルマ国内おいて軍事行動上の一切の自由を保持し、かつビルマ政府は必要な一切の便宜を供与することとなっていた。そして、それは交通、通信、航空、宿営、給養、演習、訓練、徴発及び労務者の供出等広範に及び、また土地、建物の無償供出、通信検閲も含まれていた。さらに、ビルマ軍は日本軍最高司令官の指揮下に入ることとなっていたのである。

これは、占領状態の実質的継続を意味したという評価もある[115]。確かに、ビルマ方面軍の権利・義務に関しては、それほど軍政時代と変わるものではなかった。ただし、ビルマ独立に伴い、大きく変化したことがある。それは、実態はどうであれ、ビルマが日本の同盟国となったことにより、日本がビルマに関して共同防衛の義務を負ったことである。そして、これによって、ビルマ方面軍司令官の作戦上の自主裁量が大きく損なわれることになった。例えば、軍政時代であれば、ビルマ本国を戦場にすることは何ら問題がない。仮に作戦上不利な場合、敵国領土であるビルマ放棄も選択肢として考えられる。しかし、同盟国となった以上、いくら作戦上合理的でなくても、ビルマ防衛を完全なものにする努力をしなければ、日本は同盟上の責任を果たしたことにならない。もし、これを等閑視するようなことになれば、日本の戦争目的である「大東亜共栄圏建設」そのものを世界に疑われることになるからである。そしてそれは、御前会議で決定を見た「政略大綱」や策定途上の「二次大綱」を達成できなくなるばかりでなく、東条首相や杉山参謀総長が重視している「対印工作」をも否定することでもあった。

(ウ) 「日緬同盟」と「ビルマ防衛作戦」

ビルマ方面軍の作戦構想は、「日緬同盟」締結に伴い、大きな見直しを迫られていた。もともと、大本営は「昭和十八年度帝国陸軍南西方面指導計画」に基づき、次のように考えていた。まず、有力な一部をもって国境要線を確保する。また、主力をマンダレー、トングー道付近に配置する。敵の侵攻に際しては、神速なる機動で所要方面に攻勢をとり、英印軍または重慶軍を各個に撃破する。特に主決戦を英印軍に求めアラカン山系隘路口で撃滅する。[116]つまりビルマ本土内に敵を引き摺り込む内線作戦であった。ところが、英ウィンゲート旅団が北ビルマに、またアキャブ方面からも英印軍が海岸線から侵入した際、もともと交通網が貧困なうえ、空爆による戦略機動阻止のため、予期の通り反撃が進捗せず、内線作戦による各個撃破は戦略的に困難になった、と考えられた。[117]

また、このビルマ本土内に敵を引き摺り込む内線作戦構想は、政略上も大きな問題を残していた。ビルマ方面軍新設の理由は、杉山参謀総長の希望に明らかなように、戦略上ばかりでなく、政治的にはビルマ民心把握による対印施策の推進及び戦争完遂の協力を得ることにある。もし、ビルマ国内に敵を引き入れることになれば、ビルマの民心把握が困難となる。なにしろ爆撃のため通信・交通が混乱し、経済不振によって社会不安が増大しつつあったのである。[118]このうえ、ビルマ本土が戦場になるようであれば、民心離反は容易に予想された。さらに、「対印工作」上重要なことは、最低限、ビルマの安定であった。なぜなら、ビルマが不安定な状態であれば、「対印工作」が説得力を持たないことは自明であった。

次に指摘しなければならないことは、S・C・ボース率いる自由インド仮政府との関係である。本来、インドは「大東亜共栄圏」の枠外であったが、対印施策のため、日本はS・C・ボースを招致し、陪席ながらも「大東亜会議」

にも出席を認めた。そして、自由インド仮政府を承認している以上、独立闘争の支援は日本の責務となっていた。つまり、日本としては、このために編成されたインド国民軍三個師団を何らかの積極的な形で、インド国内での活動に使用しなければならなかったのである。またボースとしても、そのことが独立という悲願成就にかなっていた。

結局、政略的に見れば、ビルマ民心の把握のためばかりでなく、「対印工作」のためにも、ビルマを戦場にできず、積極的にインドに進出する必要があったのである。したがって、米、英印、重慶軍を撃破すれば良いだけの話であるなら、印緬国境のアラカン山系を越えて攻撃しなくとも、参謀本部第一部長真田穣一郎少将（一九四三〈昭和十八〉年十月五日昇格）が主張したクッション作戦、つまり敵がアラカン山系を越えたところに小反撃を繰り返すことが合理的である。[119]しかしながら、政略上の要求はこれを許さず、印緬国境外に局部的自主的攻勢をとるほかなし、と南方軍や方面軍は考えるに至った。「日緬同盟」と「ビルマ防衛作戦」は、この時点においてすでに大きな矛盾を包含していたものと思われる。無論、「日緬同盟」には「大東亜戦争」完遂のためのあらゆる協力が記されており、「日緬軍事秘密協定等」において軍事力は日本が負担し、後方支援及び施設についてはビルマが負担することになっていた。敵空爆による海上交通の途絶及び陸上輸送の貧弱が、日本本土からの円滑な補給を圧迫していた時、ビルマの負担がなければ日本軍の軍事力は生存の危険にさらされたであろうから、日本にとって同盟のメリットは大きい。ビルマは何より日本の軍事力負担により独立を達成・維持できたわけであるから、ビルマにとっても同盟のメリットは大きい。ただし、戦略的に見れば、制空権喪失に伴い機動力に不安があるばかりでなく、戦力そのものの不足に悩む方面軍にとって、印緬国境外での作戦を強いられたことは余りに過酷であった。また、国境外では「日緬軍事秘密協定等」に基づく、補給・輸送等の後方支援がほとんど受けられない。さらに方面軍の指揮下にある同盟軍ＢＡもビルマの国内政治の問題、すなわちバー・モオ国家代表とオンサン国防相の対立からほとんど強化されておらず、日本軍各部隊に分散して配置されるのみで、戦力としてほとんど期待はできなかった[120]。つまり、作戦遂行という観点からすれば、「日緬同盟」は第十五軍の負担ばかり多く、決して割に合うものではなかったのである。

S・C・ボース率いる自由インド仮政府との関係も、また然りであった。確かに「大東亜共栄圏建設」の観点からすれば、インドの加入は「アジアからの米英勢力の駆逐」という狙いに説得力を持たせるものであった。しかし、第十五軍は、自由インド仮政府がラングーンに進出する際に、ビルマ政府との調整に追われた[121]。また、インド国民軍と第十五軍の指揮関係から相互の敬礼要領等細部にわたる調整と取り決め等、連合作戦の特性に付随する煩雑な業務があり、その苦労の割には、インド国民軍の編成が遊撃を目的としているがゆえに後方支援部隊を欠き、実勢力としては過度の期待はできず、半面、補給や輸送といった後方面での重圧は、すべて第十五軍にかかる結果となっていた[122]。さらに、連合作戦であることから、作戦の終始を通じ、政戦略上の微妙な利害の調整を図る必要があった。つまり、第十五軍から見れば、自由インド仮政府との関係もまた、いわば作戦の制約事項となったのである。

（エ）政戦略から見た「インパール作戦」

一九四四（昭和十九）年、二月十一日、第十五軍司令官牟田口中将は「インパール作戦（「ウ号作戦」）」の攻撃命令を下した。この「ウ号作戦」構想は、鵯越戦法ともジンギスカン戦法とも言われ、二個師団（第三一、十五師団）に道路の存在しない二、〇〇〇メートル級の山々が連なるアラカン山系を踏破させ、インパール北側に進出させるとともに、南側から前進した第三三師団の攻撃とあいまってインパール盆地一帯を占領するという、極めて野心的なものであった。しかしながら、インパール奪取はならず、攻撃に参加した第十五軍は、補給の途絶や英印軍の組織的抵抗のため、壊滅的な損害を蒙り、七月五日、方面軍命令により「インパール作戦」は終了した。

この作戦の失敗による影響はインパール正面に止まらず、この間、行われた米支軍によるフーコン正面からの攻勢及び重慶軍による雲南正面からの攻勢に対し、対処すべき予備戦力を持たず全戦線で方面軍隷下の日本軍は退却を余儀なくされた。作戦全般の経過についてはいまさら論じる必要もないが、一般に、この「インパール作戦」は無謀であった、と指摘されている。では、この作戦を発議した牟田口中将自身の信念は別としても、政戦略の両面から考察すべき立場にある方面軍司令官河辺中将や南方軍総司令部、さらに大本営陸軍部は、この「インパール作戦」をどのように考えたのであろうか。

河辺中将が、いかにこの作戦を考えたかについては、「インパール作戦」の失敗直後の一九四四（昭和十九）年八月一日、教訓と反省について正確な記録を止める必要から、金富与志二参謀に命じ、研究させた「ビルマ方面軍より観たるインパール作戦」の記述により明らかである。[123] 当時、ビルマ方面軍は、既述の政戦略上の理由により、印緬国境外に局部的かつ自主的攻勢をとる必要性を痛感していた。では、目標はどこにすべきか、そしてその要領はいかにすべきか。

まず、目標の検討である。まず、戦略的な観点では、英印軍を撃破し、インパールを占領することにより、アラカン方面からの敵の攻撃を封止することができる。さらに、コヒマ占領により、鉄道を制するディマプールに脅威を与え、東アッサムに対する継続的補給を妨害し、ひいてはチンスキヤを基地とする援蒋空路を間接的にではあるが遮断でき、また、同時にレドを基地とし、フーコン渓谷を経て北緬を脅威する米中軍の動きを効果的に封止できる。次に、政略的な観点では、チンスキヤを基地とする空爆を封止してビルマの動揺を抑え、かつインド国民軍のインド領推進によりインドに動揺を与え、独立援助という公約を果たし、重慶政府に揺さぶりをかけ、状況によっては脱落させることも可能かもしれない。また、敗勢を感じつつある日本国民の戦意を高揚することができるのである。約言すれば、

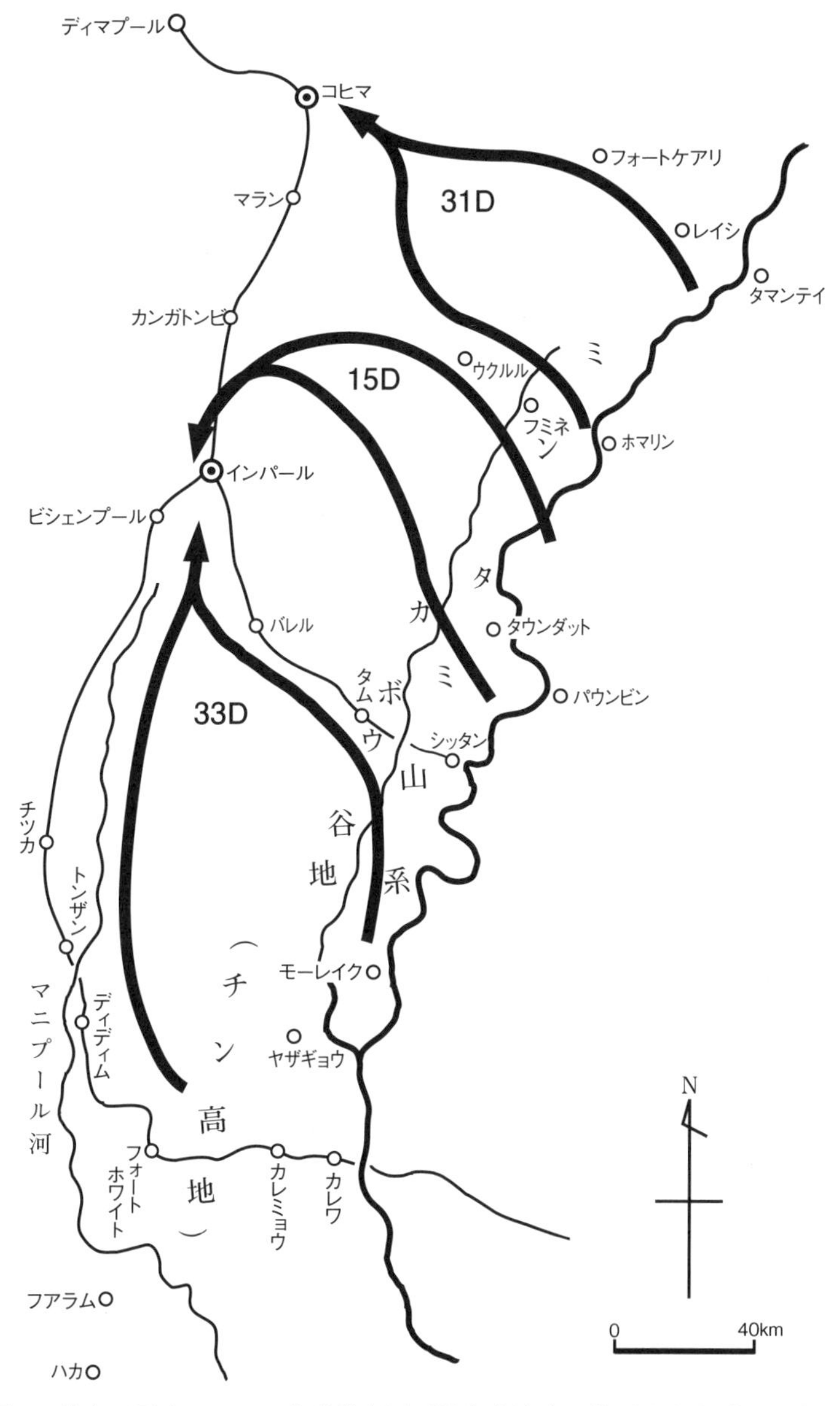

図６　第十五軍インパール作戦構想図〔防衛庁防衛研修所戦史室『戦史叢書 15 インパール作戦　ビルマの防衛』（朝雲新聞社、1968 年）108 頁より作図〕

すべての問題を一挙に解決できるのである。

つまり、ビルマ方面軍としても首相や参謀総長の期待に応えるためには、必要な局部的攻勢は、少なくともインパール方向に指向すべきと考え、また戦果拡張の目標としてコヒマは十分視野に入っていた。[124]ここで注目すべきは、可能性は別としても、東アッサムに対する攻撃の必要性を方面軍のみならず、大本営も認めていたことであった。河辺中将は、牟田口中将のディマプール追撃の意見具申をただちに却下した際も、その必要性は認めている。[125]また、一九四四（昭和十九）年四月二十六日に東条参謀総長（二月二十一日就任）が上奏した際も、「インパール作戦」終了後のレド進攻について言及している。[126]これらのことから判断すれば、おそらく河辺中将も東条参謀総長も、本作戦の成功によってマニプール盆地を完全に支配下に置いたとしても、政戦略目的を完全に達することはできないので、最終的には新たな作戦を開始して、東アッサム進攻に乗り出さなければならない、と考えていたと思われる。つまり、大本営、南方軍及び方面軍の「インパールを奪取してビルマ防衛を強化する。」という考えも、第十五軍司令官牟田口中将の「インパールを奪取して東インドに進攻する。」という考えも、いわば作戦に堅実性を持たせるための順序問題で、究極の目的はほとんど変わりがなかったのである。このように考えれば、戦後、牟田口中将が、「卑しくも上官の考えに外れたことはない」[127]と語ったのも理解できる。また、河辺中将が牟田口中将の積極性を評価したことも理解できる。[128]なぜなら、上級部隊指揮官にとってみれば、任務達成に消極的な指揮官より積極的な指揮官の方を評価するのは自然だからである。したがって、少なくとも、河辺中将は、今まで言われていたような情緒的な絆によって状況判断をしたのではなく、政戦略上の必要性によって行ったと言える。

次の問題は、その要領である。方面軍の指導案は、インパールの南方から道路沿いに二個師団、四個大隊基幹の一個支隊を直接コヒマへ指向する堅実な案であった[129]のに比し、第十五軍案は、鵯越戦法と呼ばれる、インパールの南方の道路沿いに一個師団、北方から山地を踏破して一個師団、さらに直接コヒマへ一個師団を指向する、徹底的というよりはむしろ無茶苦茶な積極案であった。第十五軍は再三の方面軍の指導にもかかわらず、この要領を変更せず、また方面軍はこれを最終的に追認した。この理由を、第十五軍の隷下部隊が行動に移行していたため、変更を命ずることが困難であった、としている。[130] ただし、見方を変えれば、第十五軍案をもってしても、おそらく任務の達成は可能だろう、と方面軍は判断していたとも言える。なぜなら、もし不可能と判断していたなら、方面軍は断固却下したはずだからである。つまり、方面軍としては、方面軍案も第十五軍案も実行の可能性はあるが、それぞれに利害得失があり、堅実性を要求される政戦略の環境から、方面軍案を指導したに過ぎない、と考えられる。なにしろ、「インパール作戦」準備の段階で発出された「二次大綱」においては、ビルマは絶対確保すべき要域に含められていたわけであるから、安易な冒険を指導することはできなかった。

しかしながら、第十五軍案は、方面軍から見ても、たまらなく魅力的だったのである。そもそも、方面軍の案は、主力をインパール南方道路沿いに前進させることで、主力に対する補給は確実で、敵の抵抗にあった場合でもその地点を防衛線として活用できる堅実さがある半面、敵に対し正面平押しとなり、またコヒマへ指向する戦力が弱体であるがゆえにコヒマの長期間確保は困難で、コヒマまでの迅速な打通には疑問がある。これに対し、第十五軍案は、アラカン山系越えの二個師団に対する継続的補給に問題がある半面、山越えさえできれば一個師団でコヒマを押さえ、一個師団でインパールを背後から攻撃できるため、正面から攻撃する一個師団とあいまって決定的戦果を収め得る。つまり、成功した場合は、ディマプールへの道は開かれ、近い将来、東アッサムを望み得るのである。したがって、第十五軍案は、可能性の面では再度検討の余地はあるが、政戦略上の目的達成には最も寄与し得るものであった。

では、可能性の面での比較は、どうであろうか。「インパール作戦」の問題点は、アラカン山系踏破の可能性と継続的補給の可能性であった。まず、アラカン山系踏破の可能性は、規模の違いはあるものの、両案とも、踏破部隊を編成し、コヒマを奪取することになっているため、ほとんど差異はない。次に、継続的補給の可能性であるが、この問題は、煎じ詰めれば踏破部隊に対する継続的補給の可能性であった。これまた両案とも、迅速にインパールを奪取しさえすれば、踏破部隊に対する継続的補給は可能であり、またインパールは早期に奪取できると判断していた、という点で、大きな差異はない。

したがって、方面軍案と第十五軍案の決定的違いは、インパールで敵が組織的な陣地防御を行った場合の対応の柔軟性、つまりは作戦の確実性と決定的戦果を得られる可能性の比較問題であった。つまり、実現容易だが見返りの少ない堅実案か実現困難だが見返りの多い冒険案かである。そして、この比較の際、現地の野戦軍指揮官である牟田口中将が可能であると考えている以上は、上級部隊指揮官の河辺中将が追認したのも当然であった。また、南方軍総司令部も大本営陸軍部も最終的には同意した。

このように見てくると、政戦略上の必要性という観点からくる河辺中将の判断も、牟田口中将の信念も、結論から見ればそれほど変わらず、単にやり方つまりインパール、コヒマと順に攻略するか一挙に攻略するかの違いであった。つまり、河辺中将の判断と牟田口中将の信念という全く違った精神活動が、異常なまでにシンクロナイズされてしまったのであった。

大本営参謀総長から方面軍司令官に至るまで各級指揮官が、「インパール作戦」は政戦略上必要であると認識していたことは、作戦中止の決断に重大な影響を与えた。攻勢が頓挫していた一九四四（昭和十九）年五月上旬、秦彦三郎参謀次長が南方を視察し、十五日、東条参謀総長に、「インパール作戦」の見通しが困難であることを報告した。この際、東条参謀総長は激怒し、かえって第十五軍を督戦する結果となった[131]。こうしなければ、首相としての東条大将にとって、自らが取りまとめた「二次大綱」の最初の蹉跌につながるからである。また、六月二十二日、ついにコヒマ～インパール道が突破され、一、〇〇〇両にも上る戦車や自動車が続々インパール平地に侵入した際、第十五軍は作戦中止の意見具申を行ったが、方面軍は激励電報でこれに応じた。[132]「インパール作戦」の戦果拡張としてのコヒマ占領が不可能になった状況においても、インパールで包囲下にある英印軍を捕捉殲滅しなければ、いずれビルマ国内に大規模な連合軍部隊が侵攻してくることは明白であった。これでは、方面軍は政略目的のみならず戦略目的をも達成できなかったことになる。したがって、牟田口中将が作戦中止を上申しようが、上級司令部からの命令がくるまで作戦を続行させざるを得なかったのである。また、河辺中将に作戦中止を躊躇させたもう一つの要因は、インド国民軍との関係であった。大本営は、マニプール盆地占領後においては、日本軍は軍政を行わず、「インド人のインド」として自由インド仮政府の統治下に置くことを決定していた。自由インド仮政府にとっては、最初の行政区域確立の画期的意義を持つものであるが故に、あくまでインパールの占領に固執した。河辺中将としては、「対印工作」が最重要事項であることを首相及び参謀総長から示されているだけに、作戦中止を戦略的有利不利からのみ論ずることができなかったのである。[133]

要するに、「インパール作戦」とは政戦略上の必要性から生じ、それぞれに複数の目的を持つ極めて複雑な作戦だったのである。そのために、可能性に関する少々の疑念に対しても目をつぶりたくなるほど魅力的であった。なぜなら、「インパール作戦」の成功は、方面軍のみならず、日本の戦争指導そのものに「二次大綱」の堅実性という形で好結果をもたらすと考えられたからであった。このことに関して、河辺中将は政略が戦略を支配した悪例と作戦後に回想している。[134]しかしながら、これをもって、河辺中将が、政略を無視して戦略一辺倒で判断すべきだったと反省していると考えるのは軽率だろう。なぜなら、河辺中将は、方面軍司令官という職そのものが政治と軍事の密接な調整を必要としているものであり、一般の野戦軍指揮官の職とは意味合いが違うことを理解していなかったわけではなかったからである。むしろ、良く理解していたがために、その複雑さに引き摺られ、大本営や南方軍また河辺中将自身も気付かないうちに、作戦は異常な積極性を帯び、自発的作戦中止を不可能にしていった。つまり、「日緬同盟」「インド工作」や対中政策という政略が、戦略を危険な方向へ促進してしまったのである。

(三) フィリピンとビルマ

フィリピンとビルマのそれぞれの独立に伴う「政務指導」と軍事作戦の相互関係を比較すると、興味深い事実が浮かび上がる。フィリピンとビルマは、それぞれに戦略的地位も現地軍が重視した事項も異なる。しかしながら、結局のところいずれの現地軍も対日協力政府の安定に失敗した。作戦開始前より、ラウレル政府もバー・モオ政府も弱体化したのである。そして、それは作戦や政策そのものが悪かったというより、投入し得る資源が少な過ぎたことにある。しかしながら、投入し得る資源に比し野心的な作戦を立て過ぎたという結論は短絡に過ぎる。なぜなら、投入し得る資源が少ないというのは前提だったからである。

では何が問題だったのであろうか。「二次大綱」策定前と後では、それぞれの現地軍に大本営が期待した役割が大きく変わっていることを指摘する必要があろう。フィリピンにおいては、軍政の浸透から豪北航空決戦のための飛行場設定に、ビルマはビルマ本土内での防衛から多目的積極防衛にそれぞれ大きく変わった。しかし、軍事力の強化は遅々として進まなかった。

一方、「インパール作戦」や「中南部フィリピン討伐作戦」等の野心的な作戦も、政権安定の必要性からは当然と言えるものであった。これらの作戦が「大東亜共栄圏建設」のために等しく大東亜諸国にとって必要であるならば、その戦力不足を埋めるのは「日比同盟」や「日緬同盟」であったはずだったが、むしろ問題なのは作戦実施に当たっては、ほとんどその同盟が有効ではなかったことである。

フィリピンの場合でも、現地警察軍と有効かつ友好な協力関係があれば、中南部フィリピン討伐ももう少しはかどっていたに違いない。ビルマの場合も、「インパール作戦」で泣き所になった兵站について、ＢＡを兵站部隊として組織的に活用していたら、もう少し有効な戦闘が可能であったかもしれない。そしてなによりも、それぞれの同盟が、作戦指導に融通性をもたらさなかったばかりか、逆に硬直させたことにあろう。つまり、現地軍にとっては、これらの同盟関係は制約事項以上のものではなかったのである。そう考えれば、現地軍は作戦の発動を同盟関係が深化するまで待つべきだったのかもしれない。しかしながら、「二次大綱」の趣旨は、現地軍が実施した「政務指導」の成果を軍事作戦により防護し、負けない体制を確保するというものである以上、待つという決断ができなかったのである。そして、ビルマでは作戦強行に流れ、フィリピンでは作戦の不徹底という結果を招いたのである。

まとめ

「二次大綱等」が策定されたこの時期、「大東亜共栄圏建設」の歴史的意義とはいかなるものだったのだろうか。そして、それはどういった問題があったのだろうか。この時期における「大東亜共栄圏建設」の意義とは、政治・経済・戦略的「大東亜共栄圏」の鼎立関係を確立することであり、「大東亜会議」において大東亜諸国間で確認を見た。そして、この確認により、「大東亜戦争」は「戦争の基盤であった『広義軍政』を防衛するための作戦から、『大東亜共栄圏』を防衛するための作戦」へ転換した。ところが、この鼎立関係には戦争を勝利するための構想が欠けていた。このため第十五軍が提案した「インパール作戦」に、大本営は同意しなければならなかった。また、現地軍や大東亜諸国政府も別の思惑があり、適切な防衛体制を確立することに遅れたのである。

「二次大綱等」策定の背景は、南東正面や占領地における戦局の悪化や航空機や船舶の喪失による統帥部の自信喪失であった。この機に、かねてから「統帥権独立の下では戦争指導はできない[135]」と考えていた東条首相は、東南アジアの占領地視察を経て「政略大綱」により政治的「大東亜共栄圏」を政府・大本営間で合意された。また「二次大綱等」に基づく「絶対国防圏」構想により戦略的「大東亜共栄圏」が、軍需省設置により経済的「大東亜共栄圏」が同じく合意され、政治・経済・戦略的「大東亜共栄圏」の鼎立関係が成立した。さらに、この鼎立関係は「大東亜会議」により、大東亜諸国間で「大東亜宣言」として合意を見たのである。

ただし、「大東亜共栄圏建設」という大構想の下に行われたわけでなく、大東亜諸国に対する外交政策である「政略大綱」、戦略である「絶対国防圏」、経済再編である軍需省設置が各々脈絡なく進んでおり、各アクター同士の妥協の産物であった。また、「大東亜宣言」もまた然りであった。したがって、この鼎立関係の維持・発展には強力な指導力が必要であり、東条首相が、参謀総長・軍需相を兼ねたことや、大東亜諸国に対し日本が指導国であることを認めさせたことも論理の帰結とも言える。

この「大東亜共栄圏建設」という構想が妥協の産物であったという事実は、占領地において問題点として噴出した。フィリピンにおいては大本営と南方軍、南方軍と第十四軍の作戦構想に齟齬を生じ、防衛準備が大幅に遅れたのである。

また、「大東亜共栄圏」の鼎立関係には、必勝の戦略態勢を確立するという決意とその要領のみが強調されおり、大東亜地域における日本軍のプレゼンスの必要を説明できても、いかにして戦争に勝利を収めるかという構想が欠落している。したがって、戦争勝利のためには、唯一、可能性があるＢＣＩ(Buruma, China, India)戦場に、一筋の光明を求める必要があり、「インパール作戦」実施は必然だったのである。

註

(1) 参謀本部第20班 第15課「大本営政府連絡会議決定綴 其の8(東条内閣時代)」(防衛省防衛研究所戦史研究センター史料室所蔵)中央－戦争指導重要国策文書－1110(以下、「大本営政府連絡会議決定綴 其の8」)。

(2) 同右「大本営政府連絡会議決定綴 其の7(東条内閣時代)」(同右)中央－戦争指導国策文書－1108。

(3) 眞田穣一郎「眞田穣一郎少将日記№16」(同右)中央－作戦指導日記－61－2、一一―一三頁(以下、「眞田穣一郎少将日記№16」)。

(4) 福重 博「絶対国防圏をめぐる諸問題」(近藤新治編『近代日本戦争史第4編 大東亜戦争』同台経済懇話会、一九九五年)四八〇―四八二頁。

(5) 波多野澄雄『太平洋戦争とアジア外交』(東京大学出版会、一九九六年)一四一―一五四頁。

(6) 防衛庁防衛研修所戦史室『戦史叢書33 陸軍軍需動員(2) 実施編』(朝雲新聞社、一九七〇年)六五八頁。

(7) 戦争目的に関する論争は、森松俊夫「大東亜戦争の戦争目的」(近藤編『近代日本戦争史第4編 大東亜戦争』)三一一―三一五頁、戸部良一「日本の戦争指導――3つの視点から――」(防衛省防衛研究所編『太平洋戦争の新視点――戦争指導・軍政・捕虜――』防衛省防衛研究所、二〇〇八年)二一―二五頁に詳しい。

(8) Samuel Eliot Morison, *Breaking the Bismarcks Barrier*, Vol. VI, History of United States Naval Operation in World War II (Boston: Little, Brown and Company, 1955), pp. 89-91.

(9) 参謀本部「第8方面軍発電綴 巻1」(防衛省防衛研究所戦史研究センター史料室所蔵)中央－作戦指導重要電－58。

(10) Samuel Eliot Morison, *Coral Sea, Midway and Submarine Actions*, Vol. IV, History of United States Naval Operation in World War II

(Boston: Little, Brown and Company, 1955), p. 230.

（11）ジョン・フェリス（等松春夫訳）「われわれ自身が選んだ戦場」（平間洋一、イアン・ガウ、波多野澄雄編『日英交流史3 軍事』東京大学出版会、二〇〇一年）二二一―二三〇頁。

（12）クリストファー・ソーン（市川洋一訳）『太平洋戦争とは何だったのか』（草思社、一九八九年）二五八頁。

（13）Major General S. Woodburn Kirby, *The War against Japan*, Vol. 2 India's most dangerous hour in J. R. M. Butler, ed., *Historyof the Second World War: United Kingdom Military Series* (London: Her Majesty's Stationery Office, 1958), pp. 253-258.

（14）H. P. Willmott, *Grave of a Dozen Schemes* (Annapolis: Naval Institute Press, 1996), pp. 17-19.

（15）西澤　敦「対中軍事援助とヒマラヤ越え空輸作戦」（軍事史学会編『日中戦争再論』錦正社、二〇〇八年）に詳しい。

（16）井本熊男『作戦日誌で綴る大東亜戦争』（芙蓉書房、一九七二年）四八二頁。

（17）倉沢愛子「米穀問題に見る占領期の東南アジア」（倉沢愛子編『東南アジア史のなかの日本占領』早稲田大学出版部、二〇〇一年）一五五頁。

（18）高橋八郎「親日ビルマから反日ビルマへ」（『鹿児島大学史録』10号、鹿児島大学教養部史学教室、一九七七年）一一二―一一五頁。

（19）太田常蔵『ビルマにおける日本軍政史の研究』（吉川弘文館、一九六二年）四四二頁。

（20）第1復員局調整「緬甸作戦記録　緬甸方面軍兵站の概要」（防衛省防衛研究所戦史研究センター史料室所蔵）南西－ビルマ－421、五七一―五七二頁。

（21）陸軍省「緬甸軍政史　其1」（同右）南西－軍政－68、三六五頁。

（22）"Report on Burma Railway with Special Reference to Hostilities in Burma,"1 Nov. 1942 (Report compiled by General Headquarters in India jointly with British Transportation Directorate), National Archives of Orient Britain（英国国立公文書館）所蔵文書 WO203/S722 X CO16710, P. 13, 倉沢「米穀問題に見る占領期の東南アジア」一三九頁に引用。

（23）太田『ビルマにおける日本軍政史の研究』八六―九四頁。

（24）陸軍省南方政務班「比島視察報告書」（アジア経済研究所所蔵）序文。郡司喜一については、秦郁彦編『南方軍政の機構・幹部軍政官一覧』（南方軍政史研究フォーラム、一九九八年）八一頁。

（25）陸軍省南方政務班「比島視察報告書」九頁。

（26）同右、二二一―二二三頁。

（27）宇都宮直賢『南十字星を望みつつ――ブラジル・フィリピン勤務の思い出――』（自家出版、一九八一年）五三頁。
（28）同右、六〇頁。
（29）中野　聡「米国植民地下のフィリピン国民国家形成」（池端雪浦ほか編『岩波講座東南アジア史7　植民地抵抗運動とナショナリズムの展開――19世紀末～1930年代――』（岩波書店、二〇〇二年）一四〇―一四一頁。
（30）比島調査委員会編『極秘　比島調査報告』第2巻（一九四三年。龍渓書舎、一九九三年復刻）第2章に詳しい。
（31）リカルド・T・ホセ（永井　均訳）「日本占領下における食糧管理統制制度」（池端雪浦編『日本占領下のフィリピン』岩波書店、一九九六年）二二〇頁。
（32）Armando J. Malay, *Occupied Philippines: The Role of Jorge B Vargas during the Japanese Occupation* (Manila: Filipiniana Book Guild, 1967), pp. 102-111.
（33）読売新聞社編『昭和史の天皇11　捷一号作戦』（読売新聞社、一九七〇年）一五六―一五九頁（以下、『昭和史の天皇11』）、日本のフィリピン占領期に関する史料調査フォーラム編『インタビュー記録　日本のフィリピン占領』（龍渓書舎、一九九四年）五〇三―五〇五頁、五〇八―五一二頁。
（34）"*the Philippine Executive Commission Papers* No. 13" 0098 (Jorge B. Vargas Museum and Filipiniana Resarch Center).
（35）「保甲暫行條規」（比島軍政監部「軍政公報　第10号」（昭和十八年六月二十八日）防衛省防衛研究所戦史研究センター史料室所蔵）比島－全般－87。
（36）宇都宮『南十字星を望みつつ』六〇―六一頁。
（37）比島軍政監部「軍政公報　第9号」（昭和十八年三月二十八日）（防衛省防衛研究所戦史研究センター史料室所蔵）比島－全般－86によれば警察官訓練所入所式は八回を数えた。
（38）カリバピについては、太田弘毅「日本軍政下のフィリピンと新比島奉仕団（カリバピ）」（『政治経済史学』145号、一九七六年）に詳しい。
（39）総裁は行政府長官ホルヘ・B・バルガス。
（40）No. 74, *JOSE P. LAUREL PAPERS*, SER, 003, ROLL 001; JAPANESE OCCUPATION PAPERS, JAN. 1942 TO JULY 1943, MANILA: JOSE P. LAUREL MEMORIAL FOUNDATION（京都産業大学図書館所蔵）。
（41）No. 75, *Ibid.*
（42）中野　聡「宥和と圧制」（池端編『日本占領下のフィリピン』）二六―二七頁。

（43）中野「米国植民地下のフィリピン国民国家形成」一五二―一五五頁。
（44）*"the Philippine Executive Commission Papers* No. 13" 0163.
（45）*Ibid.*, 0107.
（46）江上芳郎『南方特別留学生招聘事業の研究』（龍渓書舎、一九九七年）二一―二三頁。
（47）委員会の陣容は次の通り。蠟山政道（元東大教授）、大島正徳（元東大教授）、東畑精一（東大教授）、伊藤兆司（九大教授）、杉村広蔵（元東京商大教授）、末川　博（大阪商大教授）、武内辰治（関西学院大助教授）、周郷　博（元東大助手）、林純一（元東大助手）、福島英二（九大助教授）、馬場啓之助（東亜研究所所員）、平田隆夫（大阪商大助教授）
（48）比島調査委員会編『極秘　比島調査報告』第1巻（一九四三年。龍渓書舎、一九九三年復刻）五―六頁。
（49）筒井千尋『南方軍政論』（日本放送出版協会、一九四四年）二四〇―二四一頁。
（50）『昭和史の天皇11』三四頁。
（51）比島調査委員会編『極秘　比島調査報告』第2巻、三五―三九頁。
（52）リカルド「日本占領下における食糧管理統制制度」二二四頁。
（53）蓬莱米の詳細については藤原辰史「稲も亦大和民族なり」（池田浩士編『大東亜共栄圏の文化建設』人文書院、二〇〇七年）一八九―二四〇頁。
（54）『昭和史の天皇11』二五―二八頁。
（55）同右、三三頁。
（56）比島調査委員会編『極秘　比島調査報告』第2巻、第6章、三頁。
（57）同右、一六頁。
（58）永野善子「棉花増産計画の挫折と帰結」（池端編『日本占領下のフィリピン』）一八六―一九〇頁。
（59）同右、一八五―二一八頁、高岡定吉『比島棉作史』（比島棉作史編集委員会、一九八八年）、読売新聞大阪本社社会部編『新聞記者が語りつぐ戦争3　比島棉作部隊』（新風書房、一九九一年）、『昭和史の天皇11』等が詳しい。
（60）比島軍政監部産業部「産業関係要綱総覧」（アジア経済研究所所蔵）六六―七二頁。
（61）「ピクル」とは中国から東南アジアの海運関係で使われる重さの単位。一ピクルは約六〇キログラム。
（62）比島軍政監部「軍政公報　第六号」（一九四二年十月）（防衛省防衛研究所戦史研究センター史料室所蔵）比島－全般－84、三七―四二頁。

(63) 比島軍政監部産業部「産業関係要綱総覧」五九―六一頁。
(64) 永野「棉花増産計画の挫折と帰結」二〇四頁。
(65) 伊藤　隆、渡辺行男編『重光葵手記』（中央公論社、一九八六年）三二三頁。
(66) 伊藤　隆、片島紀男、広橋真光編『東條内閣総理大臣機密記録――東條英機大将言行録――』（東京大学出版会、一九九〇年）四四頁。
(67) 伊藤、渡辺編『重光葵手記』四二三頁。
(68) 軍事史学会編『大本営陸軍部戦争指導班　機密戦争日誌』上（錦正社、一九九八年）二一三―二一五頁（以下、『機密戦争日誌』）。
(69) 「眞田穣一郎少将日記No.16」一一―一三頁。
(70) 防衛庁防衛研修所戦史部『史料集　南方の軍政』（朝雲新聞社、一九八五年）四四―四六頁。
(71) バー・モウ（横堀洋一訳）『ビルマの夜明け』（太陽出版、一九七三年）三一八―三二一頁。
(72) フィリピンにおける経済建設は、食糧自給に重点が置かれた。陸軍司政長官山越道三「軍政下ニ於ケル比島産業ノ推移」（昭和十八年十二月）（アジア経済研究所所蔵）七三―八〇頁（以下、山越「軍政下ニ於ケル比島産業ノ推移」）。
(73) 厚生省引揚援護局「支那事変及大東亜戦争戦史資料　其の3　石井秋穂大佐回想録」（防衛省防衛研究所戦史研究センター史料室所蔵）中央-作戦指導回想手記-108、一七二―一七三頁。
(74) 波多野澄雄『太平洋戦争とアジア外交』（東京大学出版会、一九九六年）一三四頁。
(75) 同右、一四四頁。
(76) 防衛庁防衛研修所戦史部『史料集　南方の軍政』五二―五三頁。
(77) 「大本営政府連絡会議決定綴　其の8」。
(78) 「眞田穣一郎少将日記No.16」一一―一三頁。
(79) 「佐藤賢了中将手記」（防衛省防衛研究所戦史研究センター史料室所蔵）文庫-依託-104、三六―三七頁。
(80) 軍令部「大海指3/9」（同右）①中央-命令-22。「大海指」とは「大本営海軍部指示」の略。
(81) 佐藤賢了『軍務局長の賭け――佐藤賢了の証言――』（芙蓉書房、一九八五年）三一七頁。
(82) 『機密戦争日誌』下、一九四三年九月一日、四一九頁。
(83) 安達宏昭『「大東亜共栄圏」の経済構想――国内産業と大東亜建設審議会――』（吉川弘文館、二〇一三年）二三四頁。
(84) 入江　昭『日米戦争』（中央公論社、一九七八年）も「第5章　戦中と戦後の間」でこの考え方をとっている。

（85）参謀本部編『杉山メモ』下（原書房、一九六七年）四〇四頁。
（86）山越「軍政下ニ於ケル比島産業ノ推移」二一八―二二七頁。
（87）外国からの高度な技術移転については、Warren C. Scoville, *The Persecution of Huguenots and French Economic Development, 1687-1720* (Los Angeles: Berkeley, 1960) に詳しい。
（88）リカルド・T・ホセ「第6章　信念の対決――『ラウレル共和国』と日本の戦時外交関係　1943-1945年――」（池端雪浦、リディア・N・ユー・ホセ編『近現代日本・フィリピン関係史』（岩波書店、二〇〇四年）二〇七頁。
（89）宇都宮『南十字星を望みつつ』一三二―一三三頁。
（90）防衛庁防衛研修所戦史室『戦史叢書41　捷号陸軍作戦（1）　レイテ決戦』（朝雲新聞社、一九七〇年）二〇―二三頁（以下、『戦史叢書41　捷号陸軍作戦（1）』）。
（91）「大陸命第八九四号」（「命　巻第11」防衛省防衛研究所戦史研究センター史料室所蔵）中央－作戦指導大陸命－115、三四七頁。
（92）『戦史叢書41　捷号陸軍作戦（1）』三五頁。
（93）同右、二五頁。
（94）No. 104, *JOSE P. LAUREL PAPERS*, SER, 003, ROLL 002; JAPANESE OCCUPATION PAPERS, AUG. 1943 TO MAY 1944, MANILA: JOSE P. LAUREL MEMORIAL FOUNDATION（京都産業大学図書館所蔵）。
（95）茶園義男編『BC級戦犯フィリピン裁判資料』（不二出版、一九八七年）において、一九四三年から四四年にかけて、中比で日本軍の非違行為が多発したことが確認できる。
（96）参謀本部編『杉山メモ』下、三四三頁。
（97）『機密戦争日誌』上、三三〇頁。
（98）「占領地帰属腹案ノ説明」（参謀本部第20班　第15課「大本営政府連絡会議決定綴　其の6（東条内閣時代）」防衛省防衛研究所戦史研究センター史料室所蔵）中央－戦争指導重要国策文書－1107。
（99）「緬甸独立指導要綱」（大本営政府連絡会議「ビルマ独立関係綴　昭和17年7月20年2月」同右）中央－戦争指導重要国策文書－1340。
（100）波多野『太平洋戦争とアジア外交』一一〇頁。
（101）参謀本部編『杉山メモ』下、三九二―三九三頁。
（102）南方軍総司令部「南方範域防衛ノ為ノ兵力等ニ関スル意見」（参謀本部「南方軍発電綴」防衛省防衛研究所戦史研究センター

史料室所蔵）中央－作戦指導重要電報－51。
(103) 太平洋戦争研究会編『日本陸軍将官総覧』（PHP研究所、二〇一〇年）一四三―一四四頁。
(104) 「緬甸方面軍司令官ニ対スル参謀総長要望」（防衛庁防衛研修所戦史室『戦史叢書66　大本営陸軍部（6）　昭和十八年六月まで』（朝雲新聞社、一九七三年）三〇九―三一〇頁。
(105) 河辺正三「緬甸日記抄録」昭和十八年三月二十二日（防衛省防衛研究所戦史研究センター史料室所蔵）南西－ビルマ－1。
(106) 「日本国『ビルマ』国間同盟条約案」（参謀本部第20班　第15課「大本営政府連絡会議決定綴　其の7（東条内閣時代）」同右）中央－戦争指導重要国策文書－1108。
(107) 「河邉正三大将日記2/5」昭和十八年八月二十四日（同右）中央－作戦指導日記－267－2。
(108) 元ビルマ軍事顧問沢本理吉郎「沢本理吉郎回想録　第1部」（同右）南西－ビルマ－21、一八―一九頁。
(109) 伊藤、片島、広橋編『東條内閣総理大臣機密記録』五〇九頁。
(110) 「河邉正三大将日記1/5」昭和十八年七月十三日（防衛省防衛研究所戦史研究センター史料室所蔵）中央－作戦指導日記－266－3。
(111) 根本　敬「ビルマの都市エリートと日本占領期」（倉沢編『東南アジア史のなかの日本占領』）三三二頁。
(112) 閣僚名簿は、防衛庁防衛研修所戦史室『戦史叢書5　ビルマ攻略作戦』（朝雲新聞社、一九六七年）五四二頁（以下、『戦史叢書5　ビルマ攻略作戦』）。各派区分は根本敬「ビルマの都市エリートと日本占領期」によった。
(113) 沢本「沢本理吉郎回想録　第1部」一二頁。
(114) 「日本国緬甸国軍事秘密協定」及び「日本国緬甸国軍事秘密協定ニ基ク細部協定」（『戦史叢書5　ビルマ攻略作戦』）五四四―五四五頁。
(115) 根本　敬「ビルマの民族運動と日本」（大江志乃夫、浅田喬二、三谷太一郎、後藤乾一、小林英夫、高崎宗司、若林正丈、川村　湊編集委員『岩波講座　近代日本と植民地6　抵抗と屈折』岩波書店、二〇〇五年）一〇六頁。
(116) 「昭和18年度帝国陸軍南西方面指導計画抜粋」（『戦史叢書5　ビルマ攻略作戦』）五七三―五七四頁。
(117) 「稲田正純昭南日記」昭和十八年四月二十九日分（防衛省防衛研究所戦史研究センター史料室所蔵）文庫－依託－127。
(118) 高橋「親日ビルマから反日ビルマへ」一一一―一一五頁。
(119) 防衛庁防衛研修所戦史室『戦史叢書15　インパール作戦　ビルマの防戦』（朝雲新聞社、一九六八年）一一一―一一二頁（以下、『戦史叢書15　インパール作戦』）。

(120) 沢本「沢本理吉郎回想録 第1部」一二三頁。
(121) 『戦史叢書15 インパール作戦』一七五頁。
(122) 丸山静雄『インド国民軍――もう一つの太平洋戦争――』(岩波書店、岩波新書、一九八五年) 一二四頁。
(123) 河辺「緬甸日記抄録」昭和十九年八月一日。
(124) ビルマ方面軍参謀部「ビルマ方面軍より観たるインパール作戦 其の1」(防衛省防衛研究所戦史研究センター史料室所蔵) 南西―ビルマ―2、三四五―三四六頁 (以下、「ビルマ方面軍より観たるインパール作戦」)。
(125) 河辺「緬甸日記抄録」昭和十九年四月八日。
(126) 防衛庁防衛研修所戦史室『戦史叢書75 大本営陸軍部(8) 昭和十九年七月まで』(朝雲新聞社、一九七四年) 三〇一―三〇二頁。
(127) 『戦史叢書15 インパール作戦』一二八頁。
(128) 河辺「緬甸日記抄録」昭和十八年六月二十八日。
(129) 『戦史叢書15 インパール作戦』一〇八―一〇九頁。
(130) 「ビルマ方面軍より観たるインパール作戦」三六三頁。
(131) 『戦史叢書15 インパール作戦』五二〇頁。
(132) 河辺「緬甸日記抄録」昭和十九年六月三十日。
(133) 同右、昭和十九年六月七日。
(134) 「ビルマ方面軍より観たるインパール作戦」八九頁。
(135) 井本『作戦日誌で綴る大東亜戦争』五一七頁。

第五章　「大東亜共栄圏」崩壊と「今後採ルベキ戦争指導ノ大綱」（第三次）

――フィリピン・ビルマ決戦と鼎立構造の崩壊――

問題の所在と背景

一九四五（昭和二十）年三月、「捷号作戦」の失敗によりマニラは陥落し、五月、「イラワジ会戦」の失敗によりラングーンは陥落した。その間、日本軍が養成したＢＡ（ビルマ軍）は反乱を起こし、フィリピン警察軍は崩壊した。また、これに呼応するかのように抗日ゲリラの活動は猖獗を極め、フィリピン及びビルマ対日協力政府が実質的に崩壊した。それは、日本の戦争目的「大東亜共栄圏建設」の破綻を意味していた。なぜなら「大東亜共栄圏」の鼎立構造が完全に崩壊したからである。

さて、「捷号作戦」「イラワジ会戦」はともに、一九四四（昭和十九）年八月に策定された「今後採ルベキ戦争指導ノ大綱[1]」（以下、「三次大綱」）に基づいて実施された軍事作戦であったが、この一連の軍事作戦と鼎立的「大東亜共栄圏」はどのような関係にあったのであろうか。この問題は、「大東亜共栄圏」を意義付ける極めて大きな意味を持つ。なぜなら、その崩壊過程にこそ戦争指導失敗の原因が露見し、その構造的特性が明らかになるからである。

具体的には、サイパンや北緬失陥の経過をたどれば、戦略的「大東亜共栄圏」である「絶対国防圏」の意義が明らかになろう。また、小磯内閣の成立と「三次大綱」の策定からは中央が「絶対国防圏」崩壊後において、いかに鼎立的「大東亜共栄圏」を再構築しようとしたかが明らかになろう。さらに、作戦に関する中央及び現地軍の論争は、鼎立的「大東亜共栄圏」にいかなる優先順位を考えたかが明らかになろう。

従来の「サイパン作戦」や「捷号作戦」の研究は、海軍に関するものが主体であり[2]、陸軍に関する研究もなくはないが、作戦的見地からの研究が主体であった[3]。「イラワジ会戦」もまた然りである[4]。つまり、作戦研究が主体であって、戦争指導から見た占領地軍政と軍事作戦の相互作用という観点では顧みられることはなかった。

本章は、「三次大綱」に基づいて実施された占領地軍政と軍事作戦がどのように相互作用したかを分析し、その構造を明らかにすることを目的としている。

そのため、まず、第一節では「三次大綱」策定前の現地軍の混乱状況を確認する。戦略的「大東亜共栄圏」崩壊の端緒となったサイパン失陥の原因と「インパール作戦」後の現地軍の状況判断を、大陸打通を企図した「一号作戦」との関係から明らかにする。

次に、第二節では、東条内閣崩壊後の混乱後、なぜ朝鮮総督小磯国昭大将が後継首相に選ばれたのか。また、それは今後の戦争指導とどのような関係にあったのか。そして、「三次大綱」策定を通じて、それまでの政略と戦略との間にいかに整合をとろうとしたかを、元老会議、最高戦争指導会議[5]（以下、「最高会議」）、参謀本部、大東亜省の議論から明らかにする。そして、最後に戦争指導機構にどのような変化が生じたかを明らかにする。

さらに、「三次大綱」の下、参謀本部から派遣された作戦参謀瀬島龍三少佐の現地指導が効果を発揮し、フィリピンでは「捷一号作戦」、ビルマでは「イラワジ会戦」が準備された。これにより、現地軍の混乱は一見収束していった。しかしながら、両戦域とも作戦準備の進展に伴い新たな混乱が生じた。それは戦場の選定であった。これを決定するに当たり、いかなる問題が生じたかを第三節で明らかにする。

また、「三次大綱」策定に伴い、鼎立的「大東亜共栄圏」維持のために決戦を行うことが現地軍においても確認された。しかしながら、この作戦構想に対日協力政府がこれまで通り協力するかは別問題である。なぜなら、対日協力政府にとっては自国本土を戦場にする作戦だからである。では、この新たな事態に対日協力政府は、どのような対応をとったのであろうか。そして、その他の当事者たちは、どのように動いたのだろうか。また、それは作戦にどのような影響を及ぼしたのであろうか。以上を第四節で検討する。

最後に、「三次大綱」に基づく作戦はいずれも失敗に終わった。「イラワジ会戦」然り、「レイテ決戦」また然りである。この敗北により、経済・戦略的「大東亜共栄圏」は崩壊した。また、ＢＡは反乱を起こし、フィリピン警察軍は蒸発しゲリラ化した。そして、その結果、対日協力政府は実質的に崩壊し、政治的「大東亜共栄圏」も崩壊した。この崩壊過程から「大東亜共栄圏」の構造を第五節で検討する。

一　「三次大綱」策定時点（一九四四年八月十九日）までの現地軍の混乱

（一）　陸軍兵力の中部太平洋への推進と「一号作戦」

「インパール作戦」及び「サイパン作戦」の失敗に伴い、日本を含む大東亜諸国は、連合軍による直接空地侵攻の危機にさらされた。なかでもサイパン失陥は米軍に日本本土に対する戦略爆撃を可能にさせ、東条内閣崩壊の端緒となったのである。

一般に、サイパンの早期失陥の理由は、防衛構想確立の遅れが指摘されている[6]。確かに、サイパン島防衛に任ずる第四三師団（師団長斎藤義次中将）がサイパン島に到着し陣地配備が決定したのが、一九四四（昭和十九）年五月末で、米軍上陸のわずか二〇日前であったことを考慮すれば、それも正しいように思える。しかしながら、当初、大本営が考えた派遣部隊は第十三師団（師団長赤鹿理中将）であり、その派遣時期が四三（昭和十八）年十一月であった[7]ことを考えれば、なぜこのように半年も遅れたのか疑問が残る。

第十三師団派遣取り止めの原因は、中国南西部航空基地を破壊しつつ大陸打通を図る「一号作戦」によるものであるが、そもそも、なぜ「一号作戦」は行われなければならなかったのだろうか。また、太平洋正面にはどのように影響したのだろうか。

杉山元参謀総長は、一九四三（昭和十八）年十月十四日、「絶対国防圏」構想に基づき、在支の第三（師団長山本三男中将）・第十三・第三六（師団長田上八郎中将）、金沢の第五二（師団長麦倉俊三郎中将）、熊本の第四六（師団長若松只一中将）の計五個師団を中部太平洋・豪北及び南西正面に迅速に展開するため、先遣隊の派遣を発令した。大本営陸軍部が支那事変以来の精鋭師団であり、中国戦線の骨幹部隊である第三師団、第十三師団、大本営総予備の地位にある第五二師団、第四六師団を太平洋正面への転用することを決心したこと自体、新構想完遂への熱意の表れと言える。

一方、この時期、参謀本部において大きな人事異動があった。綾部橘樹作戦部長が転出し、作戦課長であった真田穣一郎少将が作戦部長に昇格した。真田少将は八月頃までに「長期戦争計画資料」を纏め上げたものの、勝利の希望を見出せなかった。このため、たとえ太平洋正面の戦況が悪化しても持久し得るよう中国大陸に足場を持ち、南方軍と直接手を繋いで長期戦を戦い抜くことが必要と感じていた。長期持久の体制をとることは「絶対国防圏」構想と一致し、また中国に足場を持つことは、「審議会」の経済構想とも一致している。

また、作戦課長にはガダルカナル失敗の責任をとって東条首相の秘書官に転出していた服部卓四郎大佐が返り咲いた。服部大佐が、南方の視察から帰任して、本土と南方を連絡する大陸打通作戦を主張した矢先の一九四三（昭和十八）年十一月、在支米空軍が台湾の新竹を空襲した。この空爆は大本営に深刻な衝撃を与えた。なぜなら、「絶対国防圏」の内側で、敵航空機が跳梁することは、「大東亜共栄圏」の存立に関わる大問題だからである。杉山参謀総長は服部作戦課長に、東シナ海の船舶被害に鑑み、南西支那の敵航空基地を制圧し、米空軍の跳梁を制止する可能性を質した。ここに、杉山参謀総長、真田作戦部長、服部作戦課長の思惑が一致したと言われている(8)。ところが詳細に観察すると、杉山参謀総長の考えは敵航空基地の制圧、真田作戦部長は大陸での長期持久態勢、服部作戦課長は南方軍との鉄道での連絡であり、これだけでも作戦目的が曖昧になる可能性があったのである。

大本営は、一九四三（昭和十八）年十二月上旬、「一号作戦」の構想を支那派遣軍に内示し、その計画を提出するよう要求した。支那派遣軍総司令部ではただちに研究を開始したが、作戦の基礎条件として第三師団、第十三師団の使用を希望した結果、十二月中旬、大本営は両師団の派遣延期を決心した。

一方、大本営は、服部作戦課長の統裁で、陸軍全般作戦指導に関する「虎号兵棋演習」を実施した。この演習での前提は、一九四四（昭和十九）年末頃まで「絶対国防圏」前方要域（ウェーク、マーシャル、東カロリン）で持久し得るという服部作戦課長の判断に基づいていた。[9] そして、演習の結果、その必要性が認められ実行に移されることになった。つまり、第十三師団のサイパン派遣中止の直接的な理由となった背景としては、「一号作戦」に対する現地部隊の要求のみならず、大本営陸軍部の太平洋正面に対する楽観があったのである。

ところで、いくら大本営陸軍部の楽観があったにせよ、最も必要性の高い「絶対国防圏」への兵力転用をも取り止めた「一号作戦」とは、どのようなものだったのだろうか。支那派遣軍（総司令官畑俊六大将）は、一九四四（昭和十九）年一月、「一号作戦計画大綱案」を作成した。それは、作戦目的を敵航空基地の覆滅、大陸打通、重慶軍撃破の三つに置いていた。参謀本部はこれをもとに作戦計画案を策定し、東条陸相に説明した。ところが東条陸相は、作戦目的を単純明瞭にし、航空基地の覆滅に絞るよう指導した。[10] また、杉山参謀総長も、一月二十四日、敵飛行場群を覆滅し本土及び東シナ海の安全を期すのが第一の目的で、副目的として大陸を打通し海上輸送が遮断されても南方との輸送確保を期していると上奏した。[11] 陸軍省部のトップの発言から、「一号作戦」は「絶対国防圏」を完成するための戦略であったことが分かる。なぜなら「絶対国防圏」は「本土及び大東亜圏重要資源地域に対する侵襲阻止、圏内海空陸輸送の安全確保」と定義されていたからで、敵飛行場群は覆滅されなければならなかったからである。

さて、ではサイパンへの穴埋めはどうしたのであろうか。一九四四（昭和十九）年二月一日、米軍がマーシャルに来攻し、両統帥部長（杉山参謀総長、永野修身軍令部総長）が昭和天皇に戦況を報告した際、天皇から「いつも後れをとっているが、今後は後れをとらぬよう後方要線を固めよ」という趣旨のお言葉があり、杉山参謀総長は「マリアナ、小笠原、硫黄島への兵力輸送は、一番後回しの予定であったが、今後はこれらを優先して急ぎます」と奉答した。(12) この時期マリアナには未だ陸軍部隊が入っていなかったのである。

一九四四（昭和十九）年二月十六日、大本営陸軍部は、北東及び中部太平洋方面に対する兵力の増強及び統帥組織の強化に関する案を完成した。これによると、東西カロリン諸島からマリアナ、小笠原に至る島嶼部に陸軍戦力を隈なく展開し、中部カロリンからマリアナ、小笠原を所掌する統帥組織として第三一軍（司令官小畑英良中将）を新設し、海軍指揮官の指揮下に入れる予定であった。(13) そしてサイパン島、テニアン島等には第二九師団（師団長高品彪中将）を配備する予定であった。陸軍としては、マリアナ、小笠原、硫黄島の線以外の兵力派遣は気が進まなかったが、マリアナを保持するためにも、トラックを含む東カロリン諸島が必要という海軍の声に押された。

この後、船舶増徴問題、(14) 参謀本部のマリアナ諸島への二個師団配備及びサイパン島に対する第十四師団（師団長井上貞衛中将）配備決心、第十四師団のパラオ移転等、サイパン島への配備計画は戦況と船腹状況に翻弄され、一九四四（昭和十九）年四月七日、ようやく第十四師団の後詰として第四三師団（名古屋）にマリアナに対する派遣命令が発出された。(15) そして、第四三師団がサイパンに配備完了したのは六月七日、米軍上陸の八日前であった。しかしながら、従来と違い、島嶼部に師団規模を来攻前に配備できたことは大成功であり、東条参謀総長（二月二十一日から総長兼任）はサイパン防備に自信を示した。また、服部作戦課長も「たとえ海軍航空がゼロになっても敵をたたき出せる。」と断言した。(16) 確かに地上兵力を比較すると日本軍三万対米軍六万であり、単純な防御戦闘であればそれほど困難な戦力比で

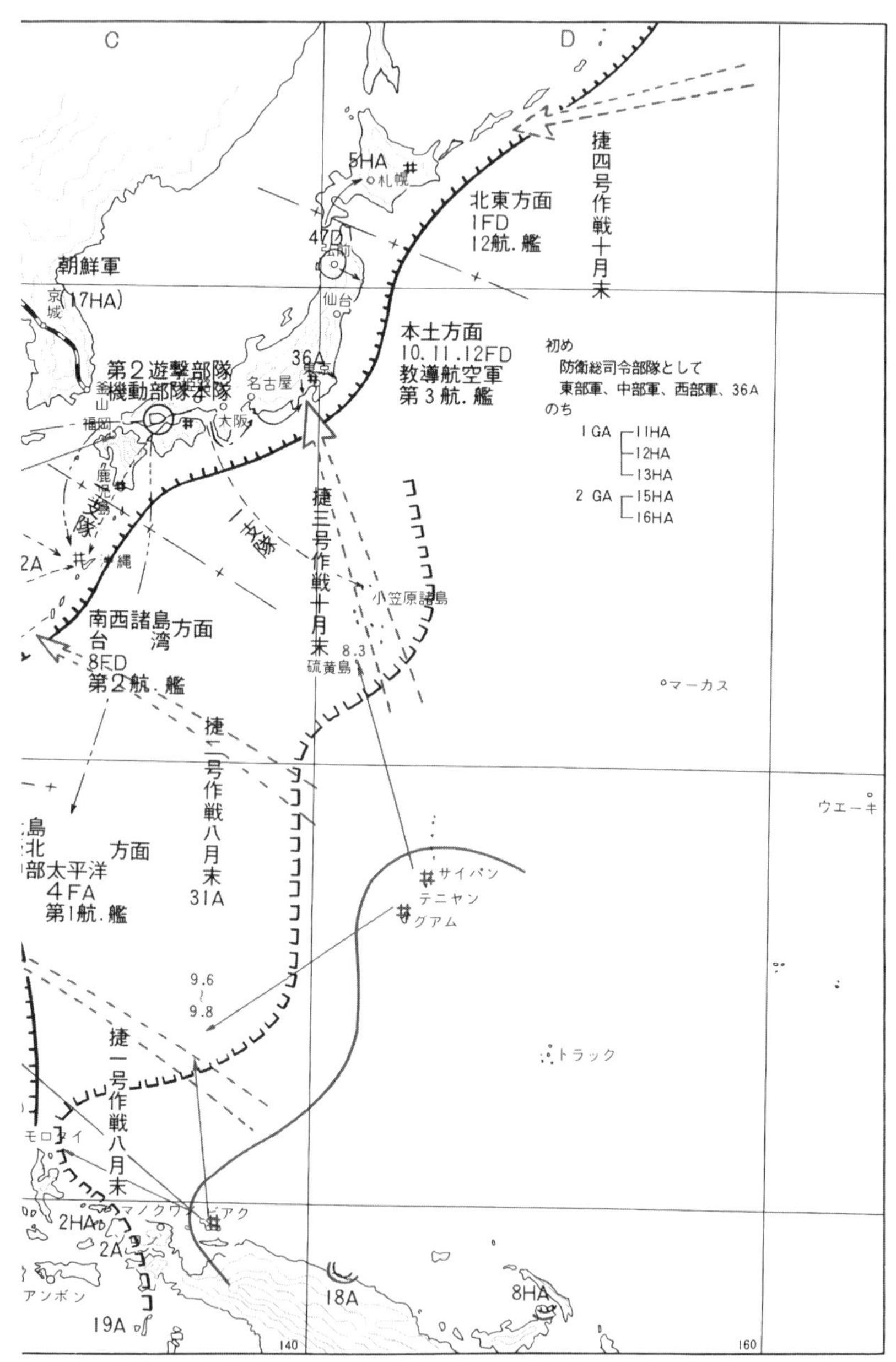

C
D
捷四号作戦十月末
5HA
札幌
北東方面
1FD
12航.艦
47D
弘前
朝鮮軍
京城
17HA)
仙台
本土方面
10.11.12FD
教導航空軍
第3航.艦
初め
防衛総司令部隊として
東部軍、中部軍、西部軍、36A
のち
1GA
11HA
12HA
13HA
2GA
15HA
16HA
第2遊撃部隊
機動部隊本隊
36A
東京
名古屋
釜山
福岡
大阪
鹿児島
支隊
2A
沖縄
一支隊
捷三号作戦十月末
小笠原諸島
南西諸島
台湾
方面
8FD
第2航.艦
8.3
硫黄島
マーカス
捷二号作戦八月末
31A
ウエーキ
島
北
方面
部太平洋
4FA
第1航.艦
サイパン
テニヤン
グアム
9.6
9.8
トラック
捷一号作戦八月末
モロタイ
マノクワリ
ビアク
2HA
2A
アンボン
18A
8HA
19A
140
160

日本の戦争』より)

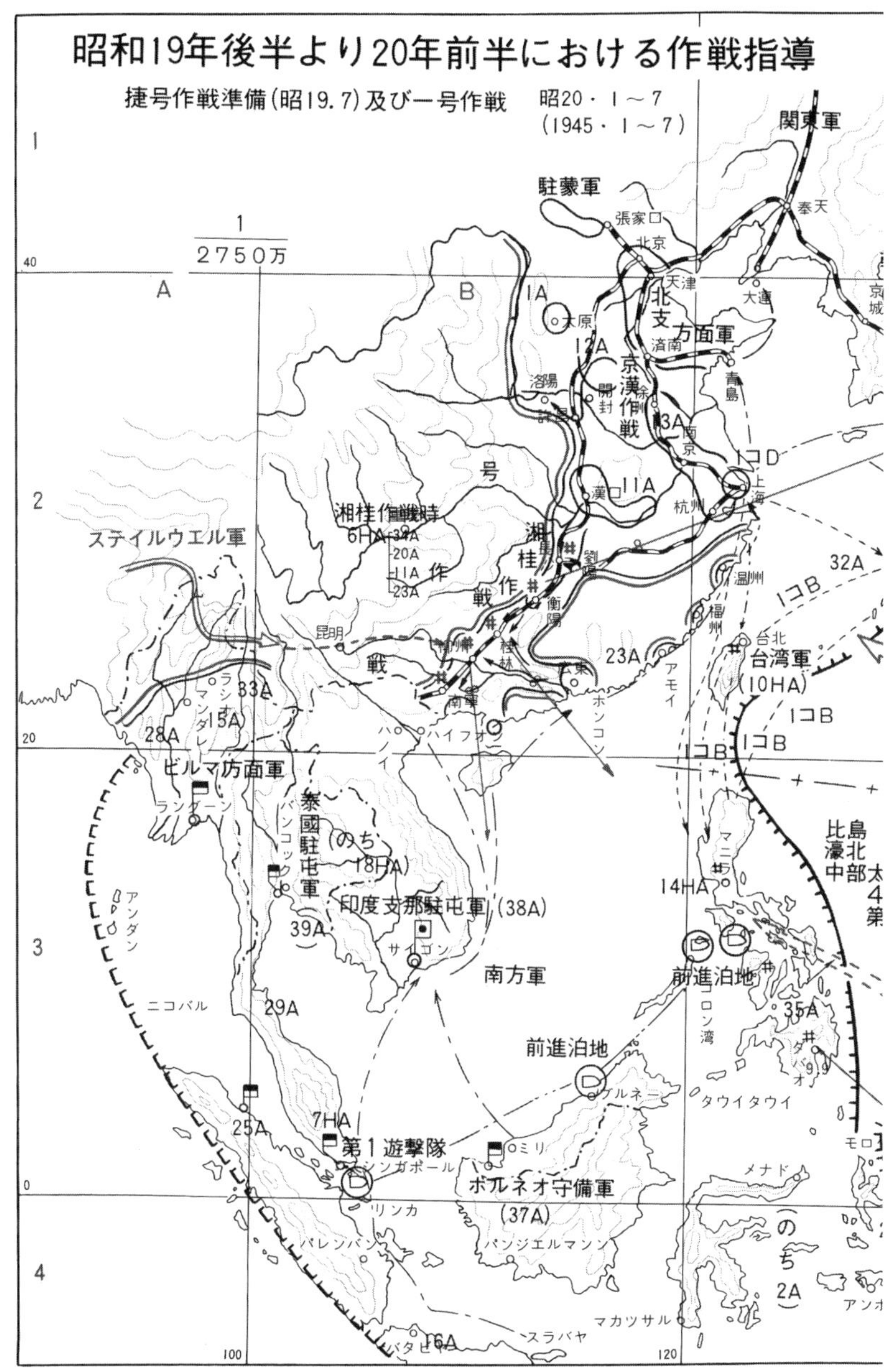

図7　昭和19年後半より20年前半における作戦指導（戦史叢書刊行会編『近代

はない。しかし、それには十分な準備が必要であった。服部作戦課長の自信とは裏腹に、呆気なくサイパンは失陥し、「絶対国防圏」の重要な一角が崩壊したのであった。

サイパン早期失陥の原因は、防衛構想確立の遅れが指摘されていることは述べたが、ただし、それがサイパンへの陸軍部隊配備があれほど遅れた理由にはならない。なぜなら、サイパンは日本の死命を制する要点という共通認識はあったし、事実一九四三(昭和十八)年十月の段階で第十三師団配備を計画していたからである。

サイパンへの配備が遅れた原因は、船舶増徴問題、派遣部隊の配備変更等複数あるが、そのひとつとして「一号作戦」への対応があろう。その「一号作戦」を優先した説明として、服部作戦課長は「太平洋方面は突破されるかも知れぬ。恐らく海洋は連合軍の制覇に帰するであろう。海洋から圧せられた場合、われは大陸に依存せねばなるまい」[17]と回想しているが、これは明らかに正確さを欠く。なぜなら、「絶対国防圏」とは突破されてはならない地帯であり、最も優先順位が高い配備目標だからである。「一号作戦」の必要性は、東条陸相や杉山参謀総長が喝破しているように、航空基地覆滅であった。これを成し遂げられなければ、「絶対国防圏」が完成しないのである。したがって、その必要性は優先順位が高いものであり、第三師団、第十三師団を使用するのは当然であった。ただし、その代替案の出し遅れこそが致命的であった。そしてその根本原因は、「虎号兵棋演習」に表れた太平洋正面に対する楽観であった。

(二) ビルマ正面

この時期、ビルマにおいては、インパール正面の不振が、北緬一帯に深刻な影響を与えていた。スチルウェル中将率いる米支軍（新編第一軍）が、援蔣路を開放するために東アッサムのレドを起点としフーコン谷地から侵攻してきた。ビルマ方面軍（司令官河辺正三中将）は、「インパール作戦」の間、フーコン正面には第十八師団（師団長田中新一中将）のみを配備し、マインカンからミイトキーナに至る間に持久を命じていた。第十八師団は、一〇〇日にわたる悪戦苦闘の末、任務を達成しつつあったが、持久戦の目的自体が、地域を犠牲にして、我が部隊の損害を極限しつつ、時間の余裕を獲得するものであるがゆえに、北緬一体の喪失は避けられなかった。この状況で、北緬担当の第三三軍（司令官本多政材中将）司令部は戦略を重視した雲南攻勢か同盟を重視した北緬奪回かで割れる（実は「インパール作戦」が失敗し、北緬一帯を喪失した場合、依るべき準拠がなかったのである）。結局のところ、雲南攻勢が行われるが、これを決定した要因は何だったのであろうか。

方面軍は、「インパール作戦」が成功しコヒマを占領しさえすれば、東アッサムに通じる鉄道すなわち、その後方連絡線を脅威するので、米支新編第一軍の進撃速度を遅らせることができる、またインパール正面から第十五軍の部隊を転用することもできる、と考えていた。ところが、インパール正面の不振により、この企図は脆くも崩れ、一九四四（昭和十九）年五月十七日、北緬の要衝ミイトキーナは包囲され、その周辺の飛行場を失ったのである。さらに、雲南正面にも危機が迫っていた。この正面を担任する第五六師団（師団長松山祐三中将）も、重慶軍六個師団（雲南遠征軍）の攻勢にさらされ、苦戦を続けていたのである。

南方軍総司令部が、この状況を重く見たのは当然であった。南方軍総司令部が、ビルマ方面軍に作戦目的として命じていたのは、「ビルマ全土の防衛」と「援蔣路遮断」であり、その目標は、ビルマ要域の安定確保のための要地の確保、すなわちコヒマ、インパールを含むマニプール盆地、アキャブ島周辺と、「援蔣路遮断」のための地域である。[18]したがって、「インパール作戦」の失敗により、目的を二つとも達成できなくなることは耐えられないことであった。

そこで、南方軍総司令部は、ビルマ方面軍司令部の「インパール作戦」中止の意見具申を受け、大本営に対して「インパール作戦」を中止するとともに、北緬一帯の防備を強化して援蔣路を遮断することを意見具申した。[19]

大本営はこれを諒とし、一九四四（昭和十九）年六月三十日、参謀次長（後宮淳大将）から南方軍総参謀長（飯村穣中将）宛に、国軍全般の状況からビルマに投入できる戦力には限りがあること、印支連絡路の直接遮断が必要なことを打電した。[20]この時期は、サイパンが失陥し、その奪回作戦を断念した直後であり、また中国大陸では支那派遣軍により「一号作戦」を実施中でもあったため、大本営としてもビルマに手が回りかねる時期でもあったのである。

大本営が、なぜ印支連絡路の直接遮断を必要としたかは、一九四四（昭和十九）年七月一日の東条参謀総長の上奏（以下、「東条上奏」）から明らかである。「東条上奏」では、「印支連絡路遮断」の放棄は、中国を基地とする連合軍航空部隊による、日本本土爆撃及び南方資源地域との交通遮断作戦が急速に進展することになる、すなわち「印支連絡路遮断」は「ビルマ作戦」究極の目的であり、完遂が必要である、としていた。また、「インパール作戦」の放棄は政略上影響が大きいものの、戦略上絶対の要請の前にはこれを捨てることもやむを得ない、としていたのである。南方総司令部軍は、参謀次長からの電を受け、七月二日、ビルマ方面軍の任務を更改した。そして、その内容は、チンドウィン河以西地区での持久と怒江西岸地区及び北緬においての敵の印支地上連絡企図の破砕封殺であった。[21]南方軍総司令部は、北緬の飛行場が敵手に落ちた以上、従来の空地連絡封殺遮断という任務は、達成困難であり、敵の印支地上連絡企図の破砕封殺がせいぜいであると判断した。

ビルマ方面軍司令部は、この任務更改により、これまでよりその任務が軽減されたものと判断した。そこで方面軍司令部は、海岸正面を担任する第二八軍（司令官桜井省三中将）から第二師団（師団長横山静雄中将）を抽出し、北緬及び雲南正面を担任する第三三軍を増強するとともに、北緬の新編第一軍もしくは雲南の雲南遠征軍の撃破を命じた。[22]しかし、第三三軍は、二個正面に指向する戦力はなく、いずれを選択すべきかが問題となった。

まず北緬案から検討する。戦略的には、北緬の新編第一軍を撃破して、ミイトキーナとその周辺飛行場を奪回できれば、地上連絡遮断のみならず航空輸送を妨害できる。また、政略的にも、「日緬同盟」の見地からビルマ領土の奪回は日本の義務でもあった。したがって、第三三軍司令部内の議論においても、当初、北緬案が優勢であったことは当然であった。ところが、北緬案の問題点は、ウィンゲート旅団が行った破壊活動や空爆のために、ミイトキーナに至る主要作戦路が荒廃しているだけでなく、補給幹線である鉄道は寸断されており、頼みである現地物資もその不毛な土地からは調達することが困難であった。

次に雲南案である。戦略的には、ミイトキーナ経由の航空輸送阻止は諦めざるを得ないものの、雲南の雲南遠征軍を撃破すれば地上連絡遮断は確実になる。そればかりか、雲南正面に国民党直系の雲南遠征軍を引き付ければ、現在発動中の「一号作戦」への寄与は絶大なものがある。[23]また、雲南案は、現地物資が豊富で補給幹線も健在であった。

要するに、補給困難な政治的「大東亜共栄圏」と補給容易な戦略的「大東亜共栄圏」のいずれかを重視するかの問題であった。そして、第三三軍は、補給の確実性と「一号作戦」の寄与度から、主作戦正面を雲南と決定した。[24]この決定に基づき、第二師団の進出を待ち、一九四四（昭和十九）年九月、怒江西岸地区に「断号作戦」を実施し、雲南遠征軍を撃破して印支地上連絡企図を破砕封殺することとなった。

このビルマ方面軍任務更改と「断号作戦」決定の過程から、大本営としては「ビルマ作戦」の目的が大きく変質したこと、さらに方面軍としては、自活自戦の可能性を重視しなければならない状態に立ち至ったことを指摘しなければなるまい。

本来、ビルマ方面軍の任務は、侵攻する英印米支軍を撃破して、ビルマを防衛し、印支連絡を遮断することであった。そして、方面軍としては、ビルマ防衛に完璧を期すことが、「印支連絡路遮断」という戦略的任務のみならず、ビルマ民心の把握や「対印工作」「対支新政策」の政略的任務を同時に達成することになり、そのための「インパール作戦」でもあった。また、それこそが、戦争目的である「大東亜共栄圏建設」に合致するものと考えていた。しかしながら、「インパール作戦」の失敗が招いたチンドウィン河以西地区への後退と北緬一帯の喪失は、全ビルマの防衛をほとんど不可能ならしめただけでなく、「対印工作」や「印支連絡路遮断」をも困難にしていた。そして、「東条上奏」に明らかなように、「ビルマ作戦」の目的は、「印支連絡路遮断」継続による本土爆撃及び南方資源地域との交通遮断回避となり、「絶対国防圏」建設優先に変質していった。つまり、中央は、この時点において、ビルマでの作戦に関しては、政治的「大東亜共栄圏」の維持はある程度目をつぶるようになったと言える。

また、「インパール作戦」の失敗は、間接的に北緬一帯の荒廃と補給幹線の破壊をもたらし、戦略遂行のための選択肢をも制限した。「断号作戦」実施に当たり第三三軍が重視したのは、兵站の確実性つまりは自活自戦の可能性であった。そして、「インパール作戦」同様、ここでも「日緬同盟」の利点は発揮されなかったのである。なぜなら、第三三軍にとって自活自戦の可能性がより高いと考えられたのは、「日緬同盟」の利が期待された北緬ではなく、現地調達可能な敵国領土である雲南だったからである。そして、爾後の「イラワジ会戦」準備の際も、この自活自戦の必要性がことさらに大きな意味を持つようになるのである。

(三) フィリピン

サイパン陥落後、「捷一号作戦指導要領案」手交前の一九四四(昭和十九)年七月十日、第十四軍司令官黒田重徳中将は、兵団長会同を実施し、「第十四軍作戦計画」を示達した。そして、「今まで治安第一主義であったが、既に米軍西進切迫の今日は戦闘第一主義にならなければならない。諸官はこの点に十分注意されたい」と訓示し、「各島に兵力をバラバラに配置するよりはルソンにまとめたい」とかねてからの所信を語った。この訓示と所信は、フィリピン防衛の混乱を表し、さらにこの混乱に拍車を掛けた形となった。

今回の兵団長会同は、新たに補職された改編師団長や旅団長に対し、第十四軍の計画を示達したものであったが、新たに赴任した師団長、旅団長は「いったい第十四軍は今まで何をしてきたのか」と不審視さえした。おそらく、黒田中将も、準備の遅れは十分に感じていたからこそ、このような訓示になったと考えられる。なぜなら、少ない戦力で治安を確保しつつ基地設定を行い、かつ防衛準備は不可能であったという第十四軍の苦衷を示しつつ、サイパン陥落後の方針と自己の所信を伝えたと考えられるからである。

しかしながら、おそらく大本営が考える陸上戦力ルソン決戦案と黒田中将のルソンにおける作戦構想は、雲泥の差があったに違いない。ルソン決戦案はあくまで来攻する米軍を撃破するという積極可動的な考えだったのに対し、黒田中将案はマニラ東方山地の複郭陣地に拠って持久するという消極受動的な構想で、食糧が欠乏した場合は降伏する考えであった[25]。このような相違は、作戦目的をどこに置くかということから生じた問題であったと言える。ルソン決戦案は、フィリピンを防衛しラウレル政権が維持して政治的「大東亜共栄圏」を確保するためであった。他方、黒田中将案はフィリピンの戦争被害は最小限に抑えることができる。つまり、フィリピン要人と永年交流をあたためかつここまで育ててきたという自負を持つ第十四軍にとっては最良と信ずることができる案であった。ただし、政治的「大東亜共栄圏」維持の必要性から決戦を最良と考えている大本営が受け入れるはずもなく、ただ混乱を増幅しただけに過ぎなかった。この混乱は幕僚活動に直接影響した。上級部隊の指導と指揮官の指針が、まるで違うのであるから当然であった。このことは直接指揮下部隊に関わってくる。指揮下師団長は陣地の編成や築城の優先順位に苦しみ、その結果として防衛準備は遅々として進まなかったのである。

このような状況下、突如として一九四四（昭和十九）年七月二十六日「第十四軍司令部称号変更、第三五軍司令部臨時編成要領」が陸軍大臣から令達され、二十八日、第十四軍は第十四方面軍に改編されるとともに、第三五軍が編成された。第十四方面軍司令官には黒田中将がそのまま残り、第三五軍司令官には鈴木宗作中将が親補された。第三五軍が新編された理由を、空海基地確保等のため中南部比島にも相当の兵力を配備することが計画され、そのため中南部比島に軍司令部を置く必要が認められたからだとしている。ところが、飯村南方軍総参謀長は、第十四軍が戦力を中南比への移動を拒むため、とられた処置だとしている。[26] おそらく両方の理由があろうが、そこまでしなければならないほど、第十四軍と上級部隊の構想は背馳していたのである。

（四）現地軍混乱の理由

フィリピン担任の第十四方面軍もビルマ担任のビルマ方面軍も、政略と戦略のはざまで大きく混乱した。そしてその混乱は、対日協力政府に近いがためにそれまでの政治的声明への配慮や現地軍であるがための地域的合理性の追求といった、中央とはまた違った苦しみであった。その苦しみの末の選択は戦略の重視であり、それは生存の保障と一体となっていたのであった。一方、この混乱は全般態勢上の必要性を重視か現地における可能性重視かという軍事組織に本質的な問題であった。したがって、収束はなかなか難しいものであり、大本営の特別な指導を必要としていたのである。

また、ビルマ方面軍は方面軍司令部に指揮が統一されていたのに比べ、フィリピンにおいては分裂していた。南方軍総司令部が中核となるが、開戦以来の第十四軍があり、海軍もまた関係していた。つまりフィリピンにおける指揮系統は複雑であり、さらに戦力増強はこれからであった。この点からもフィリピンにおける現地軍司令部の苦悩は、それぞれに特別深いものがあったのである。

二 「三次大綱」の策定と戦争指導機構の変容

（一） 小磯内閣成立と鼎立的「大東亜共栄圏」の再編

一九四四（昭和十九）年七月十八日、サイパン失陥により東条内閣は瓦解し、東条大将は参謀総長の職も辞した。これにより後継首相の大命は、朝鮮総督小磯国昭大将に降下し、七月二十二日、小磯内閣が成立した。また、後継陸相には教育総監杉山元元帥が、参謀総長には関東軍総司令官梅津美治郎大将が親補された。では、後継首班はなぜ小磯大将だったのであろうか。この問題は、「絶対国防圏」崩壊に伴う「三次大綱」策定に大きな影響を与える。なぜなら、新内閣の発足により戦争指導が大きく変わる可能性があったからである。従来、小磯大将は、昭和天皇からの評価が低く[27]、陸軍大将の中から消去法で選ばれたとされていた[28]。ところが、鼎立的「大東亜共栄圏」構想の継続か否かという観点で見ると大きく印象が異なる。

後継首相について内奏すべき職にある木戸幸一内大臣は、重臣会議に後継首班を協議させた。本来、本政変の必要性は人心の一新にあった[29]。であるならば、重臣会議においては、いかなる戦争指導構想の下に、誰に政権を委ねるかが議論になろう。ところが、実際は、いかなる政治母体から選出するかを決定して、個人名に及んでいる。具体的には、文官内閣、重臣内閣、皇族内閣の案も出たが、現実の問題として難しく軍人内閣となった。その中で阿部信行は海軍首班の内閣を推したが、米内光政は、軍人は政治に不向きとして受けなかった。ここで、木戸内大臣から「国土防衛体勢の強化、陸軍の内地に於ける配備増強、憲兵の強化より見て、此際陸軍より出すより外なしと考ふ」として陸軍が後継首班に決まった。ここで阿部は「それでは人気一新にならぬ」と抗議したが、大勢は覆らなかった。ここで指摘しなければならないことは、戦争指導に関し対米戦の主体であるはずの海軍は、その構想を持ち得なかったことであり、このため陸軍が後継首班を出さざるを得なかったことである。しかしながら、これでは阿部の指摘するように人気一新にはならず、それまでの構想つまり鼎立的「大東亜共栄圏」による戦争継続を確認するに止まることになった。つまり、ここに「三次大綱」の性格は決まったのである。

では、誰に大命を降下させるべきか。重臣会議では、寺内寿一、小磯、畑俊六の順であった。木戸内大臣は、東条参謀総長に寺内元帥で内奏することを相談した。東条参謀総長は次の理由から寺内元帥案に反対した。まず、第一線の総司令官を空けることが不可能なこと。次に「大東亜共栄圏」はもちろん中立国に与える影響であった。そこで、木戸内大臣は小磯大将で内奏することに決した[30]。ここで注目すべきは、「大東亜共栄圏」に与える影響を挙げていることである。戦略的な理由だけであるならば、第一線総司令官を引き抜くことが不可能であることを述べれば十分であり、小磯大将を選ぶ積極的理由にはならない[31]。小磯大将が選ばれた理由は「大東亜共栄圏」に与える影響ではなかろうか。より具体的に言えば、東条参謀総長は、小磯大将であるなら、鼎立的「大東亜共栄圏」維持という戦争指導構想を受け継ぐことが可能と判断したのではあるまいか。なぜなら、寺内・畑両元帥は確かに陸軍大臣の経験があったが、その経歴の多くは参謀本部におけるもので、軍令畑と言って良いものであった。これに対し小磯大将は陸軍省の経験が長い軍政畑であって、軍事のみならず政治・経済をよく理解していた。また、少佐時代に「帝国国防資源」を著し、戦時自給経済の必要性を訴えていた。つまり、東条参謀総長は自分の構想を受け継ぐのは小磯大将以外にいないと考え、木戸内大臣は、陸軍首班でいく以上今までの路線の継続が有利と判断し、意見が一致したと考えられる。

これにより、今後の戦争指導の方向性は定まった。それは鼎立的「大東亜共栄圏」の再編成である。より具体的に言えば、「絶対国防圏」に替わるあらたな戦略的「大東亜共栄圏」の選定であった。しかしながら、小磯首相のリーダーシップは最初から大きな制約を受けていた。なぜなら、東条首相は陸相を兼摂することにより、陸軍省という支持基盤が存在したが、小磯首相は陸軍大将であっても予備役であり、確固たる支持基盤が存在しなかったからである。だからこそ、陸軍大臣には、それまでの経緯をよく知る元参謀総長杉山元帥を配置したのではあるまいか。

（二）「三次大綱」と「陸海軍爾後ノ作戦指導大綱」

このような環境の中で、一九四四（昭和十九）年八月十九日、「三次大綱」は策定された。「絶対国防圏」構想の破綻は、「二次大綱」そのものの破綻を意味する以上、努めて速い新大綱の策定は当然であろう。実は、「三次大綱」策定手法は通常とは違っていたことが指摘されているが[32]、「三次大綱」の内容の薄さから、「陸海軍爾後ノ作戦指導大綱」の焼き直しに過ぎないとの評価がある[33]。

ところが、参謀本部内の各計画に対する主務担当を確認すると、違った面が見えてくる。「陸海軍爾後ノ作戦指導大綱」は東条内閣崩壊直後の策定であり、陸軍においてその主務担当は参謀本部作戦課であった。他方、「三次大綱」の主務担当は参謀本部の中でも参謀次長直轄の戦争指導班であった[34]。しかも、「三次大綱」の研究は、年頭から行われているのである。つまり十分時間が掛けられ、それなりに内容があるものであった。

では、その成果は、なぜ「三次大綱」に反映されなかったのだろうか。戦争指導班による研究の成果は、一九四四（昭和十九）年三月十五日付で「昭和十九年度末ヲ目途トスル戦争指導ニ関スル観察（第三案）[35]」としてまとめられ、真田穣一郎第一部長以下に回覧された。その結果、真田部長、第二課長服部大佐、同部員瀬島少佐ともに「大体異存ナシ」であったが、真田部長は「趣旨同意ナルモ、之ヲ印刷ニ附シテ残スハ不可ナリトノ意見」であった。次に参謀次長秦彦三郎中将に報告したところ、「内容ノ重大性ニ鑑ミ、今本案ヲ高級次長、総長ニ提出スルモ其ノ飛躍ノ困難性ヲ見透シ暫ク時機ヲ待ツヘク、絶対ニ外部ニ出ササル如ク命」じた[36]。戦争指導班は、その後も研究を進め、七月十二日、発展型である「戦争指導大綱案」を秦参謀次長に説明し、対外調整の同意を得た。つまり、真田部長が「趣旨同意ナルモ、之ヲ印刷ニ附シテ残スハ不可ナリ」と考え、秦参謀次長も「其ノ飛躍ノ困難性ヲ見透シ暫ク時機ヲ待ツヘク、絶対ニ外部ニ出ササル如ク命」じたほどの研究成果の内容の危険性が「三次大綱」に反映されなかった理由ではなかろうか。

この研究成果の何が問題だったのであろうか。おそらく、「国内施策」の項だったと考えられる。なぜなら、その後の一九四四（昭和十九）年七月二十七日付「昭和十九年末頃ヲ目途トスル帝国戦争指導ニ関スル説明」において、「戦略方策」は「絶対国防圏」が崩壊し変更されたが、「国内施策」はほとんど変更がなかったからである。それは、「船舶損耗及空襲対策ノ徹底強化」「航空機ノ徹底増産」「最低国民生活配給ノ円滑化」「大東亜籠城態勢ノ強化促進」「陸海軍大臣、両総長ノ一本化」「戒厳準備」「台湾朝鮮人ノ選挙権付与準備」「国内団体・学校ノ軍隊化」八項目からなっていた。これらは、私権の制限を含むいわば「帝国憲法」停止寸前の、かなり大胆な改革であった。統帥部が戦略上いくら必要を感じたとしても、「最高会議」において、容易に合意を得られるとは考えにくかった。しかし、秦参謀次長が対外調整に同意したのは、「絶対国防圏」崩壊の現状では、これらを「三次大綱」として提議することやむなしと判断できる環境がようやく整ったと判断したからだと考えられる。

はたして、戦争指導班長甲谷悦雄大佐は、一九四四（昭和十九）年七月十四日には陸軍の主務者である佐藤賢了軍務局長、西浦進軍事課長、二宮義清軍務課長、高崎正夫軍事課高級課員、大西一軍務課高級課員に「戦争指導大綱案」を説明した。[37]その時の反応は、西浦軍事課長は「概ネ同意」、二宮軍務課長、大西軍務課高級課員は「不同意」、佐藤軍務局長は「不得要領」であった。要するに、この案では陸軍部内においてさえも意見が一致しなかったことになる。戦争指導班はさらに研究を重ね「陸海軍合一」「生産体制の一元化」に絞り込み、省部の合意事項となった。ところが、「最高会議」で検討の結果、重光外相から「最高会議」の幹事のひとりである佐藤軍務局長に「軍、政、機関ノ一元化問題ハ原案ヨリ撤回セラレ度旨申出」があり、杉山陸相も同意し削除が決まった。[38]これにより、「三次大綱」を通じて、戦争指導のための国内改革を目指していた参謀本部の思惑は全く外れることとなった。

では、なぜ「最高会議」で削除が決まったのだろうか。そもそも、「三次大綱」の当初構想は、戦略のみならず軍政軍令機関の統一等戦争指導組織の改編を含む、戒厳寸前の広範なものであった。これは観点を換えれば、統帥部独裁とも見られかねない大問題であるがゆえに、本心は陸軍省も反対であったと考えられる。そこで、「最高会議」の一員である重光外相にあえて反対してもらい、米内海相も同調させ、挫折させたものではないだろうか。その結果、「三次大綱」として残ったものは、統帥事項である「陸海軍爾後ノ作戦指導大綱」の焼き直し部分だったのである。

（三）「三次大綱」における「戦略方策」と戦争目的

以上のような経過から、「陸海軍爾後ノ作戦指導大綱」は、「三次大綱」における「戦略方策」の基礎となったものと言えるが、「陸海軍爾後ノ作戦指導大綱」策定に当たっては何が議論されたのであろうか。そして、それはどのような問題が隠されていたのだろうか。

陸軍全般作戦方針のうち、「絶対国防圏」に替わる防衛すべき要域における東端は、千島、本土、琉球、台湾、北比であり、西端はあまり考慮されていない。[39] これは対米戦が主体となったことから当然であろう。問題は決戦をすべきか、持久戦をすべきかであった。「陸海軍爾後ノ作戦指導大綱」策定に関し議論が進められた一九四四（昭和十九）年七月十五日、参謀次長後宮淳中将、同秦中将、陸軍次官富永恭次中将及び各部長が集まって、今後の戦争指導方針に関し討議した。ここでの議論は、年内に国力のすべてを挙げて決戦を行う案（短期決戦案）と「自活自戦態勢」を強化する案（長期持久案）とその中間の二案合わせて四つの案を検討した。そして、十七日、決戦に向けた努力と長期戦に備える努力を中間ではあるが、決戦に重点を置くことで、戦争指導方針に関する省部の意見は「概ネ一致」した。[40] この案は、作戦思想としては全戦力をもって決戦を指導し、戦争指導としては国力の七～八割を当面の作戦に、二～三割を長期戦の努力に指向するものであった。この決定は、従来それほど重視されてこなかったが、実は、七月二十五日に行われた杉山陸相と参謀総長梅津大将の協議が必要なほど重要な決定であったと考えられる。[41] なぜなら、それは戦争目的に直接関わることだからである。

「二次大綱」の核心をなす「絶対国防圏」の性格は、鼎立的「大東亜共栄圏」維持のために、絶対確保すべき範囲を定めたものである。これが破綻した以上、戦争目的上とり得る方策は二つである。あくまで現支配地域のまま「大東亜共栄圏建設」を追求するか、これをあきらめ「自存自衛」のみに切り替えるかである。

日本が連合軍との間に有利な講和を結ぶためには、鼎立的「大東亜共栄圏」が健在している必要があった。そのためには、現地自活を保障する対日協力政府が健在でなくてはならない。また、対日協力政府支えるためにも、あくまでも鼎立的「大東亜共栄圏」を維持し、大東亜諸国民の支持を得なければならなかったのである。であるならば、戦争目的「大東亜共栄圏建設」のために、決戦を行うほかはない。持久戦では現占領地域の一角が米軍に占領され、航空基地や潜水艦基地を設定された場合、まず、経済的「大東亜共栄圏」が崩壊するからである。この決戦指導が「捷号作戦」であった。そのうえで、二～三割の長期戦努力つまりは大陸打通による陸上連絡により、あくまでも戦争継続を企図した。これが「三次大綱」における「戦略方策」となったのである。

ただし、地上決戦は概ね北部比島方面とされたことは、戦争指導の関係で大きく論争になる可能性があった。なぜなら、鼎立的「大東亜共栄圏」を維持するならば中南部比島での決戦を視野に入れる必要があるが、地上決戦は輸送の問題で難しく、現地軍が混乱を生ずる可能性があったのである。

(四)　「三次大綱」における大東亜政策

「三次大綱」の構想が鼎立的「大東亜共栄圏」の再編成である以上、根本的な大東亜政策の見直しがないのはある意味当然であった。なぜなら、政治的「大東亜共栄圏」の立場は「二次大綱」から変化がなかったからである。その一方、フィリピン政府の対米英宣戦布告と蘭印独立に関してのみ具体的に述べられている。これはあまりに不自然であるが、それはなぜであろうか。

「三次大綱」が議論されていた一九四四(昭和十九)年八月上旬は、戦略的な観点からすれば、「インパール作戦」の中止、サイパンが失陥した時期であった。それは、政治的「大東亜共栄圏」の一角であるフィリピンやビルマといった独立国に初めて連合軍の本格的地上侵攻が及びつつあったのである。「二次大綱」では政治的「大東亜共栄圏」は「絶対国防圏」により防護されていたが、「三次大綱」では政治・経済的「大東亜共栄圏」と戦略的「大東亜共栄圏」が一致することを余儀なくされたのである。

このような状況の中で、フィリピン政府の対米英宣戦布告は第十四方面軍にとって死活的問題であった。なぜなら、日本軍のフィリピンにおける優越した地位は、「日比同盟」にその根拠があったからである。フィリピンは指導者国家ビルマと異なり共和国であることから、主権は国民にあり、憲法を持つ法治国家であった。ここから、「日比同盟」の効力発揮に関しては法的手続きが必要であり、ラウレル個人は大統領と言えども恣意的な命令を出せない。したがって、厳密に言えば、議会が承認した宣戦布告によって戦時体制を整え、そのうえで最高司令官たる大統領が戒厳令を布告し、戒厳司令官という身分を持たない限り、フィリピン国民の私権を制限できないのである。そして、そのうえで戒厳司令官が同盟国軍隊である日本軍の要求を受け入れるという体裁が必要であった。つまり、フィリピン政府の対米英宣戦布告がない場合には、日本軍の行動に対する法的根拠がなくなるのである。

ここにおいて、首相及び参謀本部が大東亜省に要求したことは、現地軍司令官の大使兼任であった[42]。確かに、この措置は、「大東亜共栄圏」における独立国が戦場となりつつある状況では、戦略的な観点からは合理的と言えた。なぜなら、「日緬同盟」及び「日比同盟」は、日本軍への協力を約しているため、現地軍の要求を軍司令官が大使という立場で、対日協力政府に要求することが容易になるからである。

ただし、その一方で、現地軍司令官の大使兼任を認めると、独立国としての地位が曖昧になることは否めない。なぜなら、「大東亜共栄圏」内諸国が英米に宣戦布告した場合、住民や連合国・中立国からは日本軍司令官の圧力に屈した傀儡政権と見られてしまう。

ここに、「三次大綱」にフィリピン政府の対米英宣戦布告と蘭印の独立問題のみを不自然に加えた理由がある。重光葵大東亜相は、現地軍司令官の大使兼任に関する議論を通じ、「大東亜共栄圏」における独立国が戦場となりつつある状況では、軍事合理性のみが優先される危険性を感じ取っていた。したがって、戦況悪化の中にも、「大東亜共栄圏建設」が着々と進んでいることを内外に示しながらも参謀本部に対しても譲歩が必要となった[43]。入閣以来、大東亜政策を推し進め、「大東亜宣言」として政治的「大東亜共栄圏」の理想を顕現させようとした重光大東亜相としては、フィリピン政府に宣戦布告させ戦略への理解を示しつつ蘭印の対日協力に独立許与として報いることにより、政治的「大東亜共栄圏」を強化することを明文化して、戦略的要求と政治的要求のバランスをとりつつ、現地軍司令官の大使兼任を否認して、軍事行動に制約を掛けたものと考えられる。そういう意味では統帥に対する婉曲な政治介入であった。

（五）「三次大綱」の決定過程と参謀本部の変容

「三次大綱」の決定過程を評して、「官僚機構の下から上へ、しかも作戦中心で成案されていき、さらに上級機構の決定を待っていては戦局の推移に対応できないので、やむをえず下部の命令が発出されてしまうことを示している」との指摘がある[44]。このことは、違う観点で見ると、「三次大綱」策定の過程で、参謀本部の作戦参謀が、軍事合理性のみでなく政治的必要性もまた同時に論ずるようになったことを意味している。それまでの参謀本部参謀は、統帥権を奉じて軍事合理性を主張し、政治担当と議論する存在であった。そうすることにより弁証法的に皆が同意できる結論を導いてきたのである。しかしながら、迅速な決定が求められるようになると、参謀本部の作戦参謀である真田穣一郎少将、服部卓四郎大佐、甲谷悦雄大佐、瀬島龍三少佐らは、戦略計画立案の段階から政策も考慮するようになり、大胆に行政事項に介入してきたのである。これまでは、陸軍における政治事項は軍務局の一手専売であった。ところが、政戦略の一致を図り、戦争指導の迅速化を図るため、東条陸相が参謀総長を兼ねたことにより、参謀本部参謀も政治的な考慮を身につけていった。そのうえで東条内閣が崩壊し、軍務局の発言力が低下したため、陸軍にとってその役割を果たすものが参謀本部参謀しか存在しなくなったことにも起因するかもしれない。

また、小磯内閣になって「最高会議」が設置された。その際、議案を持ち出すためには、部内審議においても政府側の意向をある程度予想する必要があったことであろう。そうであるならば、戦略方針を立案する際にも、政治的意味合いを持たせるようになることは自然であった。これは参謀本部にとっては、「三次大綱」等の文書に表れない大きな変化と言える。

つまり、「三次大綱」策定作業の中で生じた大きな変化は、参謀本部参謀の思考の変化というものではなかっただろうか。では、政治化した参謀たちが「三次大綱」に基づく作戦指導を行うわけであるが、同盟厳守、作戦は決戦という枠の中で、どのような作戦指導が行われていったのであろうか。

三　参謀本部の作戦指導と現地軍の苦悩

(一)　ビルマ

第三三軍(司令官本多政材中将)が「断号作戦」準備中の一九四四(昭和十九)年八月、南方軍総司令部は「捷一号作戦」準備中であり、南方全般の戦局から「ビルマ防衛作戦」を考察していた。南方軍は、七月に、取り急ぎ、チンドウィン河以西地区での持久と怒江西岸地区及び北緬において敵の印支地上連絡企図の破砕封殺を命じたものの、これは「インパール作戦」中止及び「断号作戦」実施を命じた、とりあえずの処置に過ぎなかった。したがって、南方軍総司令部としては、サイパン失陥に伴う新たな南方全体の防衛態勢を構築するため、第十五軍の損耗状況やこれに伴うビルマ戦線維持の可能性を詳細に研究する必要があったのである。

南方軍総司令部は「捷一号作戦」準備に全力を傾注していたが、最悪の場合、すなわちフィリピンが米軍に占領され、本土と南方圏の連絡が断絶した場合の対策も研究する必要が生じた。そして、一九四四(昭和十九)年八月五日に南方軍総司令部は「昭和十九年後期ニ於ケル南方軍作戦指導ノ大綱」を作成し、ビルマ方面軍の任務を、中南部ビルマにおいては来攻する敵を撃破し、やむを得ざるも縦深にわたる要域において持久すること、インドシナ半島安定確保の前哨たる要域を確保すること、南方連絡圏域に破綻が生じても、西南支那、ビルマ要域の確保とあいまってインドシナ半島を南方軍の複郭圏域として最後まで戦い抜くこと、を示していた。[45]この構想は、従来のビルマ方面軍の地位・役割を根本的に変えるものであった。

この場合、南方軍は、インドシナ半島（泰、仏印）を複郭として最後まで戦い抜くため、ビルマはその前哨と位置付けられていた。つまり、南方軍としてビルマ方面軍に期待したことは、「日緬同盟」に基づくビルマ全土の防衛でなく、「印支連絡路遮断」でもなかった。戦略的な立場のみから見た、インドシナ半島での戦いの条件作為、つまり時間の余裕獲得と敵戦力の漸減であり、そのためのビルマ方面軍の健在であった。したがって、この構想には、「日緬同盟」堅持はもちろんのこと、政治的「大東亜共栄圏」の放棄を意味していた。さらに、インドシナ半島（泰、仏印）を複郭とするには、「一号作戦」の成功と「明号作戦」と呼称される仏印武力処理を必要としていたが、「明号作戦」をいつ発動するかはこの時点では、必ずしも明確ではなかった。[46]つまり、南方軍総司令部としては、主として戦略の観点から、将来構想をまとめては見たが、従来の鼎立的「大東亜共栄圏」構想とどう調整するのか、という詰めはこれからであった。

ビルマ方面軍司令部は、確保すべきビルマ要域とは具体的にどこかを明らかにするため、南方軍総司令部と幕僚調整に入った。一九四四（昭和十九）年八月中旬、シンガポールで行われた南方軍後方主任会議の場で、ビルマ方面軍司令部後方参謀の後勝少佐は、私的見解と断ったうえではあるが、次の地域をビルマ要域として示した。すなわち、政治・軍事・交通の要衝であるマンダレー及び東北シャン高原、石油生産基地であるエナンジョン、穀倉であるイラワジデルタ、政治・経済の中心ラングーン、ビルマとタイを結ぶ後方連絡線上の要衝モールメンである。[47]つまり、後少佐が方面軍参謀として考えたビルマ要域とは、自活自戦ができかつ主要都市を包含する地域であった。この案は、方面軍司令部の後方参謀の策案らしく補給の堅実な見積もりに基づいていたが、予定通り第十五軍の再建がなったとしても、延々一、〇〇〇キロ以上の正面を有するため長期持久は困難であった。したがって、南方軍の前哨という地位を考えれば、やむを得ざる場合は縦深にわたる要域において持久する必要があるが、マンダレー及びエナンジョンを放棄すれば、自活自戦は事実上不可能とならざるを得ない。つまり、自活自戦を考えれば、この要域すべてを確保する必要があり、南方軍から示されたインドシナ半島安定確保の前哨という戦略的地位を考えれば、これを放棄せざるを得ないという矛盾があったのである。

参謀本部参謀瀬島少佐は、一九四四（昭和十九）年八月中旬ビルマを視察して、第十五軍の損耗と退却戦の惨状及び第三三軍正面の作戦準備と雲南正面の苦戦の状況を承知した。そのうえで、九月上旬帰京後、参謀総長梅津美治郎大将ほか参謀本部首脳に次の通り報告した。それは、ビルマにおいては、「印支連絡路遮断」と南部ビルマの防衛との二者は両立せず、方面軍自存及び政治的「大東亜共栄圏」の維持から見て「南部ビルマ防衛」を重点とすべきこと、このため、第三三軍及び第十五軍を、現戦線から撤せしめ、それぞれラシオ、モンミット及びマンダレー、シュエボ、マニワ地区に配置すること、というものであった。[48] 言葉を換えて言えば、ビルマにおける作戦を、戦略の必要性のみから論ずることは国策上有利とは言えず、また方面軍自存のためには「日緬同盟」を堅持する必要があり、さらに従来の「大東亜共栄圏建設」の国策と整合性を持たせるためには、バー・モオ政府や自由インド仮政府の存続が必要であり、そのためには、「南部ビルマ防衛」に重点を置く必要があると報告したのである。この報告に基づき、大本営はさらに検討を重ね、九月十九日、梅津参謀総長は、ビルマ方面においては主として南部ビルマの要域を安定確保し、もって南方圏北翼の支とうを形成し、この間なし得る限り印支連絡の封殺に努める、と上奏し、参謀総長指示を発した。[49]

一九四四（昭和十九）年九月二十六日、南方軍はこれに対応し、「威作命甲第二二〇号」を発出し、南部ビルマの要域を安定確保し、もって南方圏北翼の支とうを形成し、この間なし得る限り印支連絡の封殺に努めること、自活自戦の方策を強化すること、南部ビルマ海岸要域は常に確保すること、ラシオ付近及びマンダレー周辺の要地を極力確保すること、を命じた[50]。

「威作命甲第二二〇号」によって、大本営、南方軍、ビルマ方面軍の認識がおおむね一致したが、微妙なところに矛盾があった。一致した点は、インドシナ半島での戦いの前哨として時間の余裕獲得と敵戦力の漸減を図る役割ではなく、南部ビルマの安定確保による南方圏北翼の支とう形成であること、自活自戦の方策を強化すべきこと、印支連絡の封殺はもはや第二義的な意味しか持たないことであった。一方、矛盾した点は、南部ビルマとは果たしていかなる地域か、である。「威作命甲第二二〇号」では、南部ビルマ海岸要域の絶対確保とマンダレー周辺の要地の極力確保を命じているが、これは、観点を変えれば、マンダレーは南部ビルマに含まれず、また、状況によりマンダレーの放棄もやむを得ないことになる。もし、マンダレーで努めて永く抵抗しつつ、最終的にラングーン付近で持久を図るというのであれば、実際の戦い方は、前哨の場合とほとんど変わらない。

さらに、政治的「大東亜共栄圏」維持のためにはビルマ政府が絶対必要であり、そのためにはマンダレー周辺の要地は是が非でも必要であった。なぜなら、第二八軍参謀長岩畔豪雄少将が、「マンダレーはビルマの人心変換線だ。敵がマンダレーを越えて、南進を開始するときは、ビルマの人心は一変して、敵側に傾くことを覚悟しなければならない」と、政略的観点から警告していたように[51]、マンダレーを失うことは同盟国ビルマを失うことであり、自活自戦が不可能になるだけでなく、バー・モオ政府や自由インド仮政府の存続が危うくなり、ひいては従来の政治的「大東亜共栄圏」に説得力を持たせられなくなるからである。

つまり、南方軍が発出した「威作命甲第二二〇号」は、ビルマ方面軍の作戦を南方全体の防衛に関連付けるという南方軍の立場と、「日緬同盟」の堅持及びバー・モオ政府や自由インド仮政府の存続による政治的「大東亜共栄圏」防衛という大本営の立場と自存自衛という方面軍の立場をすべて包含したものであって、そこには埋めがたい矛盾が存在した。また、「捷一号作戦」の帰趨によっては南方全体の防衛自体が大きく変わる可能性もあった。そして、これらの矛盾の調整や状況の変化に応じた、現地におけるバー・モオ政府や自由インド仮政府との政戦略の微妙な摺り合わせは、またもや現地軍たるビルマ方面軍に委ねられたのである。また、これ以降、大本営の記録からはビルマに関する記述は乏しくなる。なぜなら、中央の関心は切迫したフィリピンや本土に集中し、ビルマは顧みられなくなっていったからである。だからこそ、ビルマ方面軍の現地における政戦略の摺り合わせという役割は、一層重要性を増したのであった。

一般に、「イラワジ会戦」は、ビルマ方面軍参謀長田中新一中将の強力なリーダーシップにより準備されたという指摘がなされている。[52]たしかに、その細部要領等については、後述するように、田中参謀長の影響が強いのも事実である。しかしながら、作戦の根幹部分である確保すべき地域は、田中参謀長の着任前に、大本営、南方軍、ビルマ方面軍の幕僚間で、多少の矛盾を含みながらも、おおむね合意されていたのであった。したがって、田中参謀長の行った状況判断は、矛盾を調整しつつ、いかに自活自戦の態勢を確保し、かつ南部ビルマの要域を確保するよう作戦指導を行うかにあったのである。

一方、この「ビルマ防衛作戦」構想の変更は、わずか二カ月前の、戦略優先の「東条上奏」の婉曲な否定であり、政治的「大東亜共栄圏」防衛への回帰とも考えられる。南部ビルマの要域の安定確保の目的には、自活自戦のみならず、瀬島少佐の報告にあるように政略的な意味が含まれていた。ただし、従来は、米英勢力を駆逐して植民地から解放するというものであったのに対して、これ以降は、「日緬同盟」を堅持し、日本の国際信義を守るためには、バー・

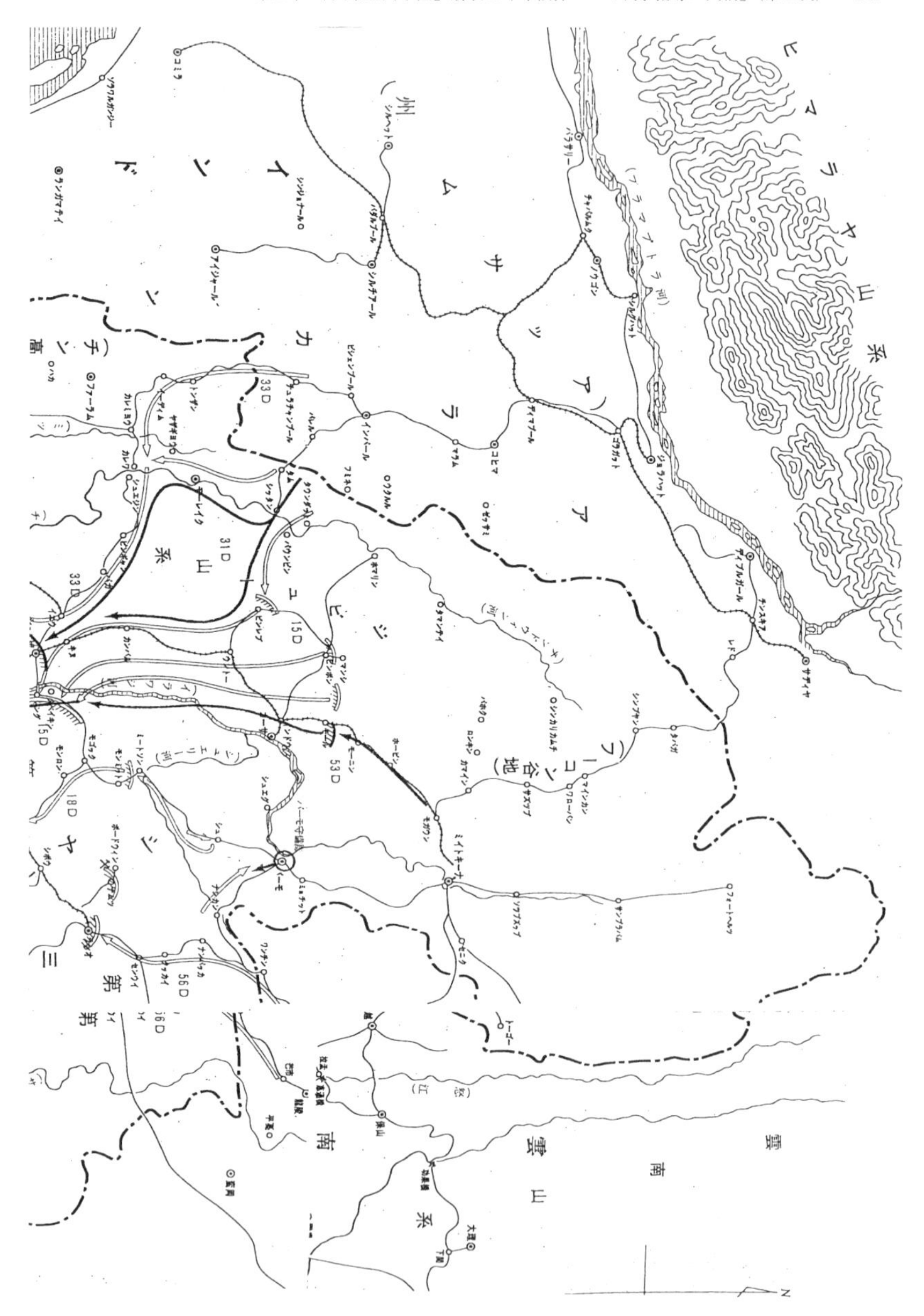

ヒマラヤ山系
フーコン谷地
33D
31D
15D
53D
18D
56D

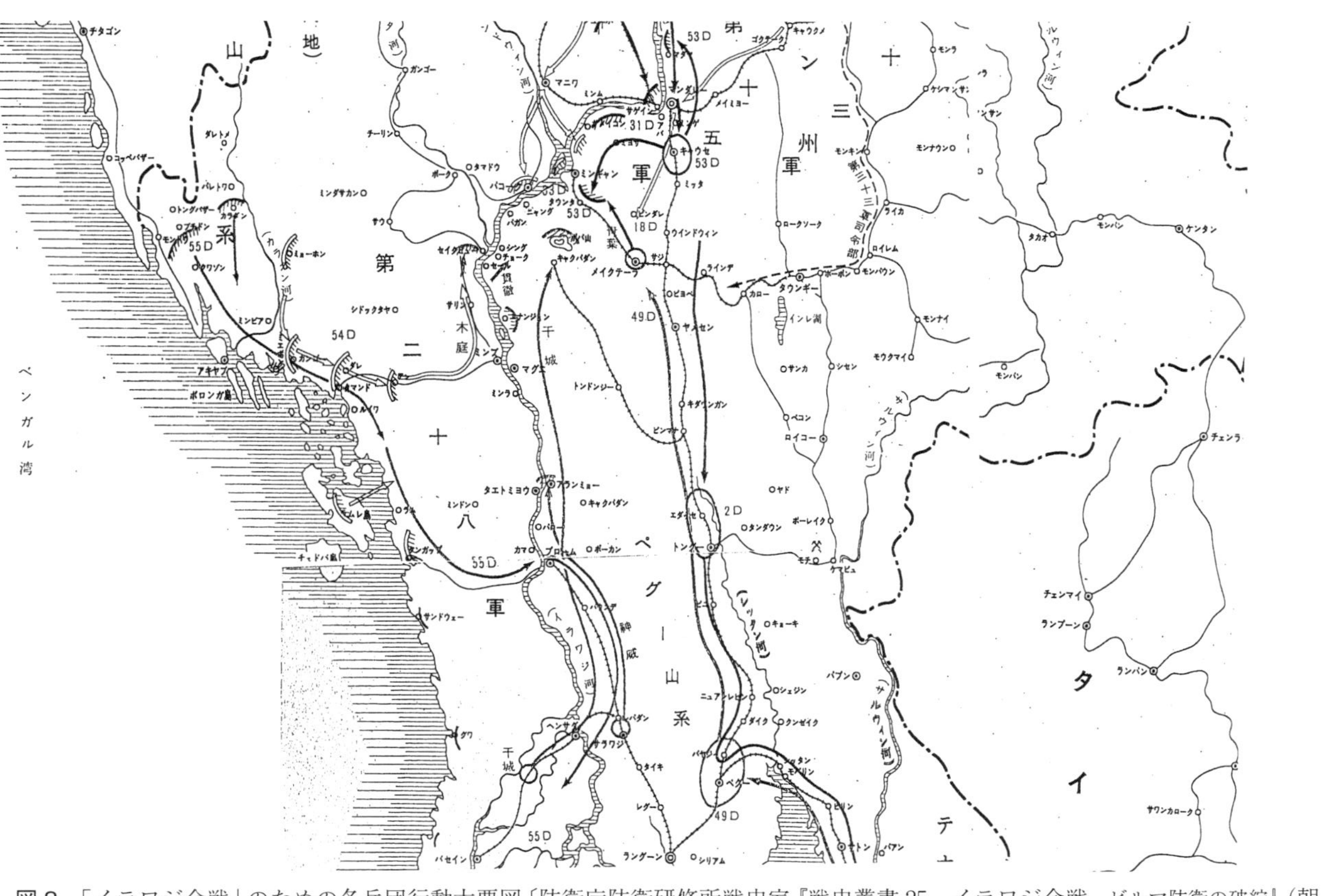

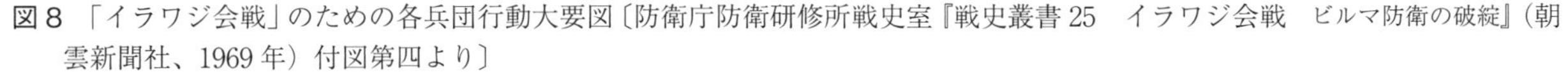
図８「イラワジ会戦」のための各兵団行動大要図〔防衛庁防衛研修所戦史室『戦史叢書 25　イラワジ会戦　ビルマ防衛の破綻』（朝雲新聞社、1969 年）付図第四より〕

モオ政府や自由インド仮政府を擁護しなければならない、ということが中心となった。しかも「日緬同盟」堅持は、現地軍の自活自戦のためにも必要とされたのである。

（二） フィリピン

作戦構想が大本営、南方軍と第十四方面軍の間で認識が割れる中、一九四四（昭和十九）年八月六～九日の間、マニラにおいて飯村穣南方軍総参謀長統裁の下、南方軍総司令部、第十四方面軍（第三五軍含む）、第四航空軍（司令官寺本熊市中将）に対し、「捷一号作戦」兵棋を実施した。これに先立ち、八月四日、参謀本部から派遣された瀬島少佐は、兵棋想定について中央部の意図を伝達した。それは、「第一レイテ、第二ラモン湾（ルソン東岸）」であり、それが大本営の判断であった。一方、南方軍総司令部は「ダバオ」と判断していたし、第十四方面軍司令官黒田中将は「直路ルソン」、第三五軍は「ダバオ」であった。また、黒田中将は従来の判断すなわちルソンにおける持久を堅持していたため、南方軍総司令部からの申し入れにより終始沈黙していた。ただし、「捷一号作戦」を直接指揮する方面軍司令官が大本営及び南方軍総司令部と見解を異にすることは危機的であった。つまり、「マニラ兵棋」は認識の統一という面からは明らかに失敗だったのである。かくして、終了後の八月九日、飯村総参謀長は大本営に連絡のため上京した。その用務の一つは方面軍司令官の交代に関する意見具申であった。

戦場を決定するためのもう一つの要因が、海軍であった。南方軍としても海軍航空戦力には大きな期待を掛けていることから、海軍の意見は重要だったのである。「三次大綱」策定前の一九四四（昭和十九）年六月二十八日、大本営陸海軍部作戦担当者は、宮中大本営において、サイパン戦後の敵情判断を行った。この中で、陸軍杉田一次大佐と海軍榎尾義男大佐の間で合意されたのは次の通りである。

米軍は、戦略的に二つの目的をもって作戦を遂行する。

「その第一は、日本本土と南方資源要域を中断することであり、その第二は、本土を中心とする地域の戦争遂行能力を弱化することである。

第一目的の達成は、南西諸島またはバシー海峡の一部を占領すれば可能となる。第二目的達成のためには、要地を空襲し船舶を攻撃し、状況により本土上陸作戦を実施するであろう。[53]」

この敵情判断は海軍を震え上がらせたに違いない。なぜなら、サイパン戦における「あ号作戦」の失敗で、爾後の海軍作戦を行う基盤のほとんどを失っていたからである。その基盤とは、まず航空戦力の喪失である。海軍は、基地航空戦力である第一航空艦隊（司令長官角田覚治中将）一、六五〇機と母艦航空戦力である第一機動艦隊（司令長官小沢治三郎中将）四五〇機、計約二、一〇〇機で、来攻する米艦隊を迎え討つ構想であった。[54]ところが、「あ号作戦」失敗により、準備した航空戦力をほとんど失っていたのである。次に、資材不足である。大本営海軍部は再建を計画したが、特に航空機原料のアルミニュウムと水上艦艇用及び航空機搭乗員訓練用燃料が不足していた。

これらを克服するためには、南方で産出されるアルミニュウム・石油の内地還送が何を措いても必要であった。なぜなら、経済的「大東亜共栄圏」においては、軍需品の生産能力は日本本土を措いてほかなかったからである。しかしながら、タンカー・輸送船が不足し、しかも航路途中で潜水艦や航空攻撃により、失われる場合も多かった。したがって、海軍としては日本本土と南方資源要域を分断されることは何としても避けなければならなかった。そして、そのためにはフィリピンのいかなる地点であろうと航空基地を設定されてはならず、その事情は陸軍としても同じであった。だからこそ、南方軍総司令官も、「捷一号作戦」に関し、南西方面艦隊司令長官（三川軍一中将）との間に、「比島方面作戦指導要綱」に調印できたのである。八月二十四日に発令した「比島方面作戦指導要綱」は基本的に大本営案の具体化であったが、この発令により、南方軍総司令部は、中南比強化について、第十四方面軍司令部を強力に指導可能となった。ただし、それをもってしても、黒田中将の信念を変えることはできなかったのである。

米軍は一九四四（昭和十九）年八月末、ニミッツ軍が小笠原に牽制攻撃を、マッカーサー軍は南比に本格爆撃を開始した。九月上～中旬、ニミッツ軍はパラオ、ヤップを強打、十五日ペリリュー島、モロタイ島上陸を決行した。ここにパラオ―モロタイを三角形の底辺として、その頂点に対する攻撃をフィリピンに指向することが明らかになった。ただし、フィリピンのどこに上陸するかはいまだつかめていなかった。

このような時、黒田中将は更迭され、山下奉文大将が第十四方面軍司令官に親補された。山下大将は満州から赴任する途中東京に寄り、「陸上決戦はルソンでのみ行う」ことを確認して来比したのである。陸戦の理論からすれば、遭遇戦的様相となるレイテ戦場より、防御戦的様相となるルソン戦場の方が、日本軍にとってははるかに有利である。なぜならば、空海戦力の劣勢が確実な日本軍にとって、戦力の集中競争となる遭遇戦より、待ち受けの利を十分活用できる防御の方が望ましいことは言うまでもない。しかもルソンはフィリピンの政治・経済の中枢であり、ルソンを保持する限りはフィリピン政府を維持し、政治的「大東亜共栄圏」を維持できる。ここにようやく戦場問題は一決したかに見えた。しかしながら、海軍戦略との間で完全な一致を見たとは言えず、状況によっては大きく変わる可能性がすでに存在していたのである。

四　作戦準備と対日協力政府・関係当事者

（一）ビルマ

ビルマ方面軍が、自活自戦を決意し、「日緬同盟」堅持及び「大東亜共栄圏」防衛を掲げたとしても、バー・モオ政府や自由インド仮政府が、この考えに同調するかどうかは、また別問題であった。なぜなら、ビルマ国内において長期持久という作戦構想は、バー・モオ政府にとっては、国土の中の最も重要な地域を戦場にするわけであるし、自由インド仮政府にとっては、インド解放闘争とはやや意味合いが違うからである。

ビルマ方面軍は、バー・モオやオンサン少将の説得に自信を持っていた。なぜなら、一九四四（昭和十九）年七月二十日、河辺中将が東条内閣総辞職及び小磯内閣組閣をバー・モオに告げた時も、バー・モオは日本とともに戦意を堅持するとしていたからである。[55]また、八月一日、独立一周年記念行事において、バー・モオは、最後まで英国植民地主義と対決する決意を表明していた。さらに、オンサン少将も、政府とビルマ国民と日本帝国軍隊との緊密な協力による共同戦線の必要を明言していた。さらに、その二、三日後には、ビルマ最大の青年団体、東亜青年連盟が日本とインド国民軍への協力を呼び掛け、他の団体もこれに続いていた。[56]つまり、ビルマ方面軍には、バー・モオ政府の抗戦意思は固いものと思われたのである。

ところが、「インパール作戦」中止に至ったこの時期、バー・モオの地位は微妙なものであった。なぜなら、バー・モオは「指導者国家」の国家代表兼首相であったことから、司法・行政・立法・統帥の大権を擁し、一見強大な権限を有しているように見えながら、[57]その一方で、「指導者国家」の指導者とは、全国民を抱擁すべき立場であったがために、あらゆる反対派をその政権内に包含しなければならず、政権基盤は磐石とは言えなかったからである。したがって、政権を維持するには、日本軍を常に味方につける必要があった。しかし、日本の敗色が濃くなってくると、対日一辺倒というイメージはむしろマイナスに作用する。方面軍の自活からくる徴発や日本商社の活動及び憲兵の防諜活動は、ビルマ人に不安を与えた。[58]それにもかかわらず、バー・モオは自派の強化に耽り、その夫人であるキンマ・モオ(Kinmama Maw)の政治介入が甚だしいと、反対派は不満を持った。そして、それは政権批判に直結した。[59]こうなると、反対派に対する配慮が必要となる。バー・モオは日本の要求に応ずるものの、必ず条件を出すようになった。例えば、ビルマ政治への不介入、言動の注意、ビルマ政府職員と日本軍将校とは同格であることの是認、日本軍と商社のビルマ連絡担当官の活用であった。[60]また、閣僚が連合軍と連絡をとり合っていることを知りながら、これを握りつぶした。[61]つまり、当時のバー・モオの地位は、日本軍の支持と反バー・モオ派への配慮の間の微妙な均衡の下に成り立っており、日本の要求に対しては、他派への配慮をもって応えざるを得ないようになったのである。

この状況は、オンサン少将にとっても同様であった。オンサン少将は、英軍をビルマから駆逐したBIA出身者として民衆から絶大な人気を得ており、バー・モオ政府内で国防大臣を務めていたが、BAの拡大を喜ばないばかりか、これの発展を抑制し、自派の警察を厚遇するバー・モオを快く思っていなかった。[62]また、タキン党員としてのオンサン少将は、せっかく勝ち取った独立も、実際のところバー・モオの独立であって真の独立ではないとし、日本軍に利用されたとの思いがあった。さりとて、ビルマ方面軍が南部ビルマを圧している状況から見て、ＢＡ内にある、連合軍に内通すべしという意見には慎重にならざるを得なかった[63]。つまり、彼もタキン党とＢＡの擁護とビルマ方面軍ならびにバー・モオへの配慮の均衡をとっていたのである。

結局、この時期、ビルマ方面軍、バー・モオ及びオンサン少将の三者協力は、思惑が違ったもの同士の奇妙な均衡の上に成り立つ共闘関係に過ぎなかった。ビルマ方面軍の思惑は、自活であり、そのための「日緬同盟」堅持であった。一方、バー・モオ及びオンサン少将にとっては、自派の主張する独立形態であり、そのための対日協力であった。そして、三者協力のバランスは、戦局から大きく影響を受けるものだったのである。

一方、ビルマ方面軍にとって幸運だったことは、重慶軍や米支軍が南部ビルマの戦域に前進してこなかったことであった。もし、英印軍以外の連合軍が南下してきたら、自由インド仮政府の協力は難しかったかもしれない。なぜなら、Ｓ・Ｃ・ボースにとって、重慶軍や米支軍と戦うことは、インド解放のため英印軍と戦うことと意味合いが違うからである。この時期の自由インド仮政府の軍隊であるインド国民軍は、「インパール作戦」とその退却戦の過程で三分の一の二、〇〇〇名に減少していた。しかしながら、Ｓ・Ｃ・ボースのインド解放に対する意志は固かった。ボース司令官は、敗勢のため日本との連合作戦に疑問を持つ幹部達に対して、武装闘争を続けることが英印軍に自分たちの不退転の決意を悟らせることになる、と説得した。そして、インド国民軍を再編成し、第二遊撃師団をイラワジ河畔、ポパ山へ、第一遊撃師団をパコックへ展開する計画であった[64]。

バー・モオ政府及び自由インド仮政府は、ビルマ方面軍の「イラワジ会戦」をとりあえず承知した。ただし、これは、日本の対英戦略に同調したというより、それぞれの妥協の産物であり、三者三様の思惑があったのである。

では、このような思惑の違いは、ビルマ方面軍の作戦構想にどのような影響を与えたのであろうか。そのビルマ方面軍だが、一九四四年九月、方面軍司令部の陣容は一新され、方面軍司令官に木村兵太郎中将、参謀長に第十八師団長であった田中新一中将が親補された。また、ほぼ同時期に司令部組織が改編され、新たに政務担当の第四課が設置されて、田中参謀長は作戦指導に専念することとなった(65)。

田中中将は、着任後、ただちに方面軍隷下各軍を視察し、損耗状況を確認するとともに、爾後の作戦の構想を固めた。「インパール作戦」に参加した第十五軍（司令官片村四八中将）各師団の損耗は甚大で、兵員は三分の一、火砲は四分の一に激減し、各師団は四、〇〇〇名程度にまで落ち込んでいた。方面軍は、隷下各軍の参謀長を招集し、作戦指導要綱の腹案を得、十月末、内示の形で各軍に示達した。その内容は、第三三軍をラシオ付近シャン高地に、第十五軍をマンダレー付近イラワジ河畔に、第二八軍（司令官桜井省三中将）をエナンジョンから海岸一帯に、第二師団（師団長岡崎清三郎中将）、第四九師団（師団長竹原三郎中将）を方面軍直轄の予備としてピンマナ及びペグーに配置し、陸（「盤作戦」）もしくは海（「完作戦」）正面から来攻する敵を阻止撃破する、というものであった。要するに、陸海いずれの正面から敵が侵攻するのか判断がつかないが、各軍に要域を確保させつつ、侵攻正面の確定を待ち方面軍直轄部隊の機動打撃により撃破する、という準備陣の考え方であった(66)。

この構想は、参謀総長指示からすれば、かなり自然なものと言える。政治中枢を押さえて「日緬同盟」を堅持しつつ、自活自戦が可能であり、ビルマ南部要域を確保し、バー・モオ政府及び自由インド仮政府を擁護して「大東亜共栄圏」防衛を期することができるからである。もちろん、制空権を喪失し、かつ対戦車戦闘能力に不安があるため、平野部における適時の反撃がどこまでうまくいくかは分からない。さりとて、シャン高地に後退すれば自活そのものが不可能である。したがって、平野部唯一の障害であるイラワジ河を活用することは合理的だったのである。

ただし、南方軍には、作戦の観点から異見があった。ビルマ方面軍の実力から見て一、〇〇〇キロにわたる戦線はいかにも広過ぎ、とても保持できようとは考えられなかった。もし戦線が保持できないとすると、敵侵攻正面の確定を待ち方面軍直轄部隊の機動打撃により撃破することは、不可能である。したがって、南方軍総司令部は、確保領域の縮小を示唆したが、実はこれにも大きな問題が含まれていた。もし確保領域を縮小させると、中部ビルマの要衝マンダレー、全ビルマ方面軍の燃料をまかなっている石油産地のエナンジョンといった自活自戦上、重要な地域を放棄しなければならず、方面軍の生存を保障できない。したがって、田中参謀長が、確保領域縮小の場合、南方軍はビルマ方面軍に対して、主食・石油の補給を保障し得るや、と質問したことは当然であった。これに対して、南方軍総司令部は、明確な答えを出せず、ビルマ方面軍の作戦指導要綱をうやむやのまま黙認せざるを得なかった[67]。しかし、このことが、後の「明号作戦」準備に伴う第二師団抽出の際、大きな問題を生ずる伏線となってしまったのである。

方面軍司令官木村中将は、この案の決裁を参謀長から求められた時に、一瞬苦悩の情を表して久しく沈思していたが、やがて意を決し本案を承認決裁した[68]。この状況を、従来の説明では、木村中将は、持久作戦を考えており、田中参謀長の考えている作戦思想つまり方面軍直轄部隊による決戦とは違っていたが、参謀長に強引に押し切られた、としていた。しかしながら、戦略的な方面軍自活の可能性とそれを保障する政略的な「日緬同盟」堅持の必要性及び政治的「大東亜共栄圏」防衛のためのバー・モオ政府と自由インド仮政府擁護の必要性を考えれば、いかに危険であってもこれよりほかにとる選択肢はなかったであろう。要するに、木村中将は作戦の可能性と政戦略の必要性の間で久しく沈思したのであって、行き着いた結論は、作戦のみを考えた田中参謀長の案と同じにならざるを得なかったのである。

しかし、バー・モオは、また違った観点で、田中参謀長とこの作戦構想を見ていた。バー・モオは、田中参謀長を「血に飢えた頑固者」と評価しており[69]、この作戦構想を、ビルマ全土を戦場にするものと捉えていた[70]。そのような折、国賓として東京に招待され、一九四四（昭和十九）年十一月八日、来日した。バー・モオは、大東亜相兼外相重光葵に、日本軍の戦略について不満を述べ、自ら打ち合わせると語った[71]。そして、陸相杉山元帥に次のことを要請した（以下、「バー・モオ要請」）。それは、ラングーン、その他ビルマの町を戦場にしないこと、貧弱な装備しか持たないBAを正規戦に投入しないこと、民間人を軍事的目的に使用しないこと、日本軍に協力しているビルマ人に最低限の保護と補償をすること、であった。要するに、ビルマの国土と国民を、これ以上日本軍には使わせないことを要求したのである。杉山陸相は、これに対し、市街地を救うために全力を尽くすことを約束したと、バー・モオは理解した[72]。さらに、この時期、バー・モオはビルマ大使石射猪太郎を通じて、タイ国首相との会談を要求している。ここにも、おそらくバー・モオは戦略に関して何らかの思惑があったと考えられる[73]。

方面軍にも、東京での「バー・モオ要請」や彼の動きが伝わったことは、おそらく確実であろう。このことは、爾後の方面軍の作戦にも影響した。なぜなら、南方軍は、ビルマ方面軍に対し、マンダレー周辺の要地を極力確保することを命じていたが、この南方軍命令と「バー・モオ要請」を両立させるには、各軍の展開予定線から努めて前で決戦を求めざるを得なくなったからである。さもなくば、バー・モオ政府は約束違反として公然と「日緬同盟」を破棄する危険性があり、そのことは方面軍の自活自戦を不可能にする虞があった。したがって、河岸配置部隊である第十五軍を、前岸攻勢に使用するという構想は、ここに芽生えていたと思われる。つまり、方面軍から見れば、自活自戦の必要性が「日緬同盟」堅持を余儀なくさせ、また「日緬同盟」堅持の必要性が軍事的合理性を制肘したのである。

一方、「バー・モオ要請」は彼自身にも不利なものとなった。帰国後、バー・モオ、方面軍司令官及び石射大使の間で、定期的に三巨頭会談が始められたが、バー・モオにとってはせっかくの情報収集の場も、「バー・モオ要請」に反発した木村中将は方面軍の状況を知らせず、ただの親睦会となっていった[74]。したがって、彼はラングーン放棄に至るまで、ほとんど戦況を知ることはできず、国家代表としての状況判断ができなくなったのである。

(二) フィリピン

この時期策定された「捷一号作戦指導要領案」の特色は、「空海決戦は敵が比島のいずれに来攻するにかかわらず決行するも、地上決戦はルソンに限定する」こととした点にある。このため、海軍との微妙な調整を必要とした。また、陸軍戦力の本格的増強はこれからで、これはいつに船舶事情に掛かっていた。要するに、統帥部は「絶対国防圏」崩壊という局面において、新たな構想を描いたものの、具体的準備はこれからという状況だったのである。

海軍軍令部は、リンガ泊地と瀬戸内海を根拠とする水上艦隊をもって、フィリピンに侵攻した敵を基地航空隊の掩護下で撃破することが、唯一成功を見込める海軍戦略と考えていた。そういった中で、参謀本部は北・中比決戦を追求していた。なぜなら、航空関係者の主張である航空基地をフィリピンにいったん設定された場合、海上交通は遮断され、かつ地上決戦もまた困難になるという論は筋が通っていたからである。さりとて、航空基地が設定可能な島にすべて配兵できず、いったん航空基地が設定されてしまえば、陸軍戦力の戦略海上機動は困難であり、結局決戦地域はルソンに限定せざるを得ないという論は他を圧したからである。かくて、大本営は、陸軍航空部隊として第四航空軍(司令官富永恭次中将)、海軍航空部隊として第一航空艦隊(司令長官寺岡謹平中将)を準備した。さらに、陸軍戦力はルソンに四個師団、戦車一個師団、一個旅団、一個連隊、中部フィリピンに二個師団、南部フィリピンに二個師団を準備した。(75)

このような構想下、第十四方面軍の「捷一号作戦」準備は推進されるのであるが、「三次大綱」の発出が遅れたため、「捷一号作戦」と鼎立的「大東亜共栄圏」の関係が明示されていなかった。このため、地上決戦をフィリピンの最重要部であるルソンで行うことが、大東亜政策として可能かどうかの議論はなされていなかった。したがってこの後も戦況の進展につれて、戦場の選定と決戦か持久戦かで混乱を生じる原因となったのである。

「捷一号作戦」における最大の問題は、どこを戦場に選定するかであり、山下大将が着任前に行った大本営での確認により「海空決戦比島全域、地上決戦ルソン」が明確になったことは既述の通りである。ところが、現実には、第十四方面軍の意志、大本営との申し合わせとは裏腹に、レイテ決戦に傾いていった。

では、なぜ日本軍はレイテ決戦に傾いていったのであろうか。従来の説明では、台湾沖航空戦における戦果の誤認がその理由とされていた。(76) しかしながら、それだけでは十分な説明とはなっていない。なぜなら、台湾沖航空戦における戦果の誤認が明らかになり、海軍がレイテ沖海戦に敗れた後でさえ、引き続きレイテ決戦が行われた事実を考えれば、確かに台湾沖航空戦の「大戦果」は動機になったのであろうが、レイテ決戦を行わなければならない何らかの理由があったと考えられるからである。それは何だったのであろうか。

「捷一号作戦」に責任を持つ参謀本部において、最も重要な作戦部長の職にあったのが、真田穣一郎少将であった。真田少将は執務内容について、詳細な記録をつけていたが、この記録には不思議なことに戦場の選定、特に当初のルソン決戦からレイテ決戦に移行する際のいきさつが全く記述されていない。このことから、参謀本部では、戦場の変更はそれほど議論するまでもない問題と考えられていたと判断できる。また、南方軍総司令部でも然りであった。寺内元帥は、大本営がレイテ決戦に戦場を変更したことを聞き、わが意を得たりと喜んだと言われている。つまり現地の地上作戦軍たる第十四方面軍のみがルソン決戦を主張し、軍令部と調整するほか国内外問題に対処すべき参謀本部や現地海軍との調整や航空戦力の統一運用、フィリピン政府と調整に当たる南方軍総司令部はレイテ決戦を追求したのである。したがって、レイテ決戦を行わなければならない理由として考えられることは、フィリピン政府との関係及び海軍戦略との関係ということになろう。

まず、フィリピン政府との関係はどうだったのであろうか。フィリピン政府におけるラウレル大統領は、ビルマのバー・モオ首相と比べると、その政治手法は強力な指導力を発揮するというより、あらゆる政治勢力のバランスをとる調和型であった。また、法律家出身らしく、法に基づく責任と権限に意を用いていた。したがって、独立国政府として、日本と対等な同盟国と見られるよう振る舞った。おそらく地方分立的かつ米国流の政治制度を持つフィリピンにおいては、このような政治スタンスが適していたと考えられる。ここで日本軍に対するアプローチで考えられるチャンネルは、比島行政府委員長から転じたバルガス大使を通じた中央への働き掛けと、村田省蔵フィリピン大使を通じた南方軍総司令部ほか在比要人に対する働き掛けであり、バー・モオのように自ら直接東京に乗り込み要求するという形ではなかった。したがって、その動きは握みにくいが、日本軍の行動を支持することで間接的にレイテ決戦に向かわせていったと言える。ではどのように動いたのか。

バルガス大使の役割は、フィリピンにおいて圧倒的な影響を保持している陸軍中央の考え方を調査し、フィリピンの国益に適っている時は、これを擁護することであったと考えられる。しかしながら、バルガス大使は、ほとんど情報収集を行うことができず、実際できたことは、杉山陸相と会見し、憲兵隊がフィリピン共和国の国家主権に反して逮捕を続けていることに抗議した(77)ほかは、多くの兵器を山下大将の下に送るよう演説することだけであった(78)。

一方、ラウレル大統領と村田大使は、村田が軍政顧問の時代から深い信頼関係にあった(79)。村田大使は、ラウレル大統領が重大な状況判断が必要な場面で、情報提供とともに意見を述べている(80)。例えば、戒厳令、対米英宣戦布告、バギオ遷都等である。また、ラウレル大統領は、大使館付武官宇都宮直賢大佐からの情報により、中南部フィリピン防衛に任ずる第三五軍の新編やフィリピン警察に対する貸与武器返還指導について承知していた。したがって、彼は日本軍の行動について全く知らされていなかったわけでなかった。むしろ、フィリピン本土に米軍の反攻が迫っており、その焦点は中南部フィリピンであることを、彼はかなり正確に予測することが可能であった。

そして、戒厳令、対米英宣戦布告、バギオ遷都といった村田大使が直接説明した事項は、いずれも現地軍にとっては死活的事項であった。だからこそ、日本から強制されたと誤解がないよう無理強いをする言葉を避け、あくまで議会を招集できないため、臨時に大統領が宣戦布告、戒厳を宣言するよう助言をしたのである。[81] よって、ラウレル大統領が戒厳令、対米英宣戦布告を行った時、村田大使は「茲に初めて大東亜共栄圏の足並は事実上揃ったこと、なる」と安堵したのである。[82]

この日本軍の弱みを、ラウレル大統領は十分認識していた。であるからこそ、東条首相からの宣戦布告を早めるようにとの度重なる強い圧力にも、過早な宣戦布告は政権維持を困難にするとして留保し続け、キャスティングボートを握り続けたのである。そして、ラウレル対日協力政府を維持することが日本ばかりでなく、フィリピンの国益に適うことを理解していたに違いない。なぜなら、政府がなくなることは、現地軍にフィリピンの国益を伝達する方法がなくなることになる。それは、これから国土戦が行われる占領地国民にとっては生命・財産を守る方法がなくなることを意味していた。そして、マニラが戦火に侵される時は、政権維持が厳しくなることを繰り返し村田大使や和知中将に訴えていた。[83] こうなれば、もはや南方軍総司令部もルソン決戦を主張することは難しくなっていった。

次に、海軍戦略との関係を見てみよう。海軍は「捷一号作戦」の目的を日本本土と南方資源地帯の交通路確保としていた。つまり、経済的「大東亜共栄圏」維持が作戦目的だったのである。したがって、敵の上陸に際し、レイテ沖海戦を実施した。陸軍としても、海軍がフィリピンのいずれの地点においても決戦を希求していることは認識していた。しかしながら、陸海軍間に微妙な認識のずれがあった。それが、顕現したのがタンカー徴傭問題であった。実は、海軍水上部隊がレイテ沖海戦を行うためには、タンカーを新たに徴傭する必要があったのである。この件を、一九四四（昭和十九）年十月十九日になって、大本営海軍部は陸軍部に要求した。しかしながら、この時期にはタンカーが少なく、もし海軍に徴傭されたならば、陸軍船のみならず、民間船も稼働できなくなる。これでは、以後の作戦と生産に大影響を及ぼすため、陸軍部としては到底受け入れることができないものであった。そしてこれはタンカーの問題に止まらず、陸海軍間で劣勢な海軍の戦略の問題を提議したのである。

作戦課長服部卓四郎大佐は、今次作戦は航空決戦であり、連合艦隊がシンガポールに現存すれば、米艦隊の傍若無人の行動を抑制できるとした。他方、軍令部側は、いわゆる現存艦隊主義は結局、軍港において空襲を被って自滅するに至ると返した。結局、一九四四（昭和十九）年十月二十日、真田穣一郎部長が梅津美治郎参謀総長、秦彦三郎参謀次長に報告したところ、「海軍独自の作戦で、しかも海相まで同意しているのを陸軍が阻止するのは行き過ぎ」として参謀本部は同意した。残るは陸軍省であったが、佐藤賢了陸軍省軍務局長は、多田駿海軍省軍務局長に、「連合艦隊は何をしているか、という一般の声に応じて出撃するのではないだろうね」と釘を刺し、そのうえで現存艦隊主義を説いたが海軍の容れるところとはならなかった[84]。つまり、陸軍の大半は強いて連合艦隊に出撃を求めたわけではなく、あくまで海軍航空隊に期待していたのである。

ただし、その一方で、水上艦艇による機動反撃力を重視する参謀もいた。瀬島龍三少佐である。彼は、サイパン戦の戦訓から、見積もりの当初から、これを主張していた[85]。連合艦隊主力が投入されるという事実、また担任作戦参謀である瀬島少佐の考えが、その後大きな意味を持つに至った。ここから陸軍作戦もルソン決戦からレイテ決戦に向かっていったのである。

結局のところ、「捷一号作戦」の最大の特徴は、ビルマとは違い当事者が極めて多い複雑精緻な作戦だったのである。主な当事者として、中央だけでも大本営陸海軍部、陸・海軍省、外務・大東亜省、連合艦隊、現地においては、フィリピン政府、日本大使館、南方総軍、第十四方面軍、第四航空軍、南西方面艦隊、第一航空艦隊、第二航空艦隊が挙げられる。これらがそれぞれの政戦略の中で行動した。このような場合、十分な時間を掛けての合意形成が必要となるが、米軍の進撃速度は急で、日本軍にその時間的余裕がなかった。

このように時間がない場合、意見集約のため、当然考えられるのは、小磯首相の強力な指導力である。小磯首相は予備役ながら陸軍大将で、軍事的識能はもちろんのこと、二度の拓務大臣の経験から政治的識能も十分あると看做されるからである。しかしながら、重臣達の話合いの中で、消去法的に首相の候補になった小磯は、必ずしも重臣達の信頼を得ていなかった。そればかりか、自らの出身母体である、陸軍の統帥部にすら睨みが効かなかった。小磯首相は、「最高会議」の際、秦参謀次長から「近代的作戦用兵を知らぬ首相が、作戦用兵に関し容喙するのは遠慮して頂きたいです」[86]とまで言われている。また、陸軍省は東条内閣倒閣のあおりで、佐藤軍務局長以下東条派と目されていた者は異動待ちの状況であり発言力を失っていた。つまり、東条前首相と違い、陸軍省といった確固たる支持基盤を欠いていた小磯首相は、指導力はおろか、各当事者間の意見調整すらできなかったのである。このように意見調整が進まない中にも戦況は進展していく、戦況の急展開という現実と直面した大本営陸軍部が行った対応が、参謀の政治化であり、海軍部との妥協であった。畢竟、ルソン決戦を堅持する当事者は「政務指導」や海軍及び航空部隊の調整の責任を有しない第十四方面軍のみとなっていった。その意味では、山下大将は最も陸軍戦略を合理的に考察できる立場にあったが、その合理性も大本営参謀の政治化という現象の中に埋没していったのである。それがレイテ決戦であった。

五　作戦の破綻と対日協力政府

(一) ビルマ

諸々の問題を抱えた「イラワジ会戦」構想であったが、各師団の補充が少ないながらもなされ、部隊の転用も進み、作戦準備は進んだ。しかしながら、一九四五(昭和二十)年二月に入ると前岸攻勢論が浮上した。通常、河川の防御においては、我が方の河岸に直接部隊を配備して、敵の半渡に乗じて火力により撃破するとともに、有力な予備隊により、敵渡渉直後の戦力分離に乗じ撃破する。にもかかわらず、前岸攻勢とは、制空権のない状況下、河岸に配備されている劣勢かつ対戦車戦闘能力を持たない第十五軍が、河川障害活用の利を放棄して、敵前渡河攻撃を行う構想[87]であるから、大胆というよりむしろ無謀であった。

このような無謀な構想が採用されるのは、もはや予備隊がない場合に限られる。構想内示の段階では、第二及び第四九師団を予備として控置する予定であったが、第二師団が、一九四五(昭和二十)年一月中旬、「明号作戦」のため、南方軍により仏印へ抽出されたので、方面軍直轄予備は第四九師団のみとなってしまった。その第四九師団も、第三三軍及び第二八軍に各々一個連隊基幹を配属していたため、三分の二を欠く状況[88]で、方面軍にとっての戦略予備という役割を併せ考えれば、第四九師団に機動打撃力を期待する作戦指導はできなかったのである。

　では、なぜ南方軍は、ビルマ方面の危機を省みず、「明号作戦」を実施したのであろうか。この時期、大本営が期待し南方軍が全力を傾注した「レイテ決戦」が失敗に終わり、その一方で「一号作戦」により大陸打通がなったことから、連合軍が仏印に対し上陸作戦を行う可能性が浮上した。(89) そこで、再度浮上したのがインドシナ半島（泰、仏印）の複郭構想であった。

　そして、この構想を成立させるためには、努めて早期に仏印武力処理をする必要があったが、これを担任する第三八軍（司令官土橋勇逸中将）にとっては、戦力不足でただちに増強しなければならない。(90) しかしながら、蘭印方面の部隊は、船舶輸送が厳しく、内地からも中部フィリピン喪失のため、転用が不可能になっていた。他方、大陸打通が成功したことから、北部仏印には支那派遣軍から二個師団を派遣できたが、南部仏印までは手が回らなかった。結局のところビルマから転用しなければならなかったのである。ここにビルマ方面軍の機動打撃力不足の原因があった。

　南方軍が「イラワジ会戦」における決戦兵団である第二師団を抽出したことは、南方戦域におけるビルマの地位が低下し、すでにインドシナ方面にその重心が移ったことを如実に示していた。このような場合、通常、南方軍総司令部が、新たな防衛構想を示し、かつビルマ方面軍に対して任務の更改が行われる。しかしながら、この時期、大本営は本土決戦準備に追われ、ビルマはおろか南方に関心を示すことができなかった。したがって、南方軍が独自に判断しなければならないが、大本営から示された南部ビルマの要域確保指示に変更がない以上、方面軍に対してビルマの要域確保という任務を変更することができなかった。方面軍としては、南方軍の思惑はどうであれ、任務に変更があったわけではないため、軽々に後退はできない。さらに、「バー・モオ要請」から縦深の地域での持久は不可能となれば、残る方法は、現有戦力をもって現展開線で持久ということになろう。しかし、圧倒的戦力差の前では防御による持久は不可能で、いくら無謀とはいえ、敵の主力進出に先立ち、前岸攻勢によって各個撃破を図るほか、「バー・モオ要請」を満たし、かつ任務達成する可能性はなかった。つまりビルマを巡る政戦略の矛盾は、方面軍の意志がどうであろうと、もうすでに解決できる域を超えていたのである。

第十五軍が前岸攻勢準備中の、一九四五（昭和二十）年二月二十四日、戦車、自動貨車二、〇〇〇両の英軍が、ミヤンギャン付近でイラワジ河を強行渡河し、二十六日、要衝メークテーラに侵入した。方面軍は、第四九師団をもってこの敵に対処しようとしたが果たせず、さらに第三三軍司令部を前進させるとともに、イラワジ戦線から抽出した第十八師団（師団長中永太郎中将）及び第四九師団を併せ指揮させ、メークテーラの奪回を図ったが、もとより計画外の反撃が成功するはずもなく、三月二十八日、ついに奪回を断念した。この間、守備戦力を失ったイラワジ正面も逐次崩壊し、三月十九日、第十五軍は、マンダレーを放棄しシャン高地に向け退却を始めた。[91]ここにおいて、実質的に「イラワジ会戦」は終了したのである。

この頃、第二八軍参謀長岩畔豪雄少将の警告が現実となった。一九四五（昭和二十）年三月二十七日、オンサン少将率いるBAは日本軍に対し全面反乱を起こしたのである。戦局の悪化を起点として、ビルマ民心はいまや完全に反日親英に転じてしまった。ビルマ軍顧問桜井徳太郎少将は王党派や僧を利用して帰順を勧めることを、方面軍司令部に申し入れたが、同意は得られなかった。[92]方面軍司令部は、今さら王党派や僧を担ぎ出したところで無駄と判断したのであろう。BAの戦力自体はたいしたものではなく、ただちに討伐されたが、政略的には大打撃であったことは間違いない。ビルマ国民に圧倒的に支持されているオンサン少将率いるBAが反乱を起こしたということは、バー・モオ政府がどうあろうが、これ以降、現実問題として「日緬同盟」によりビルマ人の協力を得ることは不可能で、それは同時に、自活自戦が不可能になることを意味していた。そして、バー・モオ政府が実質的に瓦解したということは、この地における政治的「大東亜共栄圏」も破綻したのである。

一九四五（昭和二十）年四月七日、南方軍は、ビルマ方面軍の任務を更改し、ラングーン、トングー、ロイコウ周辺の要域確保を命じた。しかし、方面軍は、戦車を主体とした英印軍の突進を止めることはできず、二十二日、トングーを突破された。ここに至っては、方面軍司令官木村中将も、政略のみならず戦略的敗北を自認せざるを得ず、田中参謀長の反対を振り切り、方面軍司令部のラングーン放棄、モールメンへの撤退を決心し、あわただしくラングーンを去った。バー・モオ政府もこれに続いたが、バー・モオにはもはやなんらの政治力もなく、政府は有名無実であった。また、自由インド仮政府の首班S・C・ボースもビルマを去った。そして、ビルマ方面軍の占領地軍政は「狭義軍政」に回帰した[93]。

「断号作戦」から「イラワジ会戦」準備、ラングーン放棄に至る間に、戦略は「印支連絡路遮断」から「ビルマ南部要域確保」に変わり、その「ビルマ南部要域確保」も、時期により微妙にその意味が変化した。また、政略も中央が考えた政治的「大東亜共栄圏」維持から方面軍の自活自戦の必要に伴う「日緬同盟堅持」まで、各レベルで微妙にその意味合いは異なっていた。したがって、そこには認識のズレや矛盾が生じ、これに政戦略の環境変化が加わった時、その矛盾は方面軍が解決できる範囲を超えてしまったのである。それ故、当初はそれなりに合理性を持ったビルマ方面軍の戦略が無謀なものに変質し、その無謀な戦略によって、政略もまた破綻したのであった。つまり、この場合、戦略と政略の相互作用は、悪循環に陥ったのである。

(二) フィリピン

一九四四(昭和十九)年十一月八日、小磯首相は「レイテは天王山」との談話を発表していた。[94] ところが、第十四方面軍及び第三五軍はともに、「レイテ決戦」の継続はほとんど不可能と感じていた。十二月十五日、マニラに近いミンドロ島に米軍は上陸し、十八日には大本営は「比島全面決戦」を指導するに至る。しかしながら、第十四方面軍は持久戦を指導した。では、大本営は「レイテ決戦」から「比島全面決戦」へ、第十四方面軍は決戦から持久戦へ大きく方針は変更されたわけであるが、このことは鼎立的「大東亜共栄圏」維持にどのような影響を及ぼしたのだろうか。

まず、大本営が「比島全面決戦」の指導を開始した時、フィリピンはどのような状況にあったのだろうか。第十四方面軍、現地海軍及び陸海軍航空関係部隊との間で複雑な指揮関係を解決するために、南方総軍司令部がマニラに進出したが、戦況の進展に伴いサイゴンに移駐した。このため、フィリピン政府に対する「政務指導」を第十四方面軍司令部に委ねた。さらに、陸軍部隊の指揮を容易にするため、一九四四(昭和十九)年十二月二十五日には第四航空軍を第十四方面軍の指揮下に入れている。一方、海軍部隊は、航空部隊を有する南西方面艦隊(司令長官大川内伝七中将)があり、マニラ防衛隊(司令官岩淵三次少将)があった。つまり、方面軍司令官による統一指揮が未だなされていなかった。[95]

このような統一指揮がなされなかった背景には、陸海軍の間で次のようなことがあった。陸軍の中では大本営、南方軍と現地軍の間で、現地軍においては第十四方面軍と第四航空軍の間で、それぞれ戦況に関する微妙に認識が違っていた。海軍はミンドロ島奪還を第十四方面軍に要求していたし、可能と考えていた。大本営及び南方軍総司令部は、「レイテ決戦」の継続を望んでいた。[96] 現地軍は「レイテ決戦」をほぼあきらめていたが、ルソンにおける持久戦か決戦かで第十四方面軍と第四航空軍の意見は分かれ、それはマニラ放棄かマニラ死守かで鋭く対立したのである。こういった時に、重要になるのは上級部隊の指導である。比島全面決戦を指導した、一九四四（昭和十九）年十二月十八日の大本営による「現情勢ニ処スル捷一号作戦指導要領案」によれば、「レイテ決戦」を継続しつつ、ルソンに兵力集中を行う、つまり鼎立的「大東亜共栄圏」維持を図っていた[97]。その一方、ルソンにおける作戦指導は、新着任の参謀本部第一部長宮崎周一中将を派遣し、現地軍の意見を聞き決定することにした[98]。なお、戦争指導班は、この動きに懐疑的で、あくまでも、「レイテ決戦」を行うべきとの考えであった。

宮崎中将が現地確認のためマニラに来着する直前、飯村南方軍総参謀長は、方面軍、航空軍、南西艦隊首脳と協議し、レイテ持久転移、ミンドロ島積極作戦断念、ルソン島作戦準備完整を確認し、大本営に報告していた[99]。したがって、宮崎中将は、大本営案に比し、消極的とも思えるこの意見に現地で接したわけであった。一九四四（昭和十九）年十二月二十五日、山下方面軍司令官、武藤参謀長と懇談し、ルソンにおける持久戦を確認した。そして、そのうえで宮崎中将は、山下大将の状況に即応する作戦指導に一任することを報告すべきと決心した[100]。この報告を受けて、二十七日、梅津参謀総長は及川古志郎軍令部総長と列立して、今後の「捷一号作戦」指導について、これまでの「レイテ決戦」方針を改め、フィリピン戦域において随所に敵の企図を封殺する一方、ルソン戦備を強化し、敵に出血を強要することに決したと上奏した[101]。つまり、ここで実質的にルソンで持久戦を行うことが確認されたのである。これにより、南方との連絡は断たれることとなり、それは経済的「大東亜共栄圏」の事実上の放棄を意味していた。

では、なぜ第十四方面軍は持久戦を選択したのであろうか。従来の説明では、戦力を「レイテ決戦」に投入したことから、戦力が一二万から九万に減少したこと及びルソンにおける準備が十分でなかったことが挙げられている[102]。これは要するに決戦の可能性がなくなったということである。これらの説明は、第十四方面軍参謀長であった武藤中将の回想を根拠としているため説得力があるが、それでも不十分な印象を否めない。なぜなら、元来「捷号作戦」は鼎立的「大東亜共栄圏」維持の必要性から決戦を計画されたもので、敢えて可能性には目をつぶったものであった。したがって中央も決戦を指導してきた。その中で、現地軍が持久戦を採用するには、この時点で現地の状況が変わり、持久戦でも作戦目的を達成できると考えたか、もしくは決戦の可能性が全くなくなった場合であろう。ところが、日本軍は、慣用戦法として状況のいかんにかかわらず攻撃することはよく知られているが、攻撃行動が主体となる決戦の可能性がなくなるほどの戦力不足とは考えにくい。また準備不足による決戦断念という説明も合理性を欠く。なぜなら準備不足は、防御が主体となる持久戦にこそ不利に働くからである。そう考えると、現地軍は持久戦でも作戦目的をどうにか達成できると考えたが、大本営が指導するので、決戦について考察を進めた。しかしながら、可能性として成立しないという説明により、大本営に持久戦を認めさせたと推測できる。

実は山下方面軍司令官は、決戦を希望したと言われている。[103] しかしながら、武藤参謀長に可能性の面で諌められ、やむなく同意した。したがって、この持久戦の計画策定は、武藤参謀長が主導したと考えられる。[104] 武藤参謀長は、開戦時の軍務局長であり、この戦争目的が「大東亜共栄圏の建設」と「自存自衛」であることは誰よりも良く認識していた。したがって、「捷一号作戦」は、鼎立的「大東亜共栄圏」維持のため決戦が必要だともよく認識していた。ゆえに、一九四四（昭和十九）年十一月における「呂宋島作戦指導要綱」には決戦意図が明記されていたのである。[105] ところが連合艦隊の壊滅、航空作戦の不振、敵海空火力の優越等、日本陸軍がかつて経験したことのない状況に直面した。なにしろ武藤参謀長にとって米軍は、初めて会いまみえる敵だったのである。米軍の空海火力の猛威は想像を絶するものだったに違いない。したがって、持久戦への移行は、たとえ戦力が当初の予定通りルソンに充当されたとしても不可避だったかもしれない。

そうなると、方面軍としては持久戦でも作戦目的を達成できるか否かが問題となる。武藤参謀長はラウレル対日協力政府を維持することで、たとえ持久戦に移行しても作戦目的の達成が可能と考えた。もちろん、経済的には、中部フィリピンが敵手に落ちた以上、南方要域と日本本土の海上連絡は不可能となるが、「一号作戦」の進展により大陸打通に目途がつき最低限の陸上連絡は可能となった。また、政治的には、ラウレル政府維持により政治的「大東亜共栄圏」は維持し得る。そのためには、首都のバギオ移転が必要と考えた。なぜなら、米軍のフィリピン上陸以来、ルソンにおいてもゲリラが増え続け、日本軍の後ろ盾なしではラウレル政府の維持が困難になっていたからである(106)。ここにおいて、ラウレル政府の全閣僚が、移動を承知するかが大きな問題となった。なぜなら、閣僚の間にも米軍に通じていると疑われている者が少なくなかったのである。ここで重要な役割を果たしたのが、村田省蔵大使と参謀副長宇都宮直賢少将（大使館付武官より転出）であった(107)。また、浜本正勝大統領顧問は、バギオ到着後もフィリピン政府と日本軍をつなぐ役割を果たした(108)。かくして、一九四四（昭和十九）年十二月、ほとんどの閣僚がバギオに移ったのである。このことは昭和天皇も非常に喜んだと言われている(109)。

では、第十四方面軍は、どのような持久戦を構想したのであろうか。この作戦構想は、「三大拠点構想」として知られている。一九四四（昭和十九）年十二月十九日に策定された「呂宋島作戦指導要綱」がそれであるが、持久戦の計画としては巧妙であった(110)。これは、アパリ港やツゲガラオ飛行場、穀倉地帯であるカガヤン河谷を含む北部ルソンの要域で方面軍主力に組織的抵抗を継続させ、さらにマニラ東方山地、クラーク飛行場群西方山地を確保し、マニラ港及びクラーク飛行場群の利用を妨害させるものであった。つまり守り難い平野部は米軍に渡すものの、各拠点を守備することによって、マニラ港、クラーク飛行場群を利用させず、我の長期自活自戦を図れる戦略的に合理的なものであった。また、政略上も、北部ルソンのバギオが拠点内にあり、ラウレル対日協力政府の維持が可能であった。

図９　「呂宋島作戦指導要綱」関係図〔防衛庁防衛研修所戦史室『戦史叢書 60 捷号陸軍作戦（2）ルソン決戦』（朝雲新聞社、1972年）33頁より〕

では、この持久戦構想は、実行に当たってどのような問題があり、それは占領地軍政にどのような影響を及ぼしたのだろうか。ルソン島のリンガエン湾に米軍が上陸した一九四五（昭和二十）年一月六日、大本営は「帝国陸海軍作戦計画大綱」を議論していた[111]。これには、フィリピン方面の作戦は敵の牽制抑留にあることを示していた。小磯首相は上陸する米軍に対し、なぜ攻勢をとり決戦しないのか梅津参謀総長に詰め寄ったが、梅津参謀総長は方面軍司令官の意図を尊重しなければならないと一般論を述べるに止まった[112]。つまり、この時期には、東条内閣時代とは違い、首相は作戦に関し何らの意見も述べられなくなっていた。そして、フィリピンはもう主戦場ではなく、現地軍に委ねられることとなったのである。

第十四方面軍にとって、作戦遂行に当たっての悩みは、フィリピンゲリラの跳梁であった[113]。フィリピンに送られた最後の戦略兵団である第十九師団の師団長尾崎義春中将は、次のように回想している。「比島作戦に於て予の最も意外に感ぜしは、比島人中一人の日本軍に協力するものなく、悉く米軍側に協力し、ゲリラによりて我軍を悩ませしこと之なり[114]」。この事実は、日本軍の占領地軍政そのものが失敗したことを意味していた。

山下方面軍司令官着任時においても、治安は芳しいものではなかった。この事実は、山下司令官のラウレル対日協力政府とそれまでの占領地軍政に対する評価を厳しいものにしていた。第十四軍時代から軍政を担当していた参謀副長宇都宮少将は、山下大将から、「比島の治安がこんなに悪化していようとは夢想だにしなかったよ。これは軍政時代に和知と君が比島人をすっかり甘やかしたせいだ」と厳しく指導されたとしている[115]。確かに、比島人による比島の治安確保のために、日本軍が養成した警察軍は、米軍の上陸とともに雲散霧消していた[116]。したがって、武藤参謀長の言う通り、比島政府は無力だった[117]。この状況において、山下大将が行ったことは、実質的な「狭義軍政」への回帰であった。すなわち、治安及び徴発を現地軍自ら実施することである。

治安回復の策として、山下司令官が採用したのは、憲兵と親日団体の活用であった。第十四方面軍憲兵隊は、戦地にある軍令憲兵として方面軍司令官の指揮下にあった。そして、その任務は、主に軍隊内の規律維持であった。この点は内地の陸軍大臣の指揮下にある一般憲兵と同じである。ところが、軍令憲兵は、間諜の検索、敵の宣伝及び謀略の警防、敵意を有する住民の抑圧等が付加されており、軍隊内のみならず占領地住民に対する捜査権限を有していた[118]。もちろん、これは日本の国内法の問題であるから、独立したフィリピンには適用されない。戦時国際法は、占領軍である場合のみに国内法の派出が許されるのである。ところが、当時のフィリピン警察軍は崩壊状態であった。したがって、実質的に、占領当初の憲警兼務の状態に戻ったわけであった。山下司令官は参謀副長西村速雄少将に指示し、憲兵隊長以下を督励してゲリラ容疑者の徹底的検挙を行った。閣僚や警察軍幹部にも逮捕者や容疑者が多発するに至って、ラウレル対日協力政府と第十四方面軍の対立は深まっていった[119]。このようなラウレル対日協力政府に対する実質的否認の構図をさらに複雑にしたのが、複数の親日団体の存在であった。サクダル党党首ラモス（Benigno Ramos）が指導する義勇軍「マカピリ」、望月重信大尉が指導した「新比島教育隊」の流れをくむ「鉄の腕」、リカルテ将軍が指揮する義勇軍「秩序の義勇軍」である[120]。彼らは、ラウレル対日協力政府がオリガークスであったのに対し、米国につながる彼らを敵視した反体制派であった。したがって、ラウレル対日協力政府にも抗日ゲリラにも敵意を持っていたため、山下司令官や一部幕僚にとっては好ましかった。武藤参謀長によるラウレル政府擁護の政略は、この動きをある程度食い止めることができたが、フィリピン人同士の対立は激化していった。

さらに、第十四方面軍を悩ましたのが、複雑な指揮系統に起因する問題であった。大川内伝七中将率いる南西方面艦隊司令部は持久戦構想に理解を示したが、その隷下部隊で実質的に唯一の実力部隊であった岩淵三次少将率いる第三一特別根拠地隊は「マニラ決戦」を主張し、第十四方面軍の持久構想に異を唱えた。第四航空軍もまた、「マニラ決戦」を主張していた。その理由は、マニラの港湾施設及びクラーク飛行場施設が重要なのであって、それを放棄する場合フィリピンを保持する理由がないというものであった。

武藤参謀長の三大拠点による持久構想は、彼らの主張を無効にするうえでも優れていた。マニラ港及び空港を破壊したうえでマニラ東方拠点に拠ることは、米軍に対しより長期に利用を妨害できた。また、クラーク飛行場群西方山地を確保することは、同様の効果を得ることができた。第四航空軍は、一九四五（昭和二十）年一月一日付で、第十四方面軍に編入されたことから大きな問題は生じなかったが、問題は海軍であった。持久戦構想に理解を示した南西方面艦隊司令部は、マニラからバギオに移転したが、第三一特別根拠地隊を中核して編成されたマニラ海軍防衛隊司令岩渕少将は、大川内司令官の命令に応じず、マニラでの頑強な抵抗を呼号し、市内に立て籠もった。海軍の軍紀も崩壊していたのである。ここに、マニラをオープンシティとして戦争の惨禍から除こうとした山下大将の構想は水泡に帰した。そして、一般住民を巻き込んだマニラ市街戦が行われたわけである。ここで巻き込まれた住民の死者は約一〇万人と言われ、マニラ大虐殺として、戦後の戦犯裁判で山下大将絞首刑の主因となった。フィリピン人の日本軍への怨嗟は、これにより大きく高まったのである。

最後に、食糧と輸送力の不足は深刻であった[121]。ここからも持久戦が選択されたのである。なぜなら、決戦のためには戦略機動が必要であり、輸送力の確保は不可欠だからである。また、北方大拠点に穀倉地帯であるカガヤン河谷やアパリ港を含んでいたのは卓見であった。これにより徴発と必要最小限の補給により北方大拠点の兵団は何とか自活自戦が可能になるはずであった。ところが、輸送力の不足と米軍の爆撃で、マニラに集積してきた軍需物資の拠点搬入は思うに任せず、拠点の防御施設工事も遅れ気味であった。

バギオに米軍が迫る一九四五（昭和二十）年三月二十九日、ついにラウレル大統領は、一部閣僚を連れ村田大使とともに、ツゲガラオ飛行場からフィリピンを離れ、台湾に向かった[122]。ラウレル大統領は国民を保護するため、フィリピンに残ることを望んだが、「最高会議」の決定[123]であることを村田大使に告げられ、納得した。これにより、フィリピン国内に、日本に協力し、日本の占領地内でフィリピン国民を保護する政府は存在しなくなった。ここにフィリピンにおける政治的「大東亜共栄圏」も消滅したのである。また、激しい戦闘は多くの落伍兵を生み、彼らは深刻な食糧の不足と相まって凶悪な暴徒集団と化していった。また、これに対抗して占領地住民はゲリラ化していった。わずかな食糧を求めて殺し合う日本軍落伍兵とゲリラの姿は、無政府のまさにリバイアサン状態であっただろう。その中で多くの非違行為が発生したのである。[124]また、日本軍と行動をともにした在比日本人も日本軍の保護を受けられず、北部山岳地帯を幽鬼のごとく食糧を求め彷徨した。[125]フィリピン住民の日本軍に対する恨みや憎しみは、深くなっていった。[126]そして、それは戦争指導の完全な失敗であった。このように軍紀が崩壊しつつある中、九月三日、山下大将はバギオにおいて降伏文書にサインしたのである。

従来、日本軍将兵は、方面軍の統帥も相まって、よくその作戦目的を達したと言われている。[127]確かに、武藤参謀長の持久戦案を採用することによって、ある程度長期抵抗が可能になったことは事実である。しかしながら、方面軍高級参謀小林修治郎大佐は批判的に作戦指導を見ていた。[128]山下大将は積極案つまり決戦を希望していたが、武藤参謀長、西村参謀副長の反対にあい実現できなかった。確かに、もし決戦を行っていたら、もっと早く第十四方面軍もラウレル対日協力政府も崩壊していたに違いない。しかしながら、準備不足の持久戦は、食糧の不足を招いた。この食糧不足は日本軍の軍紀の崩壊に導き、それはフィリピン住民の戦争被害に直結した。このことを考えると持久戦が正しかったかどうかは、政治的観点からも疑問が残る。つまり、フィリピンの場合も、ビルマと同様に、戦略と政略の相互作用は、悪循環に陥ったのである。

以上を要するに、日本政府も第十四方面軍も、ラウレル対日協力政府がフィリピンを離れた段階で、戦争目的である「大東亜共栄圏建設」を実質的に放棄したのである。そうであるならば、その場で降伏という選択肢もあっただろうが、それはできなかった。なぜなら「自存自衛」という戦争目的があったからである。そして、その際の占領地軍政は、「政務指導」から「狭義軍政」へ回帰したのであった。

（三）　作戦の破綻が大東亜政策に及ぼした影響

「三次大綱」に基づく作戦はいずれも失敗に終わり、対日協力政府は崩壊した。そのような状況においても、ビルマはまだ住民の戦争被害は少ない方であったと言える。なぜなら、ビルマが南方資源地帯の西端であり、ビルマ方面軍は決戦を挑んだがために崩壊が早く、ビルマ本土から撤退するのが早かった。また、ＢＡという指揮系統を持つ組織が反乱を起こしたため行動に秩序があったからである。ところが、フィリピンの場合は悲惨であった。フィリピンは南方資源地帯と日本の交通路に当たったため、日本軍はあくまで、鼎立的「大東亜共栄圏」の維持を企てた結果、持久戦と軍紀の崩壊、ゲリラの無統制な活動は戦争被害を拡大したのである。この意味において、フィリピンにおける「大東亜共栄圏建設」は全くの失敗だった。

ところが、その一方で、この「捷号作戦」の失敗によって、第十四方面軍及びビルマ方面軍が思いもよらない地域の独立が推進された。仏印と蘭印である。両地域とも「大東亜共栄圏建設」という戦争目的からすると矛盾の多い状況に置かれていた。仏印はフランスの主権下にあり、欧米支配の地域に日本軍が駐留している形をとっていた。[129]また、蘭印は、独立意欲は強いものの、重要資源地帯であることから独立は抑制されていた。

外務省は、「大東亜宣言」の趣旨に則り、現状変更を考えていた。[130]ところが、仏印が果たしている食糧供給の重要性を考えれば、陸軍が現状維持を望んだのも当然であった。また、蘭印についても、現状変更は難しかった。その理由は、重要資源地帯であることはもちろんだが、陸・海軍それぞれの現地軍が蘭印を軍政地域として分割していたため、[131]意見集約が難しかったことである。しかしながら、「レイテ決戦」の苦戦によって事態は大きく変わっていった。

南方全体で考えれば、一九四五（昭和二十）年以降、大本営の議論に南方関係がのぼらなくなった。[132] なぜなら、参謀本部は本土決戦準備に集中し、軍令部は実態を失っていたからである。このような状況で、占領地軍政は現地軍に委ねられることとなった。

では、仏印を担任する第三八軍は、どのように考えたのだろうか。まず、仏印に連合軍上陸の可能性が浮上し、仏印政府の協力を今までのように受けられなくなりつつあった。また、フィリピンを失った場合、現地自活をするにも仏印を確実な支配下に置く必要が出てきた。ここに第三八軍は、仏印政府を否定する必要性を認めることとなったのである。それは外務省が主張した即時完全独立ではない、統治機構を温存した支配だったのである。[133] この仏印処理のための作戦が、「明号作戦」だったのである。

蘭印も同様であった。すでに、一九四四（昭和十九）年九月七日、小磯首相は、施政方針演説（以下、「小磯声明」）で、（蘭領）東インドの将来の独立許与を約束した。[134]「小磯声明」で、その時期を明示できなかった理由は、蘭印の独立により資源の戦力化に不安を感じた海軍中央と現地海軍の軍政機関たる南西方面海軍民政府の反対であった。[135] ところが、レイテ沖海戦の敗北により、連合艦隊が補給すべき水上艦艇を失ったため、資源取得の任を軽減された海軍民政府の態度は、独立許与に大きく変わる。[136] これにより独立準備は加速度的に進むことになったのである。

まとめ

そもそも「二次大綱」による鼎立的「大東亜共栄圏」構想は、「絶対国防圏」という戦略的「大東亜共栄圏」の内方に「大東亜宣言」に同意した政治的「大東亜共栄圏」を保持し、その内方に、軍需省による経済統制という経済的「大東亜共栄圏」を保持することで、安定的な戦争指導を可能にするものであった。ところが、「二次大綱」成立時でさえ「絶対国防圏」は完成していなかった。なぜなら、日本軍が未だ占領していない西南支那に整備した米軍航空基地からの航空攻撃により、南方から南シナ海を経由して日本に重要資源を運搬する船舶が被害を受けており、それは日本本土にも及ぼうとしていたからである。したがって、米軍航空基地撃滅を目標とする「一号作戦」の実施は合理的だったのである。このため中部太平洋への転用予定を中止してでも、兵団を「一号作戦」に使用しなければならなかった。その一方でサイパンに対する配備は遅れ、このことがサイパンの早期失陥の一因となった。この配備遅延の根本原因は、中部太平洋の防衛構想確立の遅れと戦況に対する楽観があった。

「一号作戦」により戦略的「大東亜共栄圏」と政治的「大東亜共栄圏」のいずれかの選択を余儀なくされたのが、北緬の第三三軍であった。攻勢正面は戦略を重視するならば雲南正面、政略を重視するならば北緬正面にとるべきだが、この時点では戦略重視及び自活自戦の可能性から雲南正面が選択された。

サイパン失陥が契機となり、東条内閣が崩壊した。後継首相を話し合う重臣会議においては、重臣内閣、海軍内閣いずれも固辞され、陸軍から首相を出すこととなった。重臣、海軍のいずれも鼎立的「大東亜共栄圏」構想以外の戦争指導構想を見出せなかったのである。このことは「それでは人気一新にならない。」という阿部信行の発言が象徴していた。陸軍内においては、東条参謀総長の推薦で朝鮮総督小磯国昭大将に決定した。要するに小磯首相の下で鼎立的「大東亜共栄圏」を再編成することが、今後の戦争指導となったのである。

北緬、サイパンの失陥は、鼎立的「大東亜共栄圏」の構造に大きな影響を与えた。それは、戦略的「大東亜共栄圏」、経済的「大東亜共栄圏」と政治的「大東亜共栄圏」の範囲がほぼ同じになったことである。これは経済的「大東亜共栄圏」と政治的「大東亜共栄圏」が連合軍の前にむき出しになったことを意味していた。ここから「三次大綱」は戦略が中心となり決戦が指導されたことは当然であった。

東条内閣が崩壊し、軍務局の発言力が後退した時、戦争指導の空白を埋めたのは、政治化した参謀本部参謀であった。彼らは、政治・経済目的を念頭に置いて作戦指導を行った。そういう意味では、今までにない参謀像であった。政治化した参謀本部参謀のひとり瀬島参謀は、「ビルマ防衛作戦」構想を指導し、南部ビルマの要域確保による政治的「大東亜共栄圏」防衛へ変更した。また、フィリピンにおいては、「レイテ決戦」に軸足を移し、経済的「大東亜共栄圏」を防衛しようとした。

ビルマ方面軍は、マンダレー周辺の要地を極力確保することを命ずる南方軍命令とビルマの主要部を戦場にしない「バー・モオ要請」を両立させるには、河岸配置部隊である第十五軍を前岸攻勢に使用せざるを得なくなった。また、フィリピンにおいてもラウレルの同意の下にフィリピン政府は対英米宣戦布告を行ったが、南方軍は、ラウレル政権を維持するためには、第十四方面軍の「ルソン決戦」の主張を退け、「レイテ決戦」を指導しなければならなくなった。

ビルマにおける「イラワジ会戦」は失敗に終わり、マンダレーが陥落しＢＡが反乱を起こし、ビルマ政府は有名無実となった。また、「レイテ決戦」に敗れた第十四方面軍はルソン持久戦を指導し、ラウレル政権を維持して政治的「大東亜共栄圏」を防衛しようとしたが果たせず、ここに鼎立的「大東亜共栄圏」は崩壊したのである。

註

(1) 参謀本部第20班 第15課「大本営政府連絡会議 最高戦争指導会議 決定綴 其の9 東条内閣、小磯内閣時代」(防衛省防衛研究所戦史研究センター史料室所蔵)中央－戦争指導重要国策文書－1111。

(2) 戸部良一、寺本義也、鎌田伸一、杉之尾孝生、村井友秀、野中郁次郎『失敗の本質――日本軍の組織論的研究――』(ダイヤモンド社、一九八四年)でも、「捷一号作戦」で取り上げたのはレイテ沖海戦であった。

(3) 防衛庁防衛研修所戦史室『戦史叢書41 捷号陸軍作戦(1) レイテ決戦』(朝雲新聞社、一九七〇年)(以下、『戦史叢書41 捷号陸軍作戦(1)』)及び防衛庁防衛研修所戦史室『戦史叢書60 捷号陸軍作戦(2) ルソン決戦』(朝雲新聞社、一九七二年)(以下、『戦史叢書60 捷号陸軍作戦(2)』)。

(4) 陸戦史研究普及会編(三沢錬一執筆)『イラワジ会戦 第二次世界大戦史(陸戦史集)』(原書房、一九七二年)(以下、陸戦史研究普及会編『イラワジ会戦』)、防衛庁防衛研修所戦史室『戦史叢書25 イラワジ会戦 ビルマ防衛の破綻』(朝雲新聞社、一九六九年)(以下、『戦史叢書25 イラワジ会戦』)及び磯部卓夫『イラワジ会戦――その体験と研究――』(磯部企画、一九八八年)等。

(5) 最高戦争指導会議とは、一九四四(昭和十九)年八月四日、小磯国昭内閣成立同時に設置された。目的は、戦争指導の根本方針、政戦略の合一調整の根本方針の策定、議決のため。

(6) 中尾裕次「大東亜戦争における防勢転移遅延の要因」(『軍事史学』第三十一巻第一・二合併号、一九九五年二月)一二〇―一二一頁。

(7) 防衛庁防衛研修所戦史室『戦史叢書6 中部太平洋陸軍作戦(1) マリアナ玉砕まで』(朝雲新聞社、一九六七年)一五五頁(以下、『戦史叢書6 中部太平洋陸軍作戦(1)』)。

(8) 同右『戦史叢書67 大本営陸軍部(7) 昭和十八年十二月まで』(朝雲新聞社、一九七三年)五四八―五四九頁(以下、『戦史叢書67 大本営陸軍部(7)』)。

(9) 『戦史叢書6 中部太平洋陸軍作戦(1)』一九八頁

(10) 防衛庁防衛研修所戦史室『戦史叢書4　一号作戦(1)　河南の会戦』(朝雲新聞社、一九六七年)二九頁。
(11) 同右、三一頁。
(12) 『戦史叢書6　中部太平洋陸軍作戦(1)』二四〇頁
(13) 同右、二四三—二四四頁。
(14) 『戦史叢書67　大本営陸軍部(7)』七五—七七頁。
(15) 『戦史叢書6　中部太平洋陸軍作戦(1)』三四七頁
(16) 歴史群像シリーズ『太平洋戦争6「絶対国防圏」の攻防』(学研パブリッシング、二〇一〇年)一一四頁。
(17) 『戦史叢書67　大本営陸軍部(7)』五四九頁。
(18) 「威作命甲第1号」(「南方総軍関係作命綴」防衛省防衛研究所戦史研究センター史料室所蔵)南西‐全般‐130。
(19) 「南方軍総参謀長電(19．6．29)」(参謀本部「南方軍(隷下部隊)関係電報綴」同右)中央‐作戦指導重要電‐55。
(20) 「参謀次長電(19．6．30)」(同右)。
(21) 防衛庁防衛研修所戦史室『戦史叢書75　大本営陸軍部(8)　昭和十九年七月まで』(朝雲新聞社、一九七四年)五二〇—五二一頁。
(22) 『戦史叢書25　イラワジ会戦』四三—四四頁。
(23) 辻　政信『十五対一——ビルマの死闘——』(原書房、一九七九年)九六頁。
(24) 後　勝『ビルマ戦記』(日本協同出版、一九五三年)五六頁。
(25) 「捷号作戦関係聴取資料綴」(防衛省防衛研究所戦史研究センター史料室所蔵)比島‐日誌回想‐124。
(26) 同右。
(27) 寺崎英成　マリコ・テラサキ・ミラー『昭和天皇独白録　寺崎英成・御用掛日記』(文藝春秋、一九九一年)九七頁。
(28) 若槻礼次郎『古風庵回顧録——明治、大正、昭和政界秘史 若槻礼次郎自伝——』(読売新聞社、一九五〇年)四三一頁。
(29) 木戸日記研究会校訂『木戸幸一日記』下巻(東京大学出版会、一九六六年)一一二一頁。
(30) 同右、一一二二—一一二七頁。
(31) 寺内寿一元帥は南方軍総司令官、畑俊六元帥は支那派遣軍総司令官であった。
(32) 立川京一「戦争指導方針決定の構造」(『戦史研究年報』第13号、防衛省防衛研究所戦史部、二〇一〇年)四六頁。
(33) 屋代宜昭「戦争指導の崩壊」(『決定版　太平洋戦争7　比島決戦』学研パブリッシング、二〇一〇年)一六頁。
(34) 立川「戦争指導方針決定の構造」五一頁。

(35) 参謀本部第20班(第15課)(「昭和19年 大東亜戦争 戦争指導関係綴 一般の部」防衛省防衛研究所戦史研究センター史料室所蔵)中央-戦争指導重要国策文書-1155。
(36) 軍事史学会編『大本営陸軍部戦争指導班 機密戦争日誌』下、一九四四年六月二十三日(錦正社、一九九九年)五四八―五四九頁(以下、『機密戦争日誌』)。
(37) 同右、七月十四日、五五六頁。
(38) 同右、八月十二日、五七一頁。
(39) 防衛庁防衛研修所戦史室『戦史叢書81 大本営陸軍部(9) 昭和二十年一月まで』(朝雲新聞社、一九七五年)四六頁(以下、『戦史叢書81 大本営陸軍部(9)』)。
(40) 『機密戦争日誌』下、七月十五日、十七日、五三六―五三七頁。
(41) 同右、七月二十五日、五六二頁。
(42) 伊藤 隆、武田知己編『重光葵 最高戦争指導会議記録・手記』(中央公論新社、二〇〇四年)二三頁。
(43) 「対敵宣伝方策要綱」(同右)一三二―一三六頁。
(44) 野村 実「日本の戦争指導」(近藤新治編『近代日本戦争史第4編 大東亜戦争』(同台経済懇話会、一九九五年)九七四頁。
(45) 南方軍総司令部「昭和19年後期に於ける南方軍作戦指導大綱」(防衛省防衛研究所戦史研究センター史料室所蔵)南西-全般-51。
(46) 同右。
(47) 後『ビルマ戦記』一四六頁。
(48) 『戦史叢書25 イラワジ会戦』三〇六頁。
(49) 参謀本部「大陸指2167号」(「大陸指綴(大東亜戦争) 巻11」防衛省防衛研究所戦史研究センター史料室所蔵)中央-作戦指導大陸指-49。
(50) 「威作命甲第220号」(「南方総軍関係作命綴」)。
(51) 後『ビルマ戦記』二一三頁。
(52) 陸戦史研究普及会編『イラワジ会戦』、磯部『イラワジ会戦』等。
(53) 防衛庁防衛研修所戦史室『戦史叢書45 大本営海軍部・連合艦隊(6) 第三段作戦後期』(朝雲新聞社、一九七一年)四一頁(以下、『戦史叢書45 大本営海軍部・連合艦隊(6)』)。

(54)　防衛庁防衛研修所戦史室『戦史叢書37　海軍捷号作戦(1)　台湾沖航空戦まで』(朝雲新聞社、一九七〇年)七頁。
(55)　河辺正三「緬甸日記抄録」昭和十九年七月二十日分(防衛省防衛研究所戦史研究センター史料室所蔵)南西－ビルマ－1。
(56)　バー・モオ(横堀洋一訳)『ビルマの夜明け』(太陽出版、一九七三年)三七七頁。
(57)　根本　敬「ビルマの民族運動と日本」(大江志乃夫、浅田喬二、三谷太一郎、後藤乾一、小林英夫、高崎宗司、若林正丈、川村湊編集委員『近代日本と植民地6　抵抗と屈従』岩波書店、一九九三年)一〇五頁。
(58)　森山康平、栗崎ゆたか『証言記録大東亜共栄圏――ビルマ・インドへの道――』(新人物往来社、一九七六年)一二五―一二六頁。
(59)　高橋八郎「親日ビルマから反日ビルマへ」(『鹿児島大学史録』10号、鹿児島大学教養部史学教室、一九七七年)。
(60)　バー・モオ『ビルマの夜明け』三七九頁。
(61)　同右、三九九頁。
(62)　元ビルマ軍事顧問沢本理吉郎「沢本理吉郎回想録　第1部」(防衛省防衛研究所戦史研究センター史料室所蔵)南西－ビルマ－21。
(63)　根本　敬『現代アジアの肖像13　アウン・サン――封印された独立ビルマの夢――』(岩波書店、一九九六年)一二九―一三〇頁。
(64)　丸山静雄『インド国民軍――もう一つの太平洋戦争――』(岩波書店、岩波新書、一九八五年)一四四頁。
(65)　『戦史叢書25　イラワジ会戦』四八四頁。
(66)　田中新一「ビルマ作戦史　緬甸方面軍参謀長回想録　中」(防衛省防衛研究所戦史研究センター史料室所蔵)文庫－依託－111、一二八―一三一頁。
(67)　同右、六〇頁。
(68)　同右、一二七―一二八頁。
(69)　バー・モオ『ビルマの夜明け』三七六頁。
(70)　同右、三八四頁。
(71)　重光元大臣「バーモー一件覚書」(外交記録マイクロフィルムA'－1001－2－4「ポツダム宣言受諾関係一件　善後措置及び各地状況関係　大東亜諸国要人措置関係　第1巻第4回　A'－0119」外務省外交史料館所蔵)。
(72)　バー・モオ『ビルマの夜明け』三九〇―三九一頁。
(73)　「石射大使十月二十五日電」(「外国元首並皇族本邦訪問関係雑件」外務省外交史料館所蔵)外務省記録L．1．3．0．2－11。
(74)　石射猪太郎『外交官の一生』(太平出版社、一九七二年)三六五頁。

(75)『戦史叢書41　捷号陸軍作戦(1)』一一二頁。
(76)同右、二六五—二六七頁。
(77)Armando J. Malay, *Occupied Philippine* (Manila: Filipiniana Book Guild, 1967), pp. 125-126.
(78)*Ibid.*, p. 134.
(79)日本のフィリピン占領期に関する史料調査フォーラム編『インタビュー記録　日本のフィリピン占領』(龍渓書舎、一九九四年)六一頁。
(80)福島慎太郎編『村田省蔵遺稿　比島日記』(原書房、一九六九年)昭和十九年九月二十三日、十月二十八日、十二月二十二日。
(81)同右、昭和十九年九月四日。
(82)同右、昭和十九年九月二十三日。
(83)同右、昭和十九年八月二十五日。
(84)『戦史叢書45　大本営海軍部・連合艦隊(6)』四八五—四八八頁。
(85)同右、二〇〇頁。
(86)小磯国昭『葛山鴻爪』(丸の内出版、一九六八年)七九六頁。
(87)『戦史叢書25　イラワジ会戦』五五三頁。
(88)第49師団　第1復員局「第49師団史実調査資料」(防衛省防衛研究所戦史研究センター史料室所蔵)南西-ビルマ-494。
(89)防衛庁防衛研修所戦史室『戦史叢書32　シッタン・明号作戦　ビルマ戦線の崩壊と泰・仏印の防衛』(朝雲新聞社、一九六九年)五八六頁(以下、『戦史叢書32　シッタン・明号作戦』)。
(90)同右、六〇七頁。
(91)田中新一「ビルマ作戦史　緬甸方面軍参謀長回想録　末」(防衛省防衛研究所戦史研究センター史料室所蔵)文庫-依託-112。
(92)『戦史叢書32　シッタン・明号作戦』一〇四頁。
(93)後『ビルマ戦記』二九四頁。
(94)『朝日新聞』(昭和十九年十一月九日朝刊)。
(95)ビルマも同様であったが、有力な海軍部隊が存在しないため、実質的に方面軍司令官の統一指揮がなされていた。
(96)『戦史叢書41　捷号陸軍作戦(1)』五七〇頁。

(97)同右、五七一―五七二頁。
(98)『機密戦争日誌』下、十二月十八日、六二八―六三一頁。
(99)『戦史叢書41　捷号陸軍作戦(1)』五六七―五六九頁。
(100)軍事史学会編『大本営陸軍部作戦部長　宮崎周一中将日誌』十二月二十五日夕(錦正社、二〇〇三年)二三―二四頁。
(101)『戦史叢書81　大本営陸軍部(9)』五〇五―五〇七頁。
(102)武藤　章『比島から巣鴨へ――日本軍部の歩んだ道と一軍人の運命――』(中央公論新社、中公文庫、二〇〇八年)一〇八―一一五頁。
(103)同右、一〇二―一〇三頁。
(104)小林修治郎「比島作戦についての質問回答」(防衛省防衛研究所戦史研究センター史料室所蔵)比島－日誌回想－118。
(105)14HA「第14方面軍(尚武)作命綴(含作戦計画)」(同右)比島－防衛－8。
(106)武藤『比島から巣鴨へ』一二五―一二六頁。
(107)ホセ・P・ラウレル、ホセ・P・ラウレル博士戦争回顧録日本語版刊行委員会編(山崎重武訳)『ホセ・P・ラウレル博士戦争回顧録』(日本教育新聞社出版局、一九八七年)八一―八三頁(以下、『戦争回顧録』)。
(108)日本のフィリピン占領期に関する史料調査フォーラム編『インタビュー記録　日本のフィリピン占領』一一二―一一三頁。
(109)伊藤、武田編『重光葵　最高戦争指導会議記録・手記』三〇五頁。
(110)14HA「第14方面軍(尚武)作命綴(含作戦計画)」。
(111)『戦史叢書81　大本営陸軍部(9)』五四六頁。
(112)小磯『葛山鴻爪』八一〇頁。
(113)武藤『比島から巣鴨へ』一二四頁。
(114)「尾崎義春中将回想録」(防衛省防衛研究所戦史研究センター史料室所蔵)比島－日誌回想－4。
(115)宇都宮直賢『南十字星を望みつつ――ブラジル・フィリピン勤務の思い出――』(自家出版、一九八一年)九九頁。
(116)同右、一四七頁。
(117)武藤『比島から巣鴨へ』一二五―一二六頁。
(118)全国憲友会連合会編纂委員会『日本憲兵正史』(全国憲友会連合会本部、一九七一年)二九―三二頁。
(119)『戦争回顧録』九二―九六頁。

(120) 寺見元恵「日本軍に夢をかけた人々」(池端雪浦編『日本占領下のフィリピン』岩波書店、一九九六年)七六―八七頁。
(121) 武藤『比島から巣鴨へ』一一二―一一三頁。
(122) 『戦争回顧録』一一〇―一一五頁。
(123) 伊藤　隆、武田知己編『重光葵　最高戦争指導会議記録・手記』三五一頁。
(124) 茶園義男編『BC級戦犯フィリピン裁判資料』(不二出版、一九八七年)では、非違行為の多くがルソン戦以降に発生していることを示している。
(125) 在比法人の彷徨は多くの回想が出版されている。例えば今日出海『山中放浪』(日比谷出版社、一九四九年)、皇　睦夫『ルソン戦とフィリピン人』(楽游書房、一九八一年)など。
(126) フィリピンにおける戦犯裁判を扱った研究として、永井　均『フィリピンと対日戦犯裁判 1945―1953 年』(岩波書店、二〇一〇年)がある。
(127) 『戦史叢書60　捷号陸軍作戦(2)』六七六頁。
(128) 小林「比島作戦についての質問回答」。
(129) 大東亜共栄圏内での白人国家の植民地は、ほかにポルトガル領チモールがある。
(130) 波多野澄雄『太平洋戦争とアジア外交』(東京大学出版会、一九九六年)二一五―二一六頁。
(131) ジャワ、スマトラの大スンダ列島の軍政は陸軍担任、セレベス、蘭領ボルネオ、西部ニューギニア、小スンダ列島の軍政は海軍担任であった。
(132) 『機密戦争日誌』下にもほとんど記載がない。
(133) 土橋勇逸『軍服生活四十年の想い出』(勁草出版サービスセンター、一九八五年)五三三―五三四頁。
(134) 『朝日新聞』(昭和十九年九月八日朝刊)。
(135) 波多野『太平洋戦争とアジア外交』二二三頁。
(136) 同右、二二四頁。

終章　東条英機の戦争指導と「大東亜共栄圏」

本研究は、日本軍による占領地軍政の形成過程を踏まえて、「大東亜戦争」における日本の戦争指導を占領地軍政と軍事作戦との相互作用から考察し、戦争目的「大東亜共栄圏建設」の意義と構造を明らかにするものである。

このため、本研究では、まず第一次世界大戦後、軍にとって軍事作戦と並ぶ戦争目的達成の手段となった占領地軍政がいかなる意味で必要とされたかを整理した。その後、「大東亜戦争」の期間を、開戦期、「一次大綱」期、「二次大綱」期、「三次大綱」期に区分し考察を進めた。この考察により明らかになったことは、政府の戦争指導の根幹は鼎立的「大東亜共栄圏」の確立・維持にあり、東条英機首相兼陸相のリーダーシップと陸軍省のサポートにより企画されたということである。また、戦争目的「大東亜共栄圏建設」の意義とこれを達成すべき占領地軍政及び軍事作戦の役割は、戦況により大きく変化し、その構造は「二次大綱」期に政治・経済・戦略の鼎立関係として確立された。

以下、日本陸軍が確立した占領地軍政の構造と意義を述べた後、戦争各期における「大東亜共栄圏建設」の意義及び占領地軍政と軍事作戦の役割をまとめる。最後に東条英機のリーダーシップについて評価する。

一　「大東亜戦争」以前における占領地軍政の役割の拡大

明治健軍期の日本軍にとって、占領地軍政は無差別戦争観に基づいた戦時国際法の規定そのものであった。それは占領軍の権利及び義務である徴発、治安の回復・維持である。そこでは、占領地軍政の役割とは軍事作戦と一体化した作戦の基盤であり、戦略の一環であった。この占領地軍政の役割は、当時の列強と共通していたと言えるだろう。無差別戦争観下の戦争における占領地軍政の位置付けは図10の通りである。

一方、第一次世界大戦は総力戦と違法戦争観という二つの大きな戦争観の変化をもたらした。日本陸軍はこの変化を巧妙に学び取り、新たな占領地軍政のタイプの創出に成功した。その一つは総力戦に適合し、国民動員、産業動員、交通動員、財政動員を占領地に適用した占領地軍政である。従来の徴発、治安の回復・維持に限った占領地軍政を「狭義軍政」とするならば、これは「広義軍政」と称することができよう。「広義軍政」の役割は、占領地経済の確保と軍事作戦の継続を狙った戦時経済の基盤であった。今一つは違法戦争観に基づき、占領地に独立の形式をとらせ、占領地改革指導を現地軍が行うことにより、実質的に支配を継続する「政務指導」である。これは、諸外国に占領の正当性を訴える外交の一環である。第一次世界大戦後の占領地軍政の位置付けは図11の通りである。

ここで指摘しておかなければならないのは、これら「狭義軍政」「広義軍政」「政務指導」が同時に行われたことである。このことが、本来統帥権の作用であった占領地軍政が行政及び外交の役割を担うこととなり、必然的に省部間

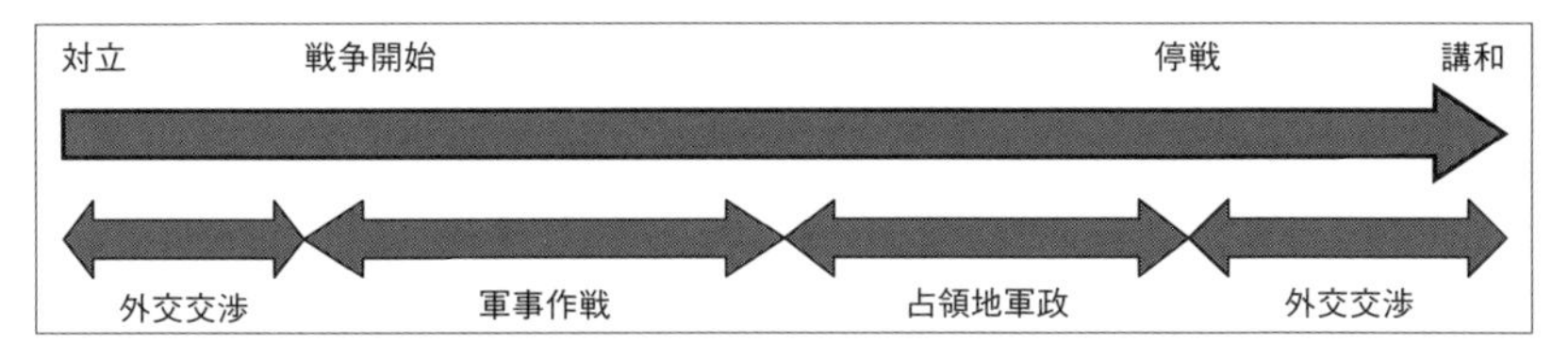

図10　占領地軍政の位置付け（無差別戦争観の時代）

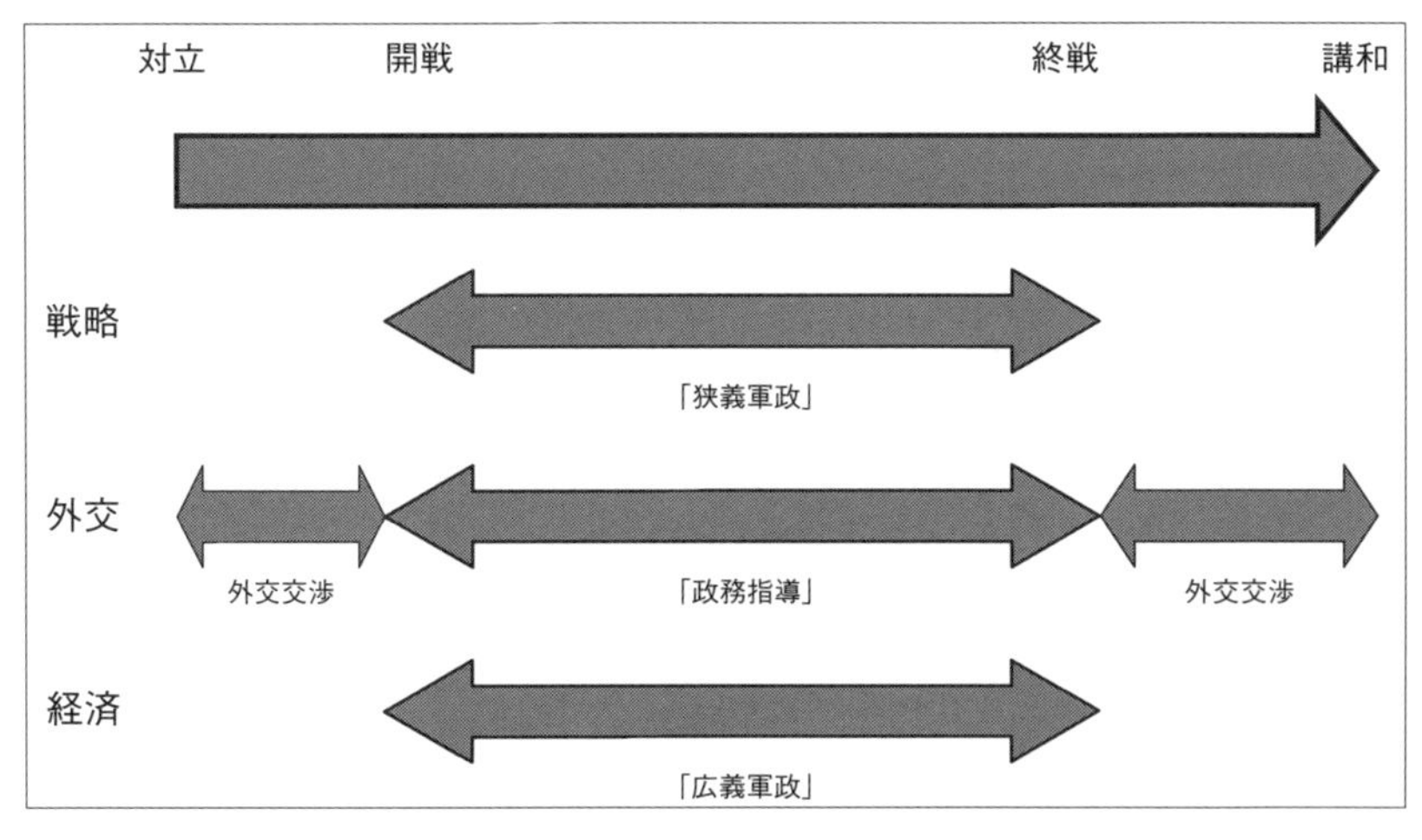

図11　占領地軍政の位置付け（第一次世界大戦後）

に管轄を巡っての対立を起こした。

また、第一次世界大戦による戦争観の変化は、占領地軍政の役割を行政及び外交分野にまで拡大し、作戦と並ぶ戦争目的達成の手段として軍隊の主要な活動に押し上げた。したがって、占領地軍政と軍事作戦の相互作用による相乗効果が、戦争目的達成のために特に重要になったと言える。

二　政・軍（省部）による「大東亜共栄圏建設」の意義の変化

「大東亜戦争」中、開戦から一次及び二次の「今後採ルベキ戦争指導ノ大綱」によって、戦争目的「大東亜共栄圏建設」の意義が大きく変化した。それは、開戦期においては戦争目的の混乱から、統帥部の行った作戦の一部としての謀略に過ぎなかった。ところが、「一次大綱」（一九四二〈昭和十七〉年三月）により「広義軍政システムの確立」へ、「二次大綱」（一九四三〈昭和十八〉年六月）により「政治・経済・戦略的鼎立関係の構築」に変化した。この変化を推進した戦争指導の主体は、東条首相と陸軍省軍務局であった。そして、「三次大綱」（一九四四〈昭和十九〉年八月）においては「政治・経済・戦略的鼎立関係の構築」に変化はなかったが、戦争指導の主体は、政治化した参謀本部へと変化した。

東条首相にとっての戦争目的は、開戦以来、「自存自衛」と「大東亜共栄圏の建設」であった。ところが、開戦期においては海軍の反対により「自存自衛」に限定せざるを得なかった。このため、二回にわたる「東条声明」等により「大東亜共栄圏の建設」の既成事実化を図った。したがって、この時期の戦争目的は、政・軍（省部）内で意見集約されておらず、「大東亜共栄圏建設」は軍事作戦に伴う謀略に過ぎなかったのである。

この後、初期進攻作戦の終了とともに地域が確定され、長期持久の態勢に入る目算であった。ここで、東条首相は、今後の戦争指導に関し一五項目における検討課題を「連絡会議」に提起した。この検討項目を下敷きとして「一次大綱」が策定された。その内容は、戦略的には、陸海軍の担当正面を決めることで、それぞれの特性発揮を可能にさせ、経済的には、「広義軍政システム」により戦時経済を確立することにあった。東条首相の狙いは、これにより陸海軍の作戦の自由を認めつつ、戦略物資の統制により陸海軍を統制し、政府が戦争指導の主導権を握ることにあったと考えられる。そして、「南方占領地建設方針」及び大東亜省設置によって「広義軍政システム」を推進した。ただし、現地軍による「狭義軍政」を認めたため、日本軍の占領地軍政は重層的なものとなった。つまり、ここでの「大東亜共栄圏建設」とは、「広義軍政システム」の推進とこれを達成するための軍事作戦だったのである。

一方、南東正面の戦局の悪化により、東条首相は「二次大綱」等を成立させた。これにより、「大東亜共栄圏」を防衛する地理的範囲を「絶対国防圏」として定め、戦略的「大東亜共栄圏」を定義した。また、軍需省設置により「広義軍政システム」を発展させ、戦略物資の取得計画から戦略資機材の生産まで一貫した統制経済を目指す経済的「大東亜共栄圏」を確立した。最後に、独立を許与し「政務指導」を行っている大東亜諸国による「大東亜会議」により、「大東亜宣言」を発し、政治的「大東亜共栄圏」を確定した。そしてこれらを体系的に結び付けるため、東条首相兼陸相は、参謀総長と軍需相を兼ねたのである。この政治・経済・戦略的「大東亜共栄圏」の鼎立構造により、東条は連合国の反攻に対処しようとしたのである。

ところが、「絶対国防圏」崩壊とともに東条首相も退陣したが、重臣会議の場で誰も新たな戦争指導構想は提示できなかった。そこで陸軍大将である小磯国昭に大命は降下し、鼎立的「大東亜共栄圏」による戦争継続が確認されたのである。これが「三次大綱」である。しかし、戦争指導の実質的担い手は陸軍省軍務局幕僚から政治化した参謀本部参謀に代わっていたのである。ただし、フィリピン及びビルマの対日協力政府は崩壊し、鼎立的「大東亜共栄圏」も崩壊する。そしてその後は自衛作戦と「狭義軍政」に回帰していった。つまり、この時期の「大東亜共栄圏建設」とは、鼎立的「大東亜共栄圏」の維持だったのである。

三　現地軍の対応と対日協力政府

開戦時、統帥部と政府、陸軍と海軍の間には戦争目的の考えに隔たりがあり、戦争目的は曖昧なままであった。このような状況で、混迷した現地軍が採用したのは、軍事作戦の遂行と謀略としての「大東亜共栄圏建設」であった。このためフィリピンでは、米比軍撃滅よりマニラ占領を優先させ、バルガス首班の比島行政府を早期に成立させることにより対米離反を促した。また、ビルマでは南機関による「ビルマ独立工作」を準備したのである。

しかし、「一次大綱」により、現地軍は、軍事作戦により「広義軍政システム」を確立することとなった。それが「第二次バターン作戦」であり、「北緬作戦」である。したがって、これらの戦略的効果はもちろんであるが、「広義軍政」を確立させるための作戦とも言えた。そして、その後は時期こそ曖昧であったが、独立を前提とした占領地軍政が行われ、それは対日協力者の意図とも合致していた占領地改革であった。

ところが、「二次大綱」により状況は大きく変わる。これは、政治・経済・戦略的「大東亜共栄圏」の鼎立構造確立への転換であったがために、現地軍の戦略にも転換が求められた。それは積極作戦となり、複雑な政治的思惑を有する「インパール作戦」や豪北航空決戦のための「中南部フィリピン討伐作戦」そして「絶対国防圏」を完成させるための「一号作戦」であった。これは、戦況に対する楽観やそれまでの現地軍の作戦準備や占領地軍政の成果を軽視していたがために、軍事的可能性の欠如や作戦構想の断絶を招き、北緬やサイパンを喪失し、失敗に終わったのである。

この状況の悪化に対応したのが、「三次大綱」による「大東亜共栄圏」諸国を戦場にした決戦であった。これは戦略的「大東亜共栄圏」再編による鼎立構造維持であったが、対日協力政府の意向を無視できなくなっていた。この時期には、現地軍は対日協力政府なしでは存在できなくなっていたのである。このため、現地軍はたとえ不利であっても決戦を選択せざるを得なくなった。それが「イラワジ会戦」であり、「レイテ決戦」であった。そしてその結末は、ビルマにおけるＢＡの反乱及びフィリピンにおける対日ゲリラの跳梁による対日協力政府の崩壊であった。それは、事実上の占領地軍政の破綻だったのである。

現地軍の視点で占領地軍政と軍事作戦の関係を述べるならば、占領地軍政は軍事作戦の制約事項であった。従来、この視点が欠如していたため、戦略上の論争にしかなっていなかった事項が多かった。例えば、なぜ第十四軍は進攻作戦の時、マニラ攻略を優先したか、また、なぜ「インパール作戦」では兵站を無視したか、なぜ、「一号作戦」を行ったか、なぜ「レイテ決戦」を選択したか等である。本文中で説明したためここでは細部を略するが、占領地軍政が軍事作戦の足かせになったことで、大半が説明できるのである。

四　東条首相のリーダーシップ

戦争目的に関する東条首相の真意は「自存自衛」と「大東亜共栄圏の建設」であり、その戦争指導構想は鼎立的「大東亜共栄圏」の構築・維持による継戦能力の確保と対米妥協であった。「大東亜戦争」における帝国政府の戦争指導は、東条首相の構想を他の交渉者に対し主張と妥協を重ねて成立させていった軌跡でもある。そこには、リーダーシップを発揮しにくいと言われる「帝国憲法」下の政治システムに適合したリーダーシップの類型が見えるのではないだろうか。

①曖昧な合意と先送り

戦争目的論争が紛糾した際には、誰でも合意できる「自存自衛」に止め、合意できない「大東亜共栄圏建設」は曖昧なままで先送りした。

②小出しと既成事実化

好調な戦況を背景に、「大東亜共栄圏建設」とは何なのかを情報局声明や二度にわたる「東条声明」と小出しにしつつ、「二次大綱」により海軍による攻勢の主張を認めるとともに「広義軍政システム」を既成事実化し、戦略物資を支配して戦争指導の実権を把握しようとした。

③体系化

太平洋正面の戦況悪化により積極策継続を狙う海軍の主張を抑え、「三次大綱」により「絶対国防圏」を成立させた。また、軍需省の設置及び「大東亜会議」の成果から鼎立的「大東亜共栄圏」を確立し、自らの構想を実現した。

④継続化

戦況悪化による退陣後も、後継首相に自らの構想を理解し得る小磯大将を選び、また参謀本部参謀を活用して鼎立的「大東亜共栄圏」の再編・維持による戦争継続を企図した。

つまり、本研究からは、政府と大本営の意見の相違を収斂させることが「帝国憲法」下では難しい中で、長い時間を掛け、鼎立的「大東亜共栄圏」構想を実現しようとするリーダーシップが読み取れよう。

まとめ

第一次世界大戦は、戦争観を違法戦争観及び総力戦に一変させた。戦争の定義そのものが変わったとも言える。そして、この戦争観により、戦争における政治・経済の要素が大きくなり占領地軍政として取り込まれ、軍事作戦と並ぶ軍の主要な役割となった。そのような中で開始された「大東亜戦争」において考えられた「大東亜共栄圏」の成立から崩壊までの過程をたどった。そして、この鼎立的「大東亜共栄圏」構想は、従来考えられてきた曖昧な概念でもなければ、ただのプロパガンダでもなく、巧妙かつ精緻な構想だったのではなかろうか。そうでなければ、曲がりなりにも大東亜諸国の同意は受けられなかったであろうし、「絶対国防圏」崩壊後も、あれほど狂おしいまでには戦争を継続できなかったであろう。

この戦争観は現在も続いている以上、政治・経済・戦略の鼎立関係は現在も存在する。そればかりか、戦争の存在そのものを否認したため、戦時と平時の区分が曖昧になってしまった。したがってこの鼎立関係は、戦略が相対的に小さくなるものの平時にも存在するのではなかろうか。そして、軍隊の役割は軍事作戦のみならず、占領地域の安定に至るまでますます広範になったと言えよう。

参考文献一覧

一　邦　文

（一）未公刊史料

（ア）防衛省防衛研究所戦史センター史料室（表記は公開史料目録に拠る）

陸軍大学校「北支那作戦史要―北支那方面軍　3／3　S12．9．1～13．5．31」（支那－支那事変北支－3）

参謀本部第2課「昭和17年　上奏関係書類綴　巻1其2　昭和17．1～5」（中央－作戦指導上奏－4）

「緬甸作戦要領」

「占領地ノ現状ニ就イテ」

参謀本部第2課「昭和18年　上奏関係書類綴　巻1」（中央－作戦指導上奏－7）

「上奏」

参謀本部第2課「昭和18年　上奏関係書類綴　巻2」（中央－作戦指導上奏－8）

参謀本部第2課「上奏関係書類綴　巻1　昭和19年」（中央－作戦指導上奏－9）

陸軍少将　片倉衷「片倉史料　満洲占領地行政の研究」（中央－戦争指導重要国策文書－219）

甲谷悦雄大佐「甲谷悦雄大佐日誌　其2（7冊合本）　昭和17．7．8～18．1．28」（中央－戦争指導重要国策文書－825）

国策研究会事務局「大東亜共栄圏建設対策（上篇）未定稿」（中央－戦争指導重要国策文書－925）

国策研究会事務局「大東亜共栄圏建設対策（中篇）未定稿」（中央－戦争指導重要国策文書－926）

第1復員局「ハル国務長官の11月26日の通告を受諾する場合日本が三流国に堕すべしとの論義の経済面よりする実証（未定稿・試案）」（中央－戦争指導重要国策文書－956）

参謀本部第20班第15課大本営「占領地行政に関する決定綴　昭16・11～18・3」（中央－戦争指導重要国策文書－989－2）

「大本営政府連絡会議決定綴　其の2（東條内閣時代）昭和16・10～16・12」（中央－戦争指導重要国策文書－1100）

「南方占領地行政実施要領」

参謀本部第20班第15課「大本営政府連絡会議決定綴　其の4（東条内閣時代）昭和17・13～17・7」（中央－戦争指導重要国策文書－1103）

「今後採ルベキ戦争指導ノ大綱」

参謀本部第20班第15課「大本営政府連絡会議決定綴　其の6（東条内閣時代）昭和18・1～18・4」（中央－戦争指導重要国策文書－1107）

「占領地帰属腹案ノ説明」

「緬甸独立指導要綱」

参謀本部第20班第15課「大本営政府連絡会議決定綴　其の7（東条内閣時代）昭和18・4～18・9」（中央－戦争指導重要国策文書－1108）

「日本国「ビルマ」国間同盟条約案」

参謀本部第20班第15課「大本営政府連絡会議決定綴　其の8（東條内閣時代）昭和18・9～19・1」（中央－戦争指導重要国策文書－1110）

参謀本部第20班第15課「大本営政府連絡会議　最高戦争指導会議」決定綴　其の9　東条内閣・小磯内閣時代　昭和19・1～19・8」（中央－戦争指導重要国策文書－1111）

参謀本部第20班（第15課）「昭和19年　大東亜戦争　戦争指導関係綴　一般の部」（中央－戦争指導重要国策文書－1155）

真田穣一郎「太平洋戦争における戦争指導について」（中央－戦争指導その他－86）

参謀本部「大陸指綴（大東亜戦争）巻5　昭16・7・19～17・2・2（第901～1095号）」（中央－作戦指導大陸指－20）

「大陸命　第五五六号」

参謀本部「大陸命綴（支那事変・大東亜戦争）巻8　昭16・9・15～17・2・16（第541～600号）」（中央－作戦指導大陸命－36）

「大陸命　第五六四号」

「大陸命　第五九〇号」

参謀本部「大陸命綴（大東亜戦争）巻9　昭17・2・23～17・10・5（第601～700号）」（中央－作戦指導大陸命－39）

「大陸命　第六五〇号」

参謀本部「大陸命綴（大東亜戦争）巻10　昭17・10・9～18・6・12（第701～800号）」（中央－作戦指導大陸命－43）

「大陸命　第七六七号」
「大陸命　巻11（第801～900号）昭和18．6～11月」（中央－作戦指導大陸命－115）
「大陸命　第八九四号」
第2復員局残務処理部「大海令（要旨）自第1号　至第12号」（①中央－命令－2）
軍令部「大海指　3／9（自第181号　至第210号）」（①中央－命令－22）
海軍省軍務局「昭和16～17年　大東亜戦争　占領地軍政関係綴」（①中央－軍政－12）
「占領地軍政処理要綱」
参謀本部「南方軍発電綴　昭和16．11～19．12」（中央－作戦指導重要電報－51）
南方軍総司令部「南方範域防衛ノ為ノ兵力等ニ関スル意見」
参謀本部「南方軍（隷下部隊）関係電報綴　昭和18．1～18．12」（中央－作戦指導重要電報－54）
参謀本部「南方軍（隷下部隊）関係電報綴　昭和19．1．2～19．12．31」（中央－作戦指導重要電報－55）
「参謀次長電（19．6．30）」
「南参電　第四三二号」（19．3．13）
「南方軍総参謀長電」（19．6．29）
「台電　第一六四号」
「参電　第九五五号」
「日本国緬甸国軍事秘密協定」及び「日本国緬甸国軍事秘密協定ニ基ク細部協定」
「尚武依頼電　第五五二号（19．12．19）」
参謀本部「第8方面軍発電綴　巻1　昭和17．11～18．」（中央－作戦指導重要電報－58）
参謀本部「大陸指綴（大東亜戦争）巻5　昭16．7．19～17．2．2（第901～1095号）」（中央－作戦指導大陸指－20）
「大陸指　第993号別冊第一」
参謀本部「大陸指綴（大東亜戦争）巻7　昭17．10．9～18．8．26（第1306～1600号）」（中央－作戦指導大陸指－27）
「大陸指　第1308号別冊　南方占領地各地域統治要綱」
参謀本部「大陸指綴（大東亜戦争）巻11　昭19．8．20～19．11．24（第2132～2300号）」（中央－作戦指導大陸指－49）
「大陸指　二千百六十七号」

参謀本部第1部長　田中新一「田中新一中将業務日誌　7／8　3／3部中　昭16．8．10～16．10．8」（中央－作戦指導日記－23）
参謀本部第1部長　田中新一「田中新一中将業務日誌　8／8　3／3部中　昭16．10．8～16．11．28」（中央－作戦指導日記－24）
眞田穰一郎「眞田穰一郎少将日記　No.16　昭18．6．6～18．6．22」（中央－作戦指導日記－61－2）
眞田穰一郎「眞田穰一郎少将日記　No.19　昭18．7．28～18．12．25」（中央－作戦指導日記－64－2）
眞田穰一郎「眞田穰一郎少将日記　No.25　昭18．12．23～19．1．19」（中央－作戦指導日記－70－2）
眞田穰一郎「眞田穰一郎少将日記　28／40　1／3部中　昭19．2．26～19．3．19」（中央－作戦指導日記－73）
眞田穰一郎「眞田穰一郎少将日記　29／40　1／3部中　昭19．3．20～19．5．3」（中央－作戦指導日記－74）
眞田穰一郎「眞田穰一郎少将日記　No.35　昭19．10．18～19．11．15」（中央－作戦指導日記－80－2）
厚生省引揚援護局「支那事変及大東亜戦争　戦争資料　其の3　石井秋穂大佐回想録　昭和29．7」（中央－作戦指導回想手記－108）
河邊正三大将「河邉正三大将日記　2／5　昭和18．7．10～18．12．2」（中央－作戦指導日記－267－2）
陸軍省医務局医事課長　金原節三「金原節三業務日誌摘録　後編　その3の(イ)昭17．3．2～17．3．31」（中央－軍事行政その他－5）
陸軍省医務局医事課長　金原節三「金原節三業務日誌摘録　後編　その3の(ロ)昭17．4．1～17．4．27」（中央－軍事行政その他－6）
「大東亜建設に関する諸方策大綱　昭和17．1」（中央－全般その他－156）
南方軍総司令部「南方軍の作戦準備（石井史料第35号）昭和16．9．10～16．12．2」（南西－全般－1）
南方軍総司令部「南方軍命令訓令綴　昭16．12．2～17．6．」（南西－全般－2）
「南総作命　1～143」
「中部緬甸作戦計画」（16．12．22）
大本営陸軍部「南方軍戦闘序列及び軍隊区分　昭16．11．」（南西－全般－3）
南方軍総司令部　石井正美「南方軍上奏．訓示等綴　昭16．11．10～17．7．25」（南西－全般－6）
石井参謀「比島バターン攻略戦視察状況所見」
南方軍総司令部　石井正美「南方軍作戦関係資料綴　昭16．10．7～17．2．22」（南西－全般－7）
「比作戦兵棋演習」
「緬甸作戦に伴う軍政実施要領」
「作戦方針」
「南総作命第一号ノ一」

南方軍総司令部　石井正美「南方軍作戦関係資料綴　昭16．11．25～18．2．21」(南西－全般－8)

　大本営陸軍部「第15軍作戦案」(16．12．29)

　「軍政指導方策」

　岩畔大佐「対インド作戦に関する意見」(18．2．21)

　「南方軍兵備増強に関する意見」(18．2．21)

南方軍総司令部　石井正美「南方作戦　開戦初期に於ける重要書類綴　昭17．1．1～17．1．26」(南西－全般－11)

　「緬甸に関す多謀略実施等に関する件」(17．1．6)

南方軍総司令部　石井正美「南方作戦　開戦初期に於ける重要書類綴　昭17．2．8～17．2．28」(南西－全般－12)

　「南総作命甲第55号」(17．2．9)ビルマ要域の占領　北部作戦準備

　第14軍司令部「バターン整理報告」(17．2．10)

南方軍総司令部　石井正美「南方作戦　開戦初期に於ける重要書類綴　昭和17．3．3～17．3．10」(南西－全般－14)

　「南総作命　甲第74号」(17．3．7)

南方軍総司令部　石井正美「南方作戦間資料綴　昭17．2．14～17．3．」(南西－全般－16)

　「対インド宣伝計画」(17．2．17)

南方軍総司令部　石井正美「南方作戦関係資料綴(一段落後)昭17．6．23～17．6．29」(南西－全般－17)

元作戦主任参謀元陸軍中佐　荒尾興功「機密作戦日誌資料　南方総軍の統帥(進攻作戦期)昭31．4記」(南西－全般－33)

石井秋穂「石井秋穂大佐日記　其の1　昭和16．11．27～17．5．30」南西－全般－39)

石井秋穂「石井秋穂大佐日記　其の2　昭和17．5．31～18．1．18」南西－全般－40)

歩兵第55連隊長　木庭大「歩兵第55連隊の行動(草稿)(ウインゲート旅団進入時項)昭18．2～18．5」南西－全般－67)

陸軍大佐　荒尾興功「南方軍の開戦準備　昭16．9．19」(南西－全般－97)

「南方総軍関係作命綴　昭19．4．14～20」(南西－全般－130)

　「威作命　甲第220号」

「昭和十九年後期ニ於ケル南方軍作戦指導ノ大綱」

「威作命　甲第1号」

「威作命　甲第101号」

1復「比島作戦記録第2期　S17．12～19．6」(比島－全般－11)
渡集団軍政部「軍政公報　第4号　S17．6．15」(比島－全般－82)
比島軍政監部「軍政公報　第9号　S18．3．28」(比島－全般－86)
比島軍政監部「軍政公報　第10号　S18．6．28」(比島－全般－87)
「保甲暫行儀規」
南方軍「比島方面作戦指導要綱　昭19．8．20」(比島－全般－106)
「国際法上より観たる比律賓の独立問題」(比島－全般－289)
14HA「第14方面軍(尚武)作命綴(含作戦計画)」(比島－防衛－8)
「尾崎義春中将回想録　昭和29年」(比島－日誌回想－4)
武藤　章「比島戦の実相」(比島－日誌回想－104)
第41軍参謀　小林修治郎「比島作戦について質問回答　昭和33．6．6」(比島－日誌回想－118)
「捷号作戦関係聴取資料綴」(比島－日誌回想－124)
「軍政施行上の諸規定方針　計画要領等綴　昭17．2．13～19．1．30」(南西－軍政－19)
「軍政総監指示」
第25軍司令部「軍政部内諸規定　部内関係書類綴　2／3　昭17．8．15～18．4．14」(南西－軍政－26)
参謀本部第1部研究班「南方作戦に於ける占領地統治　要綱案　昭16．3末日」(南西－軍政－62)
参謀本部1部研究班「対米戦争ニ伴フ比島処理方策案」
「南方作戦初期軍政関係　重要書類綴　昭16　石井史料～22号」(南西－軍政－63)
南方軍総司令部「南方軍軍政施行計画(案)」
第1復員局「南方軍政関係資料」南西－軍政－64)
「南方軍政に関する措置事項覚書」経理局
「第六委員会設置」
「大東亜省設置」
「南方開発金庫設立」
「占領地における敵産処理要領の制定」

陸軍省「緬甸軍政史(抜粋) 其1」(南西－軍政－68)
陸軍省「緬甸軍政史　付表抜粋　其4」(南西－軍政－71)
第1復員局「南方作戦に伴う占領地行政の概要　昭21．7」(南西－軍政－100)
南方軍参謀　加藤長「南方軍政関係資料(陸軍省関係)」(南西－軍政－105)
「南方経済対策要綱」
陸軍省軍務課「南方関係業務綴　昭16．11～17．10」(南西－軍政－128)
「軍政部長に対する軍務局長講演要旨」
陸軍省軍務課「南方占領地　占領地行政関係綴　昭和16．11～18．3」(南西－軍政－128－2)
「南方軍総参謀長及び第14軍参謀長に対する軍務局長説明要旨」
「大東亜経済建疲基準方策」(17．5．4大東亜審議会、17．5．8閣議決定)
櫛田正夫「南方占領地行政の概要」(南西－軍政－124)
「ビルマ工作に関する件報告」陸亜密大日記第四二号
ビルマ方面軍司令官　河辺正三「緬甸日記抄録　河辺正三回想手記　昭18．3．18～19．10．5」(南西－ビルマ－1)
ビルマ方面軍参謀部「ビルマ方面軍より観たるインパール作戦　其の2　昭19．9．10」(南西－ビルマ－3)
外務省アジア局「スバス・チャンドラ・ボースと日本　昭和3．1．」(南西－ビルマ－20)
元ビルマ軍事顧問沢本理吉郎「沢本理吉郎少将回想録　第1部(ビルマ軍事顧問及ラングーン防衛司令官時代)昭和18．11～20．1」(南西－ビルマ－21)
第1復員局調製「緬甸作戦記録　緬甸方面軍兵站の概要」(南西－ビルマ－421)
第1復員局「第49師団史実調査資料　第49師団」(南西－ビルマ－494)
不破　博「ビルマ関係重要来翰綴」(南西－ビルマ－641)
田中新一「田中新一中将回想録　其2　戦争第2期　第2章4節(A)～(L)」(文庫－依託－24)
元南方軍参謀　石井秋穂「南方軍政日記　自昭和16．11～至18．1」(文庫－依託－96)
陸軍省軍務課長軍務局長　陸軍中将佐藤賢了「佐藤賢了中将手記」(文庫－依託－104)
ビルマ方面軍参謀長 陸軍中将田中新一「ビルマ作戦史　緬甸方面軍参謀長回想録　昭和19．9．中～20．1．中」(文庫－依託－111)
ビルマ方面軍参謀長 陸軍中将田中新一「ビルマ作戦史　緬甸方面軍参謀長回想録　昭和20．1．中～20．3．末」(文庫－依託－112)

「稲田正純昭南日記　昭和18．3〜18．9」（文庫－依託－127）
参謀本部第1部長 陸軍中将田中新一「大東亜戦争作戦記録　其2　昭和17．1．6〜17．2．12」（文庫－依託－237）

（イ）外交史料館

重光元大臣「バーモー一件覚書」（外交記録マイクロフィルムA'－119「大東亜諸国要人措置」）
「石射大使10月25日電」（「外国元首並皇族本邦訪問関係雑件」）（外務省記録L．1．3．0．2－11）
「日華同盟条約並びに今後の大使施策要領に関する後述（要旨）」（外務省記録A7・0・0・9・41・2）

（ウ）アジア経済研究所図書館（岸幸一コレクション）

山越道三「軍政下ニ於ケル比島産業ノ推移」
陸軍省南方政務班「比島視察報告書」
比島軍政監部産業部「産業関係要綱総覧」

（二）公刊史料（含回想、手記、記録等）

国際法学会編『国際関係法辞典　第2版』（三省堂、二〇〇五年）
防衛庁防衛研修所戦史室『史料集　南方の軍政』（朝雲新聞社、一九八五年）
同右『戦史叢書9　陸軍軍需動員（1）計画編』（同右、一九六七年）
同右『戦史叢書33　陸軍軍需動員（2）実施編』（同右、一九七〇年）
同右『戦史叢書86　支那事変陸軍作戦（1）昭和十三年一月まで』（同右、一九七五年）
同右『戦史叢書89　支那事変陸軍作戦（2）昭和十四年九月まで』（同右、一九七六年）
同右『戦史叢書8　大本営陸軍部（1）昭和十五年五月まで』（同右、一九六七年）
同右『戦史叢書20　大本営陸軍部（2）昭和十六年十二月まで』（同右、一九六八年）
同右『戦史叢書35　大本営陸軍部（3）昭和十七年四月まで』（同右、一九七〇年）

同右『戦史叢書59　大本営陸軍部〈4〉　昭和十七年八月まで』（同右、一九七二年）
同右『戦史叢書63　大本営陸軍部〈5〉　昭和十七年十二月まで』（同右、一九七三年）
同右『戦史叢書66　大本営陸軍部〈6〉　昭和十八年六月まで』（同右）
同右『戦史叢書67　大本営陸軍部〈7〉　昭和十八年十二月まで』（同右）
同右『戦史叢書75　大本営陸軍部〈8〉　昭和十九年七月まで』（同右、一九七四年）
同右『戦史叢書81　大本営陸軍部〈9〉　昭和二十年一月まで』（同右、一九七五年）
同右『戦史叢書82　大本営陸軍部〈10〉　昭和二十年八月まで』（同右）
同右『戦史叢書65　大本営陸軍部　大東亜戦争開戦経緯〈1〉』（同右、一九七三年）
同右『戦史叢書76　大本営陸軍部　大東亜戦争開戦経緯〈5〉』（同右）
同右『戦史叢書2　比島攻略作戦　昭和41年10月』（同右、一九六六年）
同右『戦史叢書5　ビルマ攻略作戦』（同右）
同右『戦史叢書23　豪北方面陸軍作戦』（同右、一九六七年）
同右『戦史叢書32　シッタン・明号作戦　ビルマ戦線の崩壊と泰・仏印の防衛』（同右、一九六九年）
同右『戦史叢書15　インパール作戦　ビルマの防衛』（同右、一九六八年）
同右『戦史叢書45　大本営海軍部・聯合艦隊〈6〉　第三段作戦後期』（同右、一九七一年）
同右『戦史叢書37　海軍捷号作戦〈1〉　台湾沖航空戦まで』（同右、一九七〇年）
同右『戦史叢書41　捷号陸軍作戦〈1〉　レイテ決戦』（同右）
同右『戦史叢書60　捷号陸軍作戦〈2〉　ルソン決戦』（同右、一九七二年）
同右『戦史叢書25　イラワジ会戦　ビルマ防衛の破綻』（同右、一九六九年）
防衛庁防衛研修所戦史部『戦史叢書102　陸海軍年表　付　兵器・兵語の解説』（同右、一九八〇年）
内閣官報局『法令全書（第19巻－1）』（原書房、一九七八年）
同右『法令全書（第21巻－1）』（同右）
同右『法令全書（第23巻－2）』（同右）
外務省編纂『日本外交文書』第7巻（日本国際連合協会、一九五七年）
同右『日本外交文書』第9巻（同右）

外務省条約局「日本統治下の五十年の台湾」(『外地法制誌』第三部の三、一九六四年)
外務省編『日本外交年表竝主要文書』下(原書房、明治百年史叢書2、一九六六年)
外務省百年史編纂委員会編『外務省の百年』(同右、一九六九年)
文部省教育調査部内外教育研究会増補『大東亜新秩序建設の意義』(目黒書店、一九四二年)
陸軍省『自明治三十七年至大正十五年　陸軍省沿革史』(巌南堂、一九二九年)
陸軍省編『明治二十七八年戦役陸軍政史』(湘南堂書店、一九八三年復刻)
参謀本部編『明治二十七八年日清戦史』第八巻(ゆまに書房、一九九二年復刻)
同右『杉山メモ』上(原書房、明治百年史叢書14、一九六七年)
同右『杉山メモ』下(同右、明治百年史叢書15、一九七八年)
企画院研究会編『大東亜建設の基本綱領』(同盟通信社、一九四三年)
軍事史学会編『大本営陸軍部作戦部長　宮崎周一中将日誌』(錦正社、二〇〇三年)
鹿児島県維新史料編さん所編『鹿児島県史料　西南戦争』第1~3巻(鹿児島県、一九七八~一九八〇年)
琉球政府『沖縄県史　第13巻資料編3　沖縄関係各省公文書2』(国書刊行会、一九八九年)
全国憲友会連合会編纂委員会『日本憲兵正史』(全国憲友会連合会本部、一九七一年)
比島調査委員会編『極秘　比島調査報告』第1巻(龍渓書舎、一九九三年)
同右『極秘　比島調査報告』第2巻(同右)
『大東亜建設審議会関係史料――総会・部会速記録(南方軍政関係史料)――』第1巻(龍渓書舎、一九九五年)
軍事史学会編『大本営陸軍部戦争指導班　機密戦争日誌』上・下(錦正社、一九九八年)
『朝日新聞』(朝日新聞東京本社)
『国策研究週報』(国策研究会)
『比律賓情報』(比律賓協会)
読売新聞社『昭和史の天皇6　樺太での戦い』(読売新聞社、一九六九年)
同右『昭和史の天皇9　インパール作戦』(同右、一九六九年)
同右『昭和史の天皇10　ボースとラウレル』(同右、一九七〇年)
同右『昭和史の天皇11　捷一号作戦』(同右)

同右『昭和史の天皇12　レイテ決戦』(同右)
同右『昭和史の天皇13　比島の壊滅』(同右)
同右『昭和史の天皇14　日本への亡命者』(同右、一九七一年)
同右『昭和史の天皇15　長城と長江と』(同右)
読売新聞大阪本社社会部編『新聞記者が語りつぐ戦争(3)　比島棉作部隊』(新風書房、一九九一年)
国策研究会『戦時政治経済資料』第四巻(原書房、一九八二年)
日本近代史料研究会『鈴木貞一氏談話速記録(下)』(日本近代史料研究会、一九七四年)
明石陽至編『南方軍政関係資料20』(龍渓書舎、一九九二年)
飯田祥二郎『戦陣夜話』(自家版、一九六七年)
石射猪太郎『外交官の一生』(中央公論社、一九八六年)
石川準吉『国家総動員史』補巻(国家総動員史刊行会、一九八七年)
伊藤　隆、渡辺行男編『重光葵手記』(中央公論社、一九八六年)
伊藤　隆、片島紀男、広橋真光編『東條内閣総理大臣機密記録——東條英機大将言行録——』(東京大学出版会、一九九〇年)
伊藤　隆、武田知己編『重光葵　最高戦争指導会議記録・手記』(中央公論社、二〇〇四年)
伊藤博文編／金子堅太郎、平塚篤校『秘書類纂　憲法資料　上・下』(憲法資料刊行会、一九三四年)
同右編『機密日清戦争』(原書房、明治百年史叢書42　秘書類纂1、一九六七年)
同右編『兵政関係資料』(同右、明治百年史叢書119　秘書類纂10、一九七〇年)
稲葉正夫編『現代史資料37　大本営』(みすず書房、一九六七年)
井本熊男『作戦日誌で綴る大東亜戦争』(芙蓉書房、一九七九年)
臼井勝美、稲葉正夫編『現代史資料9　日中戦争2』(みすず書房、一九六四年)
宇都宮直賢『南十字星を望みつつ——ブラジル・フィリピン勤務の思い出——』(自家出版、一九八一年)
大山　梓編『山県有朋意見書　附・陸軍省沿革史』(原書房、明治百年史叢書16、一九六六年)
岡部直三郎『岡部直三郎大将の日記』(芙蓉書房、一九八二年)
萱原宏一『比島戦中嘱託日誌』(青蛙房、一九八三年)
木戸日記研究会編『木戸幸一関係文書』(東京大学出版会、一九六六年)

小磯国昭『葛山鴻爪』（丸の内出版、一九六八年）
榊原政春『一中尉の東南アジア軍政日記』（草思社、一九九二年）
佐藤賢了『東条英機と太平洋戦争』（文藝春秋社、一九六〇年）
同右『大東亜戦争回顧録』（徳間書店、一九六六年）
佐藤嘉徳編『集録ルソン』（比島文庫、一九八七年〈第一集〉、一九九二年〈第五集〉）
重光　葵『昭和の動乱　上』（中央公論社、一九五二年。二〇〇一年復刻）
同右『昭和の動乱　下』（同右、一九六二年。二〇〇一年復刻）
高岡定吉『比島棉作史』（比島棉作史編集委員会、一九八八年）
高橋八郎「親日ビルマから反日ビルマへ」（『鹿児島大学史録』10号、一九七七年四月）
茶園義男編『ＢＣ級戦犯関係資料集成８　ＢＣ級戦犯フィリピン裁判資料』（不二出版、一九八七年）
同右編『ＢＣ級戦犯関係資料集成９・10　ＢＣ級戦犯英軍事裁判資料』（上・下）（同右、一九八三年）
筒井千尋『南方軍政論』（日本出版協同、一九四四年）
角田　順校訂『宇垣一成日記』第二巻（みすず書房、一九七〇年）
東京裁判研究会編『東條英機宣誓供述書』（洋々社、一九四八年）
東郷茂徳『時代の一面――大戦外交の手記　東郷茂徳遺稿――』（改造社、一九五二年）
土橋勇逸『軍服生活四十年の想い出』（勁草出版サービスセンター、一九八五年）
日本のフィリピン占領期に関する史料調査フォーラム編『インタビュー記録　日本のフィリピン占領』（龍渓書舎、一九九四年）
秦　郁彦編『日本陸海軍総合事典』（東京大学出版会、一九九一年）
同右編『南方軍政の機構・幹部軍政官一覧』（南方軍政史研究フォーラム、一九九二年）
服部卓四郎『大東亜戦争全史』（原書房、明治百年史叢書35、一九九六年）
バー・モウ（横堀洋一訳）『ビルマの夜明け』（太陽出版、一九七三年）
林　義秀『日本武士道のなれの果て』（文栄社、一九七六年）
早瀬晋三編『比律賓情報　復刻版』（龍渓書舎、二〇〇三年）
福島慎太郎編『村田省蔵遺稿　比島日記』（原書房、一九六九年）
藤原岩市『留魂録』（振学出版発行・星雲社発売、一九八六年）

ホセ・P・ラウレル博士戦争回顧録日本語版刊行委員会編（山崎重武訳）『ホセ・P・ラウレル博士戦争回顧録』（日本教育新聞社出版局、一九八七年）
ボ・ミンガウン（田辺久夫訳編）『アウンサン将軍と三十人の志士――ビルマ独立義勇軍と日本――』（中央公論社、中公新書、一九九〇年）
前田雄二『ジャーナリストの証言　昭和の戦争3　シンガポール攻略』（講談社、一九八五年）
武藤　章『比島から巣鴨へ』（実業之日本社、一九五一年。『比島から巣鴨へ――日本軍部の歩んだ道と一軍人の運命――』中央公論新社、中公文庫、二〇〇八年）
森山康平、栗崎ゆたか『証言記録大東亜共栄圏――ビルマ・インドへの道――』（新人物往来社、一九七六年）
山県有朋『陸軍省沿革史』（巌南堂、一九二九年）
同右（松下芳男解説）『陸軍省沿革史』（日本評論社、一九四二年）
若槻礼次郎『古風庵回顧録――明治、大正、昭和政界秘史　若槻礼次郎自伝――』（読売新聞社、一九五〇年。改題して『明治・大正・昭和政界秘史――古風庵回顧録――』講談社、講談社学術文庫、一九八三年）
和知庸二「ラウレル・東条・ロハス」（『歴史読本』読売新聞社、一九五六年）

（三）　図書（著者五十音順）

明石陽至編『日本占領下の英領マラヤ・シンガポール』（岩波書店、二〇〇一年）
浅井得一『ビルマ戦線風土記』（玉川大学出版部、一九八〇年）
浅田喬二『近代日本の軌跡10　「帝国」日本とアジア』（吉川弘文館、一九九四年）
芦田　均『第二次世界大戦外交史』（時事通信社、一九五九年。岩波書店、岩波文庫〈上下〉、二〇一五年）
ASEANセンター『アジアに生きる大東亜戦争』（展転社、一九八八年）
足立純夫『現代戦争法規論』（啓正社、一九七九年）
荒川憲一『戦時経済体制の構想と展開――日本陸海軍の経済史的分析――』（岩波書店、二〇一一年）
有賀長雄『万国戦時公法』（陸軍大学校、一八九四年）
同右『日清戦役国際法論』（同右、一八九六年）
同右『日露陸戦国際法論』（東京偕行社、一九一一年）
有賀　貞、木戸　蓊、渡辺昭夫、宇野重昭、山本吉宣編『講座国際政治1　国際政治の理論』（東京大学出版会、一九八九年）

猪飼隆明『西南戦争――戦争の大義と動員される民衆――』(吉川弘文館、歴史文化ライブラリー、二〇〇八年)
池田純久『自治行政叢書第12巻　軍事行政』(常磐書房、一九二四年)
同右『日本の曲がり角――軍閥の悲劇と最後の御前会議――』(千城出版、一九六八年)
池田浩士編『大東亜共栄圏の文化建設』(人文書院、二〇〇七年)
池端雪浦、石沢良昭、後藤乾一、石井米雄、加納啓良編『岩波講座東南アジア史　別巻　東南アジア史研究案内』(岩波書店、二〇〇三年)
池端雪浦編『日本占領下のフィリピン』(同右、一九九六年)
伊香俊哉『近代日本と戦争違法化体制――第一次世界大戦から日中戦争へ――』(吉川弘文館、二〇〇二年)
同右編『世界各国史6　東南アジア史Ⅱ　島嶼部』(山川出版社、一九九九年)
同右『戦争の日本史22　満州事変から日中全面戦争へ』(同右、二〇〇七年)
石津朋之『戦争の本質と軍事力の諸相』(彩流社、二〇〇四年)
石津朋之、ウィリアムソン・マーレー編、Williamson Murray(原著)『日米戦略思想史――日米関係の新しい視点――』(同右、二〇〇五年)
石原莞爾『世界最終戦論』(立命館出版部、一九四〇年。中央公論新社、中公文庫 BIBLIO 20世紀文庫、二〇〇一年)
泉谷達郎『ビルマ独立秘史　その名は南謀略機関』(徳間書店、一九七二年)
磯部卓男『インパール作戦――その体験と研究――』(磯部企画発行、丸の内出版販売、一九八四年)
同右『イラワジ会戦――その体験と研究――』(磯部企画、一九八八年)
伊藤博文(宮沢俊義校註)『憲法義解』(岩波書店、岩波文庫、一九四〇年)
井上　清『日本の軍国主義Ⅲ　軍国主義の展開と没落』(現代評論社、一九七五年)
井上晴樹『旅順虐殺事件』(筑摩書房、一九九五年)
入江　昭『日本の外交――明治維新から現代まで――』(中央公論社、中公新書、一九六六年)
同右『日米戦争』(同右、一九七八年)
同右『米中関係のイメージ』(平凡社、平凡社ライブラリー、二〇〇二年)
入江辰雄『石原莞爾「永久平和の先駆者」』(たまいらぼ、一九八五年)
岩武照彦『南方軍政論集』(厳南堂書店、一九八九年)
上田敏明『聞き書きフィリピン占領』(勁草書房、一九九〇年)

鵜飼信成『戒厳令概説』(有斐閣、戦時法叢書、一九四四年)
後　勝『ビルマ戦記――方面軍参謀　悲劇の回想――』(光人社、一九九一年)
宇野俊一、小林達雄、竹内誠、大石学、佐藤和彦、鈴木靖民、濱田隆士、三宅明正編『日本全史(ジャパン・クロニック)』(講談社、一九九一年)
江上芳郎『南方軍政関係24　南方特別留学生招聘事業の研究』(龍渓書舎、一九九七年)
A・コバン(栄田卓弘訳)『民族国家と民族自決』(早稲田大学出版部、政治理論叢書、一九七六年)
NHK〝ドキュメント昭和〟取材班編『ドキュメント昭和　世界への登場1　ベルサイユの日章旗』(角川書店、一九八六年)
F．パーキンソン(初瀬龍平、松尾正嗣訳)『国際関係の思想』(岩波書店、一九九一年)
大江志乃夫『戒厳令』(同右、岩波新書、一九七八年)
同右『徴兵制』(同右、岩波新書、一九八一年)
同右『日本の参謀本部』(中央公論社、中公新書、一九八五年)
同右『東アジア史としての日清戦争』(立風書房、一九九二年)
同右編『近代日本と植民地6　抵抗と屈従』(岩波書店、一九九三年)
同右『世界史としての日露戦争』(立風書房、二〇〇一年)
大久保利謙編『西周全集』第3巻(宗高書房、一九六六年)
太田兼四郎『鬼哭』(フィリピン協会、一九七二年)
太田常蔵『ビルマにおける日本軍政史の研究』(吉川弘文館、一九六七年)
大山　梓『日露戦争の軍政史録』(芙蓉書房、一九七三年)
岡田英弘『だれが中国をつくったか――負け惜しみの歴史観――』(PHP研究所、PHP新書、二〇〇五年)
緒方貞子『満州事変と政策の形成過程』(原書房、明治百年史叢書12、一九六六年。改題して『満州事変――政策の形成過程――』岩波書店、岩波現代文庫、二〇一一年)
岡部健彦『世界の歴史第20巻　二つの世界大戦』(講談社、一九七八年)
小川原正道『西南戦争――西郷隆盛と日本最後の内戦――』(中央公論新社、中公新書、二〇〇七年)
萩原宜之、後藤乾一編『東南アジア史のなかの近代日本』(みすず書房、一九九五年)
奥脇直也編『国際条約集　二〇一〇年年版』(有斐閣、二〇一〇年)

尾鍋輝彦『20世紀　1　帝国主義時代の開幕』（中央公論社、一九七七年）
同右『20世紀　5　第一次世界大戦』（同右、一九七九年）
同右『20世紀　7　ヴェルサイユ体制』（同右、一九八二年）
笠原英彦、玉井清輝『日本政治の構造と展望——慶應義塾大学法学部政治学科開設百年記念論文集——』（慶應義塾大学出版会、一九九二年）
加藤聖文『「大日本帝国」崩壊——東アジアの１９４５年——』（中央公論新社、中公新書、二〇〇九年）
加藤陽子『模索する１９３０年代——日米関係と陸軍中堅層——』（山川出版社、一九九三年）
同右『徴兵制と近代日本　1868-1945』（吉川弘文堂、一九九六年）
同右『戦争の論理——日露戦争から太平洋戦争まで——』（勁草書房、二〇〇五年）
同右『シリーズ日本近現代史5　満州事変から日中戦争へ』（岩波書店、岩波新書、二〇〇七年）
我部政男『明治国家と沖縄』（三一書房、一九七九年）
川田　稔『浜口雄幸と永田鉄山』（講談社、講談社選書メチエ、二〇〇九年）
木坂順一郎『昭和の歴史7　太平洋戦争』（小学館、一九八二年）
北　博昭『戒厳——その歴史とシステム——』（朝日新聞出版、朝日選書、二〇一〇年）
北岡伸一『日本の近代5　政党から軍部へ』（中央公論社、一九九九年）
許　世楷『日本統治下の台湾——抵抗と弾圧——』（東京大学出版会、一九七二年）
長谷川慶太郎責任編集、近代戦史研究会編『日本近代と戦争4　国家戦略の分裂と錯誤［下］』（ＰＨＰ研究所、一九八八年）
近代日本研究会編『昭和期の軍部』（山川出版社、年報・近代日本研究〈1〉、一九七九年）
倉沢愛子編『東南アジア史のなかの日本占領』（早稲田大学出版部、一九九七年）
倉沢愛子、杉原　達、成田龍一、テッサ・モーリス・スズキ、油井大三郎、吉田　裕編『岩波講座アジア・太平洋戦争7　支配と暴力』（岩波書店、二〇〇六年）
クリストファー・ソーン（市川洋一訳）『太平洋戦争とは何だったのか』（草思社、一九八九年）
黒木勇吉『小村寿太郎』（講談社、一九六八年）
黒沢文貴編『国際環境のなかの近代日本』（芙蓉書房出版、二〇〇一年）
黒野　耐『帝国国防方針の研究——陸海軍国防思想の展開と特徴——』（総和社、二〇〇〇年）
同右『日本を滅ぼした国防方針』（文藝春秋、文春新書、二〇〇二年）

軍事史学会編『日中戦争の諸相』（錦正社、一九九七年）
同右編『再考・満州事変』（同右、二〇〇一年）
同右編『日中戦争再論』（同右、二〇〇八年）
黄　昭堂『台湾民主国の研究』（東京大学出版会、一九七〇年）
河野　収編『近代日本戦争史第3編　満州事変・支那事変』（同台経済懇話会、一九九五年）
国際法学会編『日本と国際法の100年　第10巻　安全保障』（三省堂、二〇〇一年）
小島慶三『戊辰戦争から西南戦争へ──明治維新を考える──』（中央公論社、中公新書、一九九六年）
後藤乾一『日本占領期インドネシア研究』（龍渓書舎、一九八九年）
小林啓治『国際秩序の形成と近代日本』（吉川弘文館、二〇〇二年）
小林英夫『日本軍政下のアジア──「大東亜共栄圏」と軍票──』（岩波書店、岩波新書、一九九三年）
同右『帝国日本と総力戦体制──戦前・戦後の連続とアジア──』（有志舎、二〇〇四年）
小林英夫、林　道生『日中戦争史論──汪精衛政権と中国占領地──』（お茶の水書房、二〇〇五年）
小山精一郎『大戦国際法論　総論・陸戦之部』（借行社、一九二一年）
近藤新治編『近代日本戦争史第4編　大東亜戦争』（同台経済懇話会、一九九五年）
酒井三郎『昭和研究会』（ＴＢＳブリタニカ、一九七九年）
坂部晶子『「満洲」経験の社会学──植民地の記憶のかたち──』（世界思想社、二〇〇八年）
坂本多加雄『日本の近代2　明治国家の建設』（中央公論社、一九九二年）
ジェームズ・Ｗ・モーリ編、小平修、岡本幸治監訳『日本近代化のジレンマ』（ミネルヴァ書房、一九七四年）
幣原喜重郎財団『幣原喜重郎』（幣原喜重郎財団、一九五五年）
篠原初枝『戦争の法から平和の法へ──戦間期のアメリカ国際法学者──』（東京大学出版会、二〇〇三年）
同右『国際連盟──世界平和への夢と挫折──』（中央公論新社、中公新書、二〇一〇年）
信夫淳平『国際政治論叢　第3巻　国際紛争と国際連盟』（日本評論社、一九二五年）
同右『戦時国際法講義』（同右、一九四一年）
同右『戦時国際法提要』上下巻（照林堂書店、一九四三年）
信夫清三郎『「太平洋戦争」と「もう一つの太平洋戦争」』（勁草書房、一九八八年）

柴田善雅『占領地通貨金融政策の展開』(日本経済評論社、一九九九年)
ジョージ・S・カナヘレ(後藤乾一、近藤正臣、白石愛子訳)『日本軍政とインドネシア独立』(鳳出版、一九七七年)
巣鴨法務委員会編『戦犯裁判の実相』上下巻(不二出版、一九八一年)
菅原佐賀衛『青島攻略小史』(偕行社、一九二五年)
杉本幹夫『データから見た日本統治下の台湾、朝鮮プラスフィリピン』(龍渓書舎、一九九七年)
鈴木静夫、横山真佳編著『神聖国家日本とアジア――占領下の反日の原像――』(勁草書房、一九八四年)
スバス・チャンドラ・ボース・アカデミー編『ネタジと日本人』(スバス・チャンドラ・ボース・アカデミー、一九九〇年)
皇　睦夫『ルソン戦とフィリピン人』(楽游書房、一九八一年)
武島良成『日本占領とビルマの民族運動――タキン勢力の政治的上昇――』(龍渓書舎、二〇〇三年)
立作太郎『戦時国際法論』(日本評論社、一九三八年)
田中智学『日蓮聖人の三大誓願』(真世界社、一九九八年)
田中　宏編『日本軍政とアジアの民族運動』(アジア経済研究所、一九八三年)
田中宏巳『BC級戦犯』(筑摩書房、ちくま新書、二〇〇二年)
圭室諦成『西南戦争』(至文堂、一九六六年)
千葉　功『旧外交の形成――日本外交一九〇〇～一九一九――』(勁草書房、二〇〇八年)
チャールズ・トリップ著(大野元裕(監修)、岩永尚子、大野美紀、大野元己、根津俊太郎、保苅俊行訳)『イラクの歴史』(明石書店、世界歴史叢書、二〇〇四年)
中央大学人文科学研究所編『中央大学人文科学研究所研究叢書10　日中戦争――日本・中国・アメリカ――』(中央大学出版部、一九九三年)
塚瀬　進『満州の日本人』(吉川弘文館、二〇〇四年)
塚本　清『あゝ皇軍最後の日――陸軍大将田中静壱伝――』(日本出版協同、一九五三年)
筒井若水編『国際法辞典』(有斐閣、一九九九年)
筒井清忠『近衛文麿――教養主義的ポピュリストの悲劇――』(岩波書店、岩波現代文庫、二〇〇九年)
津野海太郎『物語・日本人の占領』(朝日新聞社、朝日選書、一九八五年)
角田　順『満州問題と国防方針――明治後期における国防環境の変動――』(原書房、一九六七年)

テオドロ・A・アゴンシリョ（二村　健訳）『運命の歳月――フィリピンにおける日本の冒険 1941-1945――（1巻）』（井村文化事業社〈勁草書房〉、一九九一年）

東南アジア学会監修『東南アジア史研究の展開』（山川出版社、二〇〇九年）

等松農夫蔵「軍政学」（海軍経理学校、一九三三年）

戸部良一『日本の近代9　逆説の軍隊』（中央公論社、一九九八年。中央公論新社、中公文庫、二〇一二年）

同右『外務省革新派――世界新秩序の幻影――』（中央公論新社、中公新書、二〇一〇年）

戸部良一、寺本義也、鎌田伸一、杉之尾孝生、村井友秀、野中郁次郎『失敗の本質――日本軍の組織論的研究――』（ダイヤモンド社、一九八四年。中央公論社、中公文庫、一九九一年）

友清高志『狂気――ルソン住民虐殺の真相――』（徳間書店、一九八三年）

友近美晴『軍参謀長の手記』（黎明出版社、一九四六年）

永井　均『フィリピンと対日戦犯裁判――1945-1953年――』（岩波書店、二〇一〇年）

長崎暢子『インド独立――逆光の中のチャンドラ・ボース――』（朝日新聞社、一九八九年）

中野　聡『歴史経験としてのアメリカ帝国――米比関係史の群像――』（岩波書店、二〇〇七年）

南条岳彦『一九四五年マニラ新聞――ある毎日新聞記者の終章――』（草思社、一九九五年）

日露戦争研究会編『日露戦争研究の新視点』（成文社、二〇〇五年）

根本　敬『現代アジアの肖像13　アウン・サン――封印された独立ビルマの夢――』（岩波書店、一九九六年）

ノーマン・ポルマー（手島　尚訳）『アメリカ潜水艦隊――〝鋼鉄の鮫〟太平洋を制す――』（サンケイ出版、一九八二年）

波多野澄夫『幕僚たちの真珠湾』（朝日新聞社、朝日選書、一九九一年）

波多野澄雄、戸部良一編『日中戦争の軍事的展開』（慶應義塾大学出版会、二〇〇六年）

同右『太平洋戦争とアジア外交』（東京大学出版会、一九九六年）

服部龍二『東アジア国際環境の変動と日本外交 1918－1931――戦間前期の日本外交の選択――』（有斐閣、二〇〇一年）

馬場　明『日中関係と外政機構の研究』（原書房、明治百年史叢書333、一九八五年）

早瀬晋三、桃木至朗編『岩波講座東南アジア史　別巻　東南アジア史研究案内』（岩波書店、二〇〇三年）

原　四郎『大戦略なき開戦――旧大本営陸軍部一幕僚の回想――』（原書房、一九八七年）

原　暉之『シベリア出兵――革命と干渉 1917～1922――』（筑摩書房、一九八九年）

東久邇稔彦『やんちゃ孤独』（読売新聞社、読売文庫、一九五五年）
日高巳雄『陸軍軍法会議法講義』（良榮堂、一九三四年）
姫田光義、山田辰雄編『日中戦争の国際共右研究1　中国の地域政権と日本の統治』（慶應義塾大学出版会、二〇〇六年）
平間洋一『第一次世界大戦と日本海軍――外交と軍事との連接――』（同右、一九九二年）
深田祐介『黎明の世紀――大東亜会議とその主役たち――』（文藝春秋、一九九一年。文春文庫、一九九四年）
藤田嗣雄『軍隊と自由』（河出書房、一九五三年）
同右『明治軍制』（信山社出版、一九九二年）
藤原　彰『天皇制と軍隊』（青木書店、青木現代叢書、一九七八年）
藤原　聡、篠原啓一、西出勇志『アジア戦時留学生――「トージョー」が招いた若者たちの半世紀――』（共同通信社、一九九六年）
古川隆久『昭和中期の総合国策機関』（吉川弘文館、一九九二年）
保阪正康『瀬島龍三――参謀の昭和史――』（文藝春秋、一九八七年。文春文庫、一九九一年）
同右『陸軍良識派の研究――見落とされた昭和人物伝――』（光人社、一九九六年。光人社NF文庫、二〇〇五年）
細谷千尋『シベリア出兵の史的研究』（有斐閣、一九五五年。新泉社、一九七一年。岩波書店、岩波現代文庫、二〇〇五年）
穂積八束『憲法制定之由来』（日本評論社、一九二九年）
同右『皇族講話会に於ける帝国憲法講義』（協同会、一九一二年）
本庄比佐子、内山雅生、久保亨編『興亜院と戦時中国調査――付・刊行物所在目録――』（岩波書店、二〇〇二年）
増田　弘『マッカーサー――フィリピン統治から日本占領へ――』（中央公論新社、中公新書、一九九二年）
松浦正孝『「大東亜戦争」はなぜ起きたのか――汎アジア主義の政治経済史――』（名古屋大学出版会、二〇一〇年）
松下正壽『大東亜国際法の諸問題』（日本法理研究会、日本法理叢書、一九四二年）
松下芳男『明治軍制史論集』（育生社、日本政治・経済研究叢書、一九三八年）
同右『明治軍制史論（上）』（国書刊行会、一九七八年）
丸山静雄『インド国民軍――もう一つの太平洋戦争――』（岩波書店、岩波新書、一九八五年）
三浦裕史『近代日本軍制概説』（信山社出版、二〇〇三年）
末里周平『隠れた名将飯田祥二郎――南部仏印・タイ・ビルマ進攻と政戦略――』（文芸社、二〇〇九年）
道下徳成、長尾雄一郎、石津朋之、加藤　朗『現代戦略論――戦争は政治の手段か――』（勁草書房、二〇〇〇年）

緑川　巡『幻のビルマ独立軍始末記』（文藝書房、一九九二年）
美濃部達吉『憲法撮要』（有斐閣、一九二三年）
宮脇淳子『世界史のなかの満洲帝国』（PHP研究所、PHP新書、二〇〇六年）
三輪芳郎『計画的戦争準備・軍需動員・経済統制――続「政府の能力」――』（有斐閣、二〇〇八年）
村井友秀、真山　全編著『安全保障学のフロンティアⅠ　21世紀の国際関係と公共政策　日本の国際安全保障』（明石書店、二〇〇七年）
村田克巳、ジョイス・C・レプラ『東南アジアの解放と日本の遺産』（秀英書房、一九八一年）
森　靖夫『日本陸軍と日中戦争への道――軍事統制システムをめぐる攻防――』（ミネルヴァ書房、MINERVA日本史ライブラリー、二〇一〇年）
守川正道『フィリピン史』（同朋舎、一九七八年）
森松俊夫『大本営』（教育社、教育社歴史新書、一九八〇年）
矢次一夫『東條英機とその時代』（三天書房、一九八〇年）
矢野　暢『タイ・ビルマ現代政治史研究』（京都大学東南アジア研究センター、東南アジア研究双書、一九六八年）
同右『南進の系譜――日本の南洋史観――』（千倉書房、二〇〇九年）
山本智之『日本陸軍戦争終結過程の研究』（芙蓉書房出版、二〇一〇年）
油井大三郎、中村政則、豊下楢彦編『占領改革の国際比較――日本・アジア・ヨーロッパ――』（三省堂、一九九四年）
横山宏章『中華民国――賢人支配の善政主義――』（中央公論社、中公新書、一九九七年）
吉川利治編著『近現代史のなかの日本と東南アジア』（東京書籍、一九九二年）
吉田　裕、森　茂樹『戦争の日本史23　アジア・太平洋戦争』（吉川弘文館、二〇〇七年）
読売新聞社大阪本社社会部編『新聞記者が語りつぐ戦争3　比島棉作部隊』（新風書房、一九九一年）
陸戦史研究普及会編『陸戦史集第24　イラワジ会戦――第二次世界大戦史――』（原書房、一九七二年）
リチャード・H・マイニア（安藤仁介訳）『東京裁判――勝者の裁き――』（福村出版、一九八五年。新装版、一九九八年）
劉　傑『漢奸裁判――対日協力者を襲った運命――』（中央公論新社、中公新書、二〇〇〇年）
レティシア・R・コンスタンティーノR.（レナト）、コンスタンティーノ、L.（レテジア）（鶴見良行訳）『フィリピン双書10　フィリピン民衆の歴史Ⅲ』（勁草書房、一九七九年）

ロバート・D・エルドリッジ『沖縄問題の起源――戦後日米関係における沖縄 1945-1952――』（名古屋大学出版会、二〇〇三年）
若宮啓文『戦後保守のアジア観』（朝日新聞社、朝日選書、一九九五年。加筆して『和解とナショナリズム――新版・戦後保守のアジア観――』朝日新聞社、朝日選書、二〇〇六年）

（四）論文（五十音順）

秋山　龍「軍政顧問の村田先生」（『村田省蔵追想録』大阪商船株式会社、一九五九年）
浅井得一「バーモ暗殺未遂事件についての証言（上）」（『政治経済史学』144号、一九七八年五月）
同右「バーモ暗殺未遂事件についての証言（下）」（『政治経済史学』145号、一九七八年六月）
同右「バーモ暗殺未遂事件についての証言（補遺）」（『政治経済史学』149号、一九七八年十月）
浅野豊美「北ビルマ・雲南作戦と日中戦争」（波多野澄雄、戸部良一編『日中戦争の国際共同研究2　日中戦争の軍事的展開』慶應義塾大学出版会、二〇〇六年）
五百旗頭真「石原莞爾における日蓮宗教」（『政経論叢』第20号、一九七〇年四月）
石原莞爾「現在及将来ニ於ケル日本ノ国防」（角田　順編『石原莞爾資料　戦争史論』原書房、明治百年史叢書17、一九七三年）
同右「戦争史大観の由来記」（石原莞爾『世界最終戦論』新正堂、一九四二年）
今泉裕美子「日本の軍政期南洋群島統治（1914-22）」（『国際関係学研究』17［別冊］、一九九〇年）
太田弘毅「陸軍占領地行政に従事せし、文官の人数と配置」（『日本歴史』第328号、一九七五年九月）
同右「フィリピンにおける最初期の日本軍政」（『政治経済史学』122号、一九七六年七月）
同右「フィリピンにおける日本軍政機関と比島行政府（Ⅰ）」（『政治経済史学』128号、一九七七年一月）
同右「フィリピンにおける日本軍政機関と比島行政府（Ⅱ）」（『政治経済史学』129号、一九七七年二月）
同右「日本軍政下のフィリピンと新比島奉仕団（カリバピ）」（『政治経済史学』145号、一九七八年六月）
同右「南方軍政総監部の組織と任務――『執務規程』と『軍政令』を中心に――」（『東南アジア研究』16巻1号、一九七八年六月）
同右「大東亜省設置の経緯（上）」（『政治経済史学』149号、一九七八年十月）
同右「大東亜省設置の経緯（下）」（『政治経済史学』150号、一九七八年十一月）
同右「陸軍南方占領地の兵補制度（上）――「兵補規定施行細則」を中心に――」（『政治経済史学』152号、一九七九年一月）
同右「陸軍南方占領地の兵補制度（下）――「兵補規定施行細則」を中心に――」（『政治経済史学』153号、一九七九年二月）

同右「フィリピン『独立』への政治過程──日本の許容と共和国の誕生──」(『政治経済史学』166号、一九八〇年三月)
同右「フィリピンにおける日本軍政──治安対策を中心に──」(『政治経済史学』172号、一九八〇年九月)
同右「南方軍政の展開と特質」(三宅正樹、秦　郁彦編『昭和史の軍部と政治④　第二次大戦と軍部独裁』第一法規出版、一九八三年)
同右「南方における日本軍政の衝撃──独立運動の視点から──」(『軍事史学』第二十一巻第四号、一九八六年三月)
加藤陽子「総力戦下の政－軍関係」(倉沢愛子、杉原　達、成田龍一、テッサ・モーリス・スズキ、油井大三郎、吉田　裕編『岩波講座アジア・太平洋戦争2　戦争の政治学』岩波書店、二〇〇五年)
加納啓良「総説」(加納啓良編『岩波講座東南アジア史6　植民地経済の繁栄と凋落──19世紀半ば～1930年代──』岩波書店、二〇〇一年)
我部政明「日本のミクロネシア占領と『南進』」(『法学研究』第55巻7号、一九八二年)
河西晃祐「『帝国』と『独立』」(『年報・日本現代史』10号、二〇〇五年)
倉沢愛子「米穀問題に見る占領期の東南アジア」(倉沢愛子編『東南アジア史のなかの日本占領』早稲田大学出版部、二〇〇一年)
同右「帝国内の物流高」(倉沢愛子、杉原　達、成田龍一、テッサ・モーリス・スズキ、油井大三郎、吉田　裕編『岩波講座アジア・太平洋戦争7　支配と暴力』岩波書店、二〇〇六年)
桑田　悦「初期進攻作戦終了後の戦略の混迷」(長谷川慶太郎責任編集、近代戦史研究会編『日本近代と戦争4　国家戦略の分裂と錯誤』下、ＰＨＰ研究所、一九八六年)
後藤乾一「Ｍ・ハッタ及びＭ・ケソンの訪日に関する史的考察」(早稲田大学社会科学研究所編『アジアの伝統と近代化』早稲田大学社会科学研究所、一九九〇年)
斎藤照子「開戦期における対ビルマ工作機関──南機関再考──」(田中　宏編『日本軍政とアジアの民族運動』アジア経済研究所、一九八三年)
庄司潤一郎「日本における戦争呼称に関する問題の一考察」(『防衛研究所紀要』第13巻第3号、防衛省防衛省防衛研究所、二〇一一年)
ジョン・フェリス「われわれ自身が選んだ戦場」(平間洋一、イアン・ガウ、波多野澄雄編『日英交流史3　軍事』東京大学出版会、二〇〇一年)
竹中佳彦「国際法学者の戦後構想」(日本国際政治学会編『終戦外交と戦後構想』有斐閣、一九九五年)
立川京一「戦争指導方針決定の構造」(『戦史研究年報』第13号、防衛省防衛研究所戦史部、二〇一〇年)

田中　誠「占領概念の歴史的変容」(『政治経済史学』488号、二〇〇七年四月)
寺見元恵子「日本軍に夢をかけた人々――フィリピン人義勇軍――」(池端雪浦編『日本占領下のフィリピン』岩波書店、一九九六年)
戸部良一「日本の戦争指導」(防衛省防衛研究所編『太平洋戦争の新視点――戦争指導・軍政・捕虜――』防衛省防衛研究所、平成19年度戦争史研究国際フォーラム報告書、二〇〇八年)
中野　聡「フィリピンの対日協力者問題とアメリカ合衆国」(『歴史学研究』600号、一九八一年十一月)
同右「宥和と圧制」(池端編『日本占領下のフィリピン』)
同右「米国植民地下のフィリピン国民国家形成」(池端雪浦編『岩波講座東南アジア史7　植民地抵抗運動とナショナリズムの展開――19世紀末～1930年代――』岩波書店、二〇〇二年)
同右「日本占領の歴史的衝撃とフィリピン」(後藤乾一編『岩波講座東南アジア史8　国民国家形成の時代――1939年～1950年代――』同右、二〇〇二年)
同右「賠償と経済協力」(後藤乾一編『岩波講座東南アジア史8　国民国家形成の時代』)
同右「植民地統治と南方軍政――帝国日本の解体と東南アジア――」(倉沢ほか編『岩波講座アジア・太平洋戦争7　支配と暴力』)
永野善子「棉花増産計画の挫折と帰結」(倉沢ほか編『岩波講座アジア・太平洋戦争7　支配と暴力』)
西澤　敦「対中軍事援助とヒマラヤ越え空輸作戦」(軍事史学会編『日中戦争再論』錦正社、二〇〇八年)
根本　敬「ビルマの民族運動と日本」(大江志乃夫編『近代日本と植民地6　抵抗と屈従』岩波書店、一九九三年)
同右「ビルマの都市エリートと日本占領期」(倉沢愛子編『東南アジア史のなかの日本占領』早稲田大学出版部、二〇〇一年)
同右「ビルマのナショナリズム」(池端編『岩波講座東南アジア史7　植民地抵抗運動とナショナリズムの展開』)
同右「ビルマの独立」(後藤編『岩波講座東南アジア史8　国民国家形成の時代』)
同右「東南アジアにおける『対日協力者』――『独立ビルマ』バモオ政策の事例を中心に――」(倉沢愛子ほか編『岩波講座アジア・太平洋戦争7　支配と暴力』)
野村　実「日本の戦争指導」(近藤新治編『近代日本戦争史第4編　大東亜戦争』同台経済懇話会、一九九五年)
早瀬晋三、深見純生「近代植民地の展開と日本の占領」(池端雪浦編『世界各国史6　東南アジア史Ⅱ　島嶼部』山川出版社、一九九九年)
平石直昭「近代日本の国際秩序観とアジア主義」(東京大学社会科学研究所編『20世紀システム1　構想と形成』東京大学出版会、一九九二年)

福重　博「絶対国防圏をめぐる諸問題」（近藤編『近代日本戦争史第4編　大東亜戦争』）

藤井徳行「明治十四年・山県有朋戒厳令草案に関する一考察」（笠原英彦、玉井清編『日本政治の構造と展開』慶應義塾大学出版会、一九九二年）

藤田久一「日本における戦争法研究の歩み」（『国際法外交雑誌』第96巻4・5号、一九九七年）

藤原辰史「稲も亦大和民族なり」（池田浩士編『大東亜共栄圏の文化建設』人文書院、二〇〇七年）

細谷雄一「「ユナイテッド・ネーションズ」への道(一)(二)——イギリス外交と「大同盟」の成立、一九四一—四二年——」（『法学研究』第83巻第4・5号、二〇一〇年四月・五月）

松井芳郎「日本軍国主義の国際法論」（東京大学社会科学研究所編『ファシズム期の国家と社会4　戦時日本の法体制』東京大学出版会、一九七九年）

御厨　貴「国策統合機関設置問題の史的展開」（近代日本研究会編『昭和期の軍部』山川出版社、年報・近代日本研究〈1〉、一九七九年）

森松俊夫「大東亜戦争の戦争目的」（近藤編『近代日本戦争史第4編　大東亜戦争』）

屋代宜昭「戦争指導の崩壊」（『〈歴史群像シリーズ〉決定版　太平洋戦争7　比島決戦——フィリピンをめぐる陸海空の死闘——』学研パブリッシング、二〇一〇年）

同右「太平洋戦争中期における日本の戦略」（『太平洋戦争とその戦略』防衛省防衛研究所、平成21年度戦争史研究国際フォーラム報告書、二〇一一年）

柳原正治「戦争の違法化と日本」（国際法学会編『日本と国際法の100年　第10巻　安全保障』三省堂、二〇〇一年）

矢野　暢「大正期「南進論」の特質」（『東南アジア研究』16巻1号、一九七八年六月）

山本有造「「大東亜共栄圏」構想とその構造」（古屋哲夫編『近代日本のアジア認識』緑蔭書房、一九九六年）

リカルド・T・ホセ「信念の対決」（池端雪浦、リディア・N・ユー・ホセ編『近現代日本・フィリピン関係史』岩波書店、二〇〇四年）

同右「日本占領下における食糧管理統制制度」（池端編『日本占領下のフィリピン』）

二　英語史料

（一）未公刊史料

National Archives of Orient Britain

"Report on Burma Railway with Special Reference to Hostilities in Burma" Nov. 1942 (Report compiled by General Headquarters in India jointly with British Transportation Directorate).

University of the Phihppines, Diliman Main Library, Filipinina Section

「フィリピン大学日本占領期文書」

Jorge B. Vargas Museum and Filipiniana Research Center

"the Philippine Executive Commission Papers"

Phihppine National Archives

Japanese War Crime Records/Trial Records.

京都産業大学図書館

JOSE P. LAUREL PAPERS, SER.

（二）公刊史料

The Times Weekly Edition

The Tribune

Isidoro L. Retizos and D. H. Sarino, *Philippines who's who* (Quezon City: Capitol Pub. House, 1957).
Philippines, Republic, Bureau of Agriculture, *A Half-Century of Philipine Agriculture* (Manila: Graphic House, 1952).

（三） 図書（ＡＢＣ順）

Adam Roberts and Richard Guelff, *Documents on the Laws of War* (Oxford: Oxford University Press, 1982).
Armando J. Malay, *Occupied Philippines: The Role of Jorge B. Vargas during the Japaneses Occupation* (Manila: Filipiniana Book Guild, 1967).
Bush Briton C., *Britian, India, and the Arabs; 1914-21* (Los Angels: University of California Press, 1971).
Butler D. & G., *British Political Facts; 1900-1985* (London: The Macmillan Press, 1986).
B. H. Liddell Hart, *History of the Second World War* (New York: Da Capo Press, 1970).
David Joel Steinberg, *Philippine Collaboration in World War II* (Manila: Solidaridad Publishing House, 1967).
Donovan Webster, *The Burma Road* (New York: Perennial, 2004).
Eric Carlton, *Occupation* (London: Routledge, 1992).
Ernst H. Feilchenfeld, *The International Economic Law of Belligerent Occupation* (Buffalo, N. Y.: William S. Hein & Co., 2000).
Friedrich, Carl Joachim, *American experience in military government in World War II* (New York: Rinehart, 1948).
F. S. V. Donnison, *British Military administration in the Far East* (London: H. H. Stationery, 1956).
Gerhard Von Glahn, *The Occupation of Enemy Territory* (Minneapolis: University of Minnesota Press, 1957).
H. P. Willmott, *Grave of a Dozen Schemes* (Annapolis: Naval Institute Press, 1996).
Hurewitz, J. C., ed., *The Middle East and North Africa in World Politics; A Documentary Record,* Vol. 2, *British-French Supermacy, 1914-1945,* No. 57, "The Creation of a Middle East Department in the Colonial Office" (London: Yale University Press, 1979).
Ireland, P. W., *Iraq; A Study in Political Department* (London: J. Cape, 1937).
James W. Garner, *International Law and World War* (London: Longmans, Green and Co., 1920).
James W. Garner, *Recent developments in International Law* (Calcutta: Calcutta University, 1925).
John G. Stoessinger, *Why Nation Go to War* (New York: Thomson Wadsworth, 2008).
John Jacob Beck, *MacArthur and Wainwright; Sacrifice of the Philippine* (Albuquerque: University of New Mexico Press, 1974).
Krieman, Aron S., *Foundation of British Policy in the Arab World; The Cairo Conference of 1921* (Baltimore: Johns Hopkins University Press,

1970).
Longrigg, Stephan, *Iraq, 1900 to 1950: A Political, Social, and Economic History* (London: Oxford University Press, 1953).
Major General S. Woodburn Kirby, *The War against Japan,* Vol. 2 (London: Her Majesty's Stationery Office, 1958).
Peter Lieberman, *Does Conquest Pay?* (Princeton: Princeton University Press, 1996).
Peter M. R. Stirk, *The Politics of Military Occupation* (Edinburgh: Edinburgh University Press, 2009).
Peter Ward Fay, *The Forgotten Army* (Ann Arbor: The University of Michigan Press, 1995).
Quincy Wright, *Mandates under the league of nations* (Chicago: The University of Chicago Press, 1930).
Ricardo T. Jose, *World War II and the Japanese Occupation* (Diliman, Quezon City: The University of the Philippines Press, 2006).
Ramon H. Myers, *The Japanese Colonial Empire* (Princeton: Princeton University Press, 1984).
Robert H. Ferrell, ed., *The Eisenhower Diaries* (New York: Norton, 1981).
Ronald H. Spector, *In the Ruins of Empire* (New York: Random House, 1980).
Sharon Korman, *Tne Right of Conquest* (London: Clarendon Press, 1996).
Samuel Eliot Morison, *Breaking the Bismarcks Barrier,* Vol. VI, *History of United States naval operation in world war II* (Boston: Little, Brown and Company, 1955).
Samuel Eliot Morison, *Coral Sea, Midway and Submarine Actions,* Vol. IV, *History of United States naval operation in world war II* (Boston: Little, Brown and Company, 1955).
Uldarico Baclagon, *Philippine Campaigns* (Manila: Graphic House, 1952).
Warren C. Scoville, *Tne Persecution of Huguennots and French Economic Development, 1687-1720* (Los Angeles: Berkeley, 1960).

（四）　論文（ＡＢＣ順）

Adam Roberts, “What is a Military Occupation?” *British Yearbook of International Law,* Vol. 55(1) (1984).
David Jayne Hill, “Legal Limitations upon the Initiation of Military Action, ”*Proceedings of the American Society of International Law (ASL)* Vol. 19 (April 1925).
Elihu Root, “Letter of Honorable Root to Honorable Will H. Hays, Regarding the Covenant of the League of Nations, ”*American Journal of Iinternational Law (AJIL)* 13, No.3 (July 1919).

Jackson H. Ralston (Review by), *International Law and the World War* (by James Wilford Garner), *AJIL* 15, No. 4 (October 1921).
James Wilford Garner, "Some True and False Conceptions regarding the Duty of Neutrals in Respect to the Sale and Exportation of Arms and Munitions to Belligerents, "*Proceedings of the American Society of International Law at Its Annual Meeting (1907~1917) (ASL)* Vol. 10(April 1916).
Thomas Baty, "Danger-Signals in International Law, "*Yale Law Journal* 34 (March 1925).
Quincy Wright, "Changes in the Conception of War," *AJIL* 18, No. 4 (October 1924).

あとがき

陸上幕僚監部人事部勤務終了が近づいた平成十一年暮れ、当時上司であった火箱芳文将補から補任課長室に来るように言われた。そして、「野村、お前は明日から歴史学者になれ」と命ぜられた。「はい。野村は歴史学者になります」と返事をして課長室から出たが、頭の中は混乱していた。なぜなら、防衛大学校卒業以来、戦車連隊長に憧れ、第十一戦車大隊、第十一偵察隊、富士学校機甲科部戦術教官、戦車教導隊中隊長と部隊勤務に明け暮れていたからである。しかしその時、「陸上自衛隊における人事の責任者が歴史学者を推している。それならば、陸上自衛隊の第一人者になるのが私の責任だ」と考え直し、覚悟を固めた。

平成十三年夏、防衛研究所で研究中、陸上幕僚監部防衛部の同期から、東チモールにおける旧軍の行動について至急調べるよう連絡があった。陸上幕僚監部勤務の厳しさはよくわかっている。少しでも役立てればと徹夜で仕上げた。報告に行ったところ、江藤文夫防衛部長に引率された先は大臣室であった。緊張しながらも一通り報告した後、中谷元大臣から、「自衛隊を東チモールにPKOとして派遣するか検討中だが、反対派の論拠として旧軍が過酷な統治をしたことを挙げているので、今後もしっかり研究するように」と申し渡された。確かに、従来の戦史研究は作戦それも著名な戦場に偏っており、占領地軍政や東チモール等戦場にならなかった地域の研究は乏しかった。これが本研究だけでなく防衛研究所における占領地軍政研究の嚆矢となった。研究を進め行く中、外務省、陸上幕僚監部調査部、早稲田大学から照会が相次いだ。犬童巳己夫氏や牧修七氏をはじめとする第四十八師団戦友会の助けを得て、何とか研究成果を「軍事作戦と軍事占領政策——第2次世界大戦期東チモールの場合——」(『戦史研究年報』第7号、二〇〇四年三月)として報告したものの、もう一度しっかり防衛大学校で学び直す必要性を認識するまで時間はかからなかった。

平成十五年、防衛大学校総合安全保障研究科(修士)入校を命ぜられ、迷わず本科学生以来の師である戸部良一教授の門を叩いた。戦史に社会科学の手法を取り入れた名著『失敗の本質』で知られる戸部教授の学問に対する姿勢は二〇年前と変わらず厳しかった。だが、だからこそ学問の面白さに触れることができたと思う。修士課程の二年間は刺激に満ちたものだった。プロジェクト科目では、発表に対して複数の先生から質問が飛ぶのである。修士論文は占領地軍政研究をさらに膨らませたかったので占領から独立に進んだビルマを選んだ。この時の研究成果は「ビルマ独立・対印工作とインパール作戦」(『軍事史学』第四十七巻第一号、軍事史学会、二〇一一年六月)として報告した。

平成十八年、第一混成団本部(沖縄)で第一科長(総務・人事)を命ぜられた。ここでは研究について述べることはほとんどない。なぜなら、職務に没頭していたからである。所命必遂は自衛官の基本であり、たとえ研究者であっても逃れるべきものではない。現地にあって沖縄戦の研究をできなかったことは少々恨めしかったが、逆に今までの研究成果をここで活かすべきと考えた。そこで、第一科の部下には、団本部幕僚たるものはこれからの沖縄の歴史に責任を持つべきことを繰り返し説いた。

平成十九年九月、新設された近畿中部防衛局防衛補佐官に任じられた。今までの部隊勤務と違い、文官である局長を補佐する職務であった。初めての経験に戸惑ったが、真剣に基地対策に取り組む職員の姿を見て、自衛隊の精強性つまり軍事合理性の追求は、このような政治的必要性つまり軍事的非合理性に守られていることを認識でき、今までとは違った視点で防衛行政を見ることができるようになったのは大きな収穫だった。このような中、防衛大学校に総合安全保障研究科後期課程（博士）が新設され、迷わず応募した。

平成二十一年、総合安全保障研究科後期課程に入校を命ぜられた。ところが、考えが甘かったのである。博士号を僅か三年で取得せよという命令の厳しさを想像できなかった。それまでは、単純に修士の成果を拡大すれば事足りると考えていた。ところが、博士論文ともなると、問題を根本から問い直し、新たな論点を新たな史料を用いて新たな手法で研究しなければならなかった。それだけではない。引き続き戸部教授に指導をお願いしたいと考えていたが、退職され叶わなかった。そして、今までいかに寄らば大樹の陰であったかを思い知らされた。八方塞のようにも見えたが、ここでの光明は、新たな師等松春夫教授との邂逅であった。オックスフォード大学で博士を取得された等松教授は東西の史料や先行研究に通じており、軍事史に関する博識は群を抜いていた。新たな師は言うに及ばず、校内では村井友秀教授、河野仁教授、太田文雄教授、荒川憲一教授、校外からは太田弘毅教授、浅野豊美教授、中島信吾博士に叱咤され、学友に励まされ、息も絶え絶えになりながらもようやく書き上げたのが、博士論文「陸軍軍政から見た『大東亜戦争』」であり、本研究の原型となっている。

平成二十四年、防衛大学校教授として、学会発表を行いつつ研究を深めながら、本書を刊行していただける出版社を探していた。学会発表は楽しくも厳しいものだった。「20世紀と日本」研究会、日本国際政治学会、軍事史学会、戦略研究学会、東南アジア学会、日蓮宗現代宗教研究所等で研究発表させていただいた。先生方に厳しい批評をいただいたが、その厳しさゆえに本書の完成度は高まったものと確信している。伊藤之雄教授、中西寛教授、奈良岡聰智教授、庄司潤一郎氏、酒井由美子氏、横山久幸教授、杉之尾孝生教授、三原正資師、高佐宣長師にお礼を申し上げる。「日蓮信仰と石原莞爾」（『現代宗教研究』第46号、日蓮宗現代宗教研究所、二〇一二年三月）及び「日本の占領地行政――第一次世界大戦の影響――」（『第一次世界大戦とその影響』錦正社、二〇一五年三月）はこの時の成果をまとめたものである。

このような折、産経新聞社太田英昭会長から『正論』前編集長上島嘉郎氏をご紹介いただいた。上島氏は「自衛官研究者の第一人者にふさわしい出版社を探しましょう。」と言ってくださり、それまで面識のなかった錦正社社長中藤正道氏に直接お願いしてくれた。また中藤氏も快諾され出版社も決定した。ただし、出版社が決定した後も完全性を期す余り二年が経過してしまった。粘り強く待たれた中藤氏や編集担当の本間潤一郎氏に厚くお礼申し上げる。

この研究経過を見ていただければ一目瞭然であるが、自衛官研究者とはいかにあるべきかという問いに対する著者なりの一つの答えである。軍事史は歴史学の中でも高度な専門性を有する。なぜなら、軍事技術自体が高度な専門性を有するからである。そうであるならば、軍事史の実証研究は軍事専門家のみが可能であり、軍事専門家たる自衛官研究者は軍事技術を維持するために常に部隊勤務を念頭に置かねばならない。したがって、自衛官研究者にとっては、部隊勤務と研究は密接不離なのである。だからこそ、本研究の起点は防衛大臣からの要求であったし、研究の中断を余儀なくされた部隊勤務さえも、実は無駄ではなく、新たな視点として活かされているのである。要するに本研究は著者にとっての自衛官勤務そのものであり、今、それを終えるに当たり深い感謝と満足を感じている。

なお本書の研究は、平成二十六年度防衛大学校特別研究の成果でもある。

最後に、妻久美、息子佳申、武正、和正に対する謝意は述べない。昭和の兵隊のはにかみである。笑われよ。

平成二十八年六月　目黒における防衛研究所の最後の初夏を愛でつつ

一等陸佐　野村佳正

「――計画」81, 82
「ビルマ作戦」 →作戦
「ビルマ防衛作戦」 →作戦
ビルマ人団体総評議会(GCBA) 122〜125
ビルマ政府 188, 190, 193, 240, 248, 275
ビルマ対日協力政府 →対日協力政府
ビルマ独立義勇軍(BIA) 80〜82, 113, 114, 118〜122, 189, 248
「ビルマ独立工作」 →独立工作
「緬甸独立指導要綱」 170, 186
「緬甸ニ関スル謀略実施等ニ関スル件」 113
ビルマ・バホ(Baho 中央)政府(バホ政府) 119〜121
ビルマ防衛軍(BDA) 121〜123, 155, 189

「腹案」 →「対米英蘭蒋戦争終末促進ニ関スル腹案」
「不戦条約」 8, 35, 37
――違反の国際的非難 44
「物資動員計画」(「物動計画」) 56, 102, 103, 110, 135, 136, 141, 175
「ブリュッセル宣言」 27

編制大権 9, 134

「報告書」 →「比島視察報告書」
「北支政務指導要綱」 41
「北緬作戦」 →作戦

ま行

「マカピリ」(フィリピン) 269
「マニラ決戦」 269
「マレー作戦」 →作戦
「満洲占領地行政の研究」 24, 37, 39, 42

南機関 13, 80, 81, 113〜115, 118, 121, 125
――の解散 121
――の(による)(ビルマ)独立工作 87, 113, 120, 288

「ミャンミャ事件」 120

無差別戦争観 7, 8, 15, 25, 34, 35, 38, 44, 284

「明号作戦」 →作戦

や行

「ユサフェ」ゲリラ →ゲリラ

ら行

ラウレル(対日協力)政府(政権) →対日協力政府

陸・海軍刑法 27, 29
「陸海軍爾後ノ作戦指導大綱」 229〜232
陸軍省 9, 31, 32, 41, 43, 52〜54, 63, 76, 77, 97, 100, 101, 102〜105, 110, 112, 131, 136, 137, 140, 149, 152, 168, 177, 216, 231, 257, 258, 283
――軍務局 53, 56, 63, 77, 89, 95, 98, 100〜103, 105, 110, 112, 134, 140, 156, 166, 168, 171, 178, 236, 275, 286
――戦備課 135
「陸戦ノ法規慣例ニ関スル条約」附属書「陸戦ノ法規慣例ニ関スル規則」(「ハーグ陸戦規則」) 6, 7, 9, 38, 157
――第四二条 24
――第五二条 37
臨時軍事調査委員(「調査員」) 31

「ルソン決戦(案)」 225, 254, 256〜258, 275
「呂宋島作戦指導要綱」(1944年11月) 265
「呂宋島作戦指導要綱」(1944年12月19日) 266

「レイテ決戦」 13, 213, 254, 255, 257, 258, 260, 263, 264, 272, 275, 276, 289
「連盟規約」 →国際連盟規約
「連絡会議」 →大本営政府連絡会議

「ロカルノ条約」 8, 35

——（第一次） 50, 60, 63, 77, 82, 85, 86, 88, 95, 111, 114, 126
——（第二次）50, 88, 104
統帥権 9, 27〜30, 38, 43, 44, 106, 236, 284
——独立 4, 38, 76, 103, 106, 135, 202
統帥部 13, 15, 16, 29, 31, 50, 51, 54〜56, 58〜60, 63, 64, 76, 77, 84, 88, 89, 95, 99, 101, 103〜105, 135, 136, 139, 140, 148, 149, 152, 168, 169, 171, 174, 186, 187, 202, 231, 253, 258, 286, 288
統治 7
「統治要綱」 58
特務部（北支方面軍）41, 43
独立工作 114, 115, 125
「現地軍」の—— 112
南機関による—— 87, 113, 120, 288
「ビルマ——」 56, 80, 81, 84, 85, 87, 88, 121〜123, 288
「虎号兵棋演習」 216, 220

な行

内閣第四委員会 41
ナリック（国家米穀公社） 159, 163
南西方面海軍民政府 273
「南方軍軍政施行計画」 58
「——（案）」 110
「南方作戦計画」 54
「南方作戦陸軍計画」 55
「南方作戦ニ伴フ占領地統治要綱」 135, 136, 140
「南方占領地行政実施要領」（「占領地行政実施要領」） 56, 58, 74, 100, 102, 104, 105, 123, 135, 136
——の方針 57
「南方占領地各地域統治要綱」 136, 137
「南方占領地建設方針」 16, 89, 95, 96, 100〜102, 104〜108, 112, 140, 141, 287
「南方占領地統治要綱」 135, 136

「二次大綱」 ──►「今後採ルベキ戦争指導ノ大綱」（二次大綱）
「日比同盟」 179, 201, 234
「——条約」 172
「日緬軍事秘密協定等」（「日本国緬甸国軍事秘密協定」及び「日本国緬甸国軍事秘密協定ニ基ク細部協定」） 190, 192
「日緬同盟」（「日本国、ビルマ国間同盟条約」） 188, 191〜193, 200, 201, 223, 234, 238, 252, 261
——（の・を）堅持 238, 239, 241, 244, 247, 249〜252, 262
——の利点 224

は行

「ハーグ陸戦規則」 ──►「陸戦ノ法規慣例ニ関スル条約」附属書「陸戦ノ法規慣例ニ関スル規則」
「バターン作戦」 ──►作戦
バホ政府 ──►ビルマ・バホ（Baho 中央）政府
「バー・モオ政府」 185, 188, 200, 239〜241, 247〜252, 261, 262
「バー・モオ要請」 252, 260, 261, 275
「林集団（第十五軍）占領地統治要綱」（「十五軍統治要綱」） 118, 120, 123〜125
『万国戦時公法』 24〜26, 30
ハンプ輸送（米国） 115, 152

光機関 186
非常大権（「帝国憲法」第三一条） 28
比島行政府 13, 62, 73, 74, 126, 128, 133, 156, 158, 160, 163〜165, 178, 288
——による間接軍政 155
——の二つの問題 73
——要人の意見 156
「比島攻略作戦」 ──►作戦
「比島視察報告書」（「報告書」） 156, 157
「比島進攻作戦」 ──►作戦
「比島全面決戦」 263, 264
「比島調査報告」 162, 163
「比島方面作戦指導要綱」 245, 246
「比島棉花増産計画実施要綱」 164, 165
平岡機関 114
ビルマ軍（ＢＡ） 12, 17, 189, 192, 201, 211, 213, 248, 249, 252, 261, 272, 275, 289
「ビルマ工作」 80, 85, 111

「大東亜戦争」 *3, 4, 8, 9, 15, 17, 23, 44, 49, 51, 54, 61, 101, 103, 124, 125, 150, 186, 190, 192, 202, 286, 291*
　――における戦争目的　*50*
　――における占領地軍政　*13*
　――における占領地軍政と軍事作戦の相互作用　*10, 12*
　――における帝国政府の戦争指導　*289*
　――における日本の戦争指導　*283*
　――の期間　*283*
　――の構造　*176*
　――の性格　*110*
　――の狙い　*57*
　――開戦期における戦争目的　*15*
　――研究　*6*
対日協力政府　*10, 11, 13, 16, 200, 213, 226, 233, 234, 247, 259, 272, 289*
　ビルマ――　*211, 287*
　ラウレル――　*183, 184, 200, 225, 256, 266, 268, 269, 271, 275, 276*
「大日本帝国憲法」(「帝国憲法」)　*28, 29, 38, 103, 231, 290*
「対米英蘭蔣戦争終末促進ニ関スル腹案」(「腹案」)　*54, 55, 63, 72, 78, 85, 87, 96, 112～114, 150*
大本営(戦時大本営)　*28, 29, 61, 68, 76～79, 82, 83, 98～100, 108, 109, 112, 114, 118, 121, 127～129, 132, 134, 136, 148, 153, 171, 172, 175, 180, 182, 184, 186, 191, 196, 199, 200, 202, 214～216, 222, 223, 225, 226, 239～241, 244, 253, 254, 260, 263～265, 267, 273*
　――と第十四軍の齟齬　*182*
　――と南方軍の迷走　*108*
　――の意向と利害が衝突　*184*
　――の（作戦）構想　*181～184*
　――の短期決戦構想　*115*
　――参謀の政治化　*258*
　政府と――の意見の相違　*290*
大本営政府連絡会議(「連絡会議」)　*54, 56, 58, 95, 98, 100, 102, 104, 108, 114, 147, 169～171, 185, 186, 286*
タキン党(員)　*80, 81, 85, 120～125, 189, 248, 249*
「断号作戦」　→作戦

治安　*111, 118, 156～158, 160, 166, 180, 268*
　――(の・が)悪化　*159, 178, 183*
　――(の・を)維持　*6～10, 37, 109, 119, 158, 165*
　――の責任　*41, 160*
　――(の・が・を)回復　*7, 26, 27, 29, 56, 57, 103, 109, 111, 123, 156～158, 160, 169, 176, 178, 180, 183, 268*
　――(の)回復・維持　*26, 27, 44, 284*
　――(の・を)確保　*34, 60, 73, 132, 157, 225, 268*
　――(の・が・を)確立　*131, 132, 166, 169, 187*
　――の不安定　*179*
　――第一主義　*225*
　――対策　*157, 160*
治安戦　*133*
　――力向上　*182*
「秩序の義勇軍」(フィリピン)　*269*
中央行政府(ビルマ)　*122, 124, 133*
「中南部フィリピン討伐作戦」　→作戦
「長距離挺進作戦」(英陸軍)　→作戦
「調査員」　→臨時軍事調査委員
徴発　*7～10, 26, 28, 34, 41, 44, 57, 60, 102, 103, 109, 135, 156, 190, 248, 268, 284*
「徴発令」　*28, 29*

「帝国憲法」　→「大日本帝国憲法」
「帝国国防資源」　*31, 32, 229*
「鉄の腕」　*269*

動員　*160*
　――規模　*34*
　交通――　*33, 44, 284*
　国民――　*33, 44, 284*
　財政――　*33, 44, 284*
　産業――　*33, 44, 284*
「東条上奏」　*222, 224, 241*
「東条声明」　*61, 124, 125, 286, 290*

——(の)モデル　23, 24, 44
戦時国際法の——　37
総力戦下における——　31
第十五軍が行う——　113
統帥部の——の捉え方　103
統帥部主導による——　104
日本軍の——　140, 268, 287
日本の——に関する戦時国際法の理解　29
ビルマ方面軍の——　262
北支方面軍の——の構想　42
「占領地軍政実施ニ関スル陸海軍中央協定」　58, 99
「占領地統治要綱」　114

総力戦　8, 24, 30, 31, 34, 43, 44, 284
『総力戦』　31
「側背掩護」　78, 79, 81

た行

「対印圧迫強化」　79
「対印中圧迫強化」　78
第三段作戦命令（対連合艦隊）　173
「対支新政策」　167〜170, 224
「大西洋憲章」　3, 4, 176
タイデイングス＝マクダフィ法　71
「大東亜会議」　148, 167, 170, 171, 175〜177, 185, 189, 191, 202, 287, 290
「大東亜共栄圏」　3〜5, 13, 57, 88, 89, 105, 111, 112, 138, 149, 157, 162, 165, 169, 171, 175, 183, 184, 186, 191, 212, 215, 228, 234, 235, 256, 283, 289, 291
——の意義　149
——の経済　175
——の形成過程　9, 18
——の構造　16, 17, 88, 213, 275
——の史的評価　17
——の将来　63
——の成立　149, 175, 291
——の鼎立関係　175, 202, 203
——の鼎立構造　211, 288
——の本質　12
——の理想　185
——経営の機構問題　138
——諸国　137, 289
——諸地域　137, 161
——防衛　241, 247, 250, 251, 287
経済的——　175, 176, 202, 233, 245, 256, 264, 274, 275, 287
経済・戦略的——　213
政治・経済的——　172, 234
政治・経済・戦略的——　175, 201, 202, 287, 288
政治的——　171, 184, 202, 213, 223〜225, 233〜235, 238〜241, 246, 266, 270, 274〜276, 287
戦略的——　172, 184, 202, 212, 223, 229, 234, 274, 275, 287, 289
鼎立的——（構想）　212, 213, 227〜229, 232, 233, 238, 254, 263〜265, 272, 274〜276, 283, 287, 289〜291
「大東亜共栄圏(の)建設」　3, 4, 6, 8, 9, 15〜17, 18, 50〜57, 59, 60, 63, 72, 76, 78, 85, 87, 88, 97〜102, 105, 106, 110, 112, 123, 124, 136, 137, 148, 149, 151, 159, 161, 165, 168〜170, 172, 175〜177, 183〜185, 190, 193, 201, 202, 211, 224, 233, 235, 239, 265, 271, 272, 283, 286〜290
——論　110〜112
「自存自衛」と——の並列　53, 54
戦争目的——　17, 18, 97, 140, 168, 211, 233
大東亜圏　186
——重要資源地域　171, 216
——内重要諸民族　171
「大東亜建設審議会」(「審議会」)　5, 102〜105, 134, 138
——の経済構想　215
大東亜省　96, 106, 134, 137, 139, 140, 156, 162, 173, 176, 185, 213, 234, 258, 287
——が指導する政務指導　140
「大東亜政略指導大綱」(「政略大綱」)　16, 148, 149, 167, 168, 170, 171, 175, 184, 188, 190, 202
「大東亜宣言」　148, 149, 175, 176, 202, 235, 272, 274, 287

239～241, 244, 247, 249～251, 262
「十五軍統治要綱」 ──►「林集団(第十五軍)占領地統治要綱」
集団安全保障　*8, 34*
──体制　*35*
「捷一号作戦」 ──►作戦
「捷一号作戦指導要領案」 ──►作戦指導
「捷号作戦」 ──►作戦
「昭和十九年後期ニ於ケル南方軍作戦指導ノ大綱」 *237*
「昭和十九年末頃ヲ目途トスル帝国戦争指導ニ関スル説明」 *230*
「昭和十九年度末ヲ目途トスル戦争指導ニ関スル観察（第三案)」 *230*
「新外交」 *35, 36*
「審議会」 ──►「大東亜建設審議会」
侵攻軍　*25, 26*
親日団体（フィリピン） *268, 269*
「秩序の義勇軍」 *269*
「新団結」 *74*
「鉄の腕」 *269*
「マカピリ」 *269*
「新比島教育隊」(フィリピン) *269*

「杉山上奏」(第一次) *84, 85*
「杉山上奏」(第二次) *84*

征服　*26, 30, 35, 39*
「政務指導」 *8, 39, 40, 42, 44, 88, 110, 138～140, 170, 181～184, 187, 188, 200, 201, 258, 263, 271, 284, 287*
「政略大綱」 ──►「大東亜政略指導大綱」
「絶対国防圏」 *147, 171, 174～176, 181, 184, 202, 212, 215, 216, 220, 224, 229, 232, 234, 274, 287, 288, 290*
──構想　*16, 148, 149, 168, 180, 182, 184, 202, 215, 229*
──崩壊　*212, 227, 230, 231, 253, 287, 291*
「全国動員計画必要ノ議」 *32*
戦時国際法　*6, 7, 15, 24～29, 35, 37, 41, 44, 57, 60, 268, 284*
「戦時大本営」 ──►大本営
戦争違法化　*8*
「──体制」 *8, 35, 37, 39*
「戦争指導大綱案」 *230*
戦争目的
──、占領地軍政と軍事作戦の関係　*16, 89, 95, 97, 140*
──と占領地軍政及び軍事作戦の整合　*16, 96, 106*
──に関する東条首相の真意　*289*
──の曖昧性　*52*
──の混乱　*286*
──論争　*16, 52, 149, 290*
日本の──　*87, 124, 151, 190, 211*
連合軍の──　*176*
占領軍　*26～29, 38, 268*
──の現地自活　*110*
──の権利　*6, 28, 57*
──の権利･(及び)義務　*7, 26, 44, 60, 284*
──指揮官　*6, 29, 37, 40*
──司令官　*113*

「占領地帰属腹案」 *169, 170*
──ノ説明　*185*
「占領地行政実施要領」 ──►「南方占領地行政実施要領」
占領地軍政
──と軍事作戦との相互作用　*3, 8～10, 12, 13, 15, 17, 45, 50, 62, 149, 212, 283, 285, 289*
──と軍事作戦の(が･を)調整　*5, 12, 166*
──に関する方針　*100*
──の位置付け　*30, 284, 285*
──の概念　*24, 28*
──の行政的役割　*8*
──の軍令化　*28*
──の定義　*24*
──の破綻　*289*
──の方針　*96*
──の本質　*6*
──の役割　*40, 44, 283～285*
──は陸軍省が主導　*104*

〜236, 244, 253, 272, 275, 283, 286, 287, 289
「今後採ルベキ戦争指導ノ大綱ニ基ク当面ノ緊急措置ニ関スル件」(「二次大綱等」)　148, 149, 174, 175, 201, 202

さ行

在極東米国陸軍 USAFE(「ユサフェ」)　75
「最高戦争指導会議」(「最高会議」)　213, 231, 236, 258, 270
作戦
「アキャブ作戦」　152
「一号作戦」　212, 214, 216, 220, 222, 223, 238, 260, 266, 274, 288, 289
「インパール作戦」(「ウ号作戦」)　13, 148, 149, 193, 194, 196〜203, 212, 214, 221, 222, 224, 234, 237, 248〜250, 288, 289
「サイパン作戦」　212, 214
「捷一号作戦」　213, 224, 237, 241, 244, 245, 253, 254, 256, 258, 264, 265
「捷号作戦」13, 17, 179, 184, 211, 212, 233, 265, 272
「断号作戦」　223, 224, 237, 262
「中南部フィリピン討伐作戦」　148, 149, 184, 200, 288
「長距離挺進作戦」(英陸軍)　152
「バターン作戦」　76, 128, 131
「第一次——」　77, 126
「第二次——」　128, 129, 131, 150, 288
「比島攻略作戦」　13
「比島進攻作戦」　62, 64, 65, 69, 76
「ビルマ(進攻)作戦」　55, 77〜79, 81, 83〜85, 87, 108, 113〜115, 118, 120, 189, 222〜224
「ビルマ防衛作戦」　187, 192, 237, 275
「フィリピン作戦」　62, 63, 108
「北緬作戦」　288
「マレー作戦」　78, 79, 81, 83, 84, 108, 127
「明号作戦」　238, 251, 259, 260, 273
作戦計画　51, 54, 62, 68, 106
「一号——大綱案」　216
「昭和十八年度——」　166
「第十四軍——」　225
「帝国陸海軍——大綱」　267
「南方——」　54
作戦構想　56, 59, 62, 77, 182, 213, 225, 244, 247, 251, 266, 288
「ウ号」——　193
対米——　148
大本営の——　183
内線——　191
ビルマ防衛——　241
ビルマ方面軍の——　191, 249
第十四軍の——　62, 202
作戦指導
「捷一号作戦指導要領案」　224, 253
第十四軍司令部の——　127
南方軍(総司令部)の——　61, 76, 111
ビルマ方面の——　187, 251
——要綱の腹案　250
——要領 68, 83
ルソンにおける——　264
作戦目的
——と政戦略の整合　98
「一号作戦計画大綱案」の——　216
「第十五軍作戦要領(案)」の——　83
「南方作戦陸軍計画」の——　55
「ビルマ作戦」について三つの——　78
ビルマ処理の——　79, 86
ビルマ方面軍の——　221
「三次大綱」　→「今後採ルベキ戦争指導ノ大綱」(三次大綱)
「三大拠点構想」　266
参謀本部　4, 9, 14, 28, 31, 43, 53〜55, 58〜60, 77, 80, 85, 88, 96, 97, 100, 104, 105, 107, 136〜138, 168, 171, 172, 174, 180, 213, 215〜217, 229〜231, 234〜236, 244, 253, 254, 257, 273, 286
——参謀　236, 275, 287, 290

「自存自衛」　49, 51〜54, 59, 63, 78, 88, 99, 106, 110, 124, 148, 170, 233, 265, 271, 286, 289, 290
自由インド仮政府　188, 191〜193, 199,

199, 268
——の強行　77
——の三大眼目（目的）　110, 135
——への協力（オリガークス）　129
——(が･の)浸透　118, 132, 134, 136, 165, 170, 187
フィリピンの——　166, 167, 200
——指揮官　37
——指導　77, 109
——幕僚　61, 87, 109, 114
——部　72, 114, 118〜120, 135
——分担問題　134
間接——　155
「狭義——」　→「狭義軍政」
現地軍——機関の統制　43
「広義——」　→「広義軍政」
戦時特有の——事項　29
「政略の——」　10
「戦略の——」　10
——時代（ビルマ）　190
第十四軍——　76, 108, 155, 156, 161, 177
——監部　132, 156, 158, 160〜165, 177, 178
第十五軍——　119, 121, 123, 125
——監部　118〜121, 123, 155
——機関　118, 119
——部　118, 119
南方——　14
ビルマ——　87, 120, 124
フィリピン——　82, 87, 88, 156, 170
「軍政に関する(陸軍)大臣区処権」　59, 60, 76, 77, 88, 101, 104, 105, 110, 134, 135
軍政会議　136, 137, 139, 140, 156
「軍政指導方策」　110, 125
「軍政総監指示」　105
軍政総監部　136
軍務局　→陸軍省軍務局

ゲリラ　131, 151, 178, 181, 183, 184, 266, 268, 270, 272
抗日——(フィリピン)　17, 211, 269, 289
——作戦　133
親米フィリピン人の——化　132
フィリピン警察軍の——化　213
「ユサフェ」——　151, 179
憲警一致　28
憲警兼務　157, 178, 269
「現情勢ニ処スル捷一号作戦指導要領案」　264
現地軍
——の混乱（状況）　86, 212, 213, 233
——による占領地軍政と軍事作戦の相互作用　13, 149
「検討一五項目」(「一五項目の検討」)　89, 96, 100, 104
『憲法撮要』　38
元老会議　213

「小磯声明」　273
「広義軍政」　8, 34, 44, 56, 58, 59, 77, 105, 119, 135, 140, 156, 202, 284, 288
——論者　135
効率的——　135
政府主導の——　77
「広義軍政システム」　105, 106, 110, 135〜137, 139〜141, 175, 287, 290
——の確立　286
「軍事作戦により——を確立」　288
国策研究会　63, 101〜103, 105, 139
『——週報』　105
国際連盟規約（「連盟規約」）　8, 35, 39
国家総動員　33, 102
「——に関する意見」(「意見」)　24, 31, 33
「——計画」　31, 32
コモンウェルス政府　72〜74, 131, 158, 159, 163, 165, 179
「今後採ルベキ戦争指導ノ大綱」
——「一次大綱」　16, 89, 95, 96, 98〜101, 104, 106, 108, 109, 111, 112, 126, 128, 132, 140, 283, 286, 288, 290
——「二次大綱」　16, 147〜149, 172, 174, 180, 181, 188, 190, 197, 199〜201, 229, 232〜234, 274, 283, 286〜288, 290
——「三次大綱」　16, 17, 212, 213, 227

事 項 索 引

英

ＢＡ　→ビルマ軍
ＢＤＡ　→ビルマ防衛軍
ＢＩＡ　→ビルマ独立義勇軍
ＧＣＢＡ　→ビルマ人団体総評議会

あ行

アキャブ　*119, 123, 191*
　「――作戦」　→作戦
　――島　*221*

「意見」→「国家総動員に関する意見」
「威作命甲第二二〇号」　*239, 240*
「一号作戦」　→作戦
「一次大綱」　→「今後採ルベキ戦争指導ノ大綱」（一次大綱）
違法戦争観　*8, 24, 34, 35, 37～40, 43, 44, 284, 291*
「イラワジ会戦」　*13, 17, 211～213, 224, 241, 249, 259～262, 275, 289*
岩畔機関　*118*
「印支連絡路遮断」　*222, 224, 238, 239, 262*
「インド工作」　*86, 114, 118, 185, 200*
インド国民軍　*186, 192～194, 199, 247, 249*
「インパール作戦」　→作戦

「ウィルソンの一四カ条」　*34*
「ウ号作戦」　→作戦（「インパール作戦」）

援蔣路　*79, 83～85, 112, 115, 133, 151, 152, 222*
　――を開放　*133, 221*
　「――遮断」　*78～80, 83, 221*

オリガークス　*70, 71, 75, 128, 129, 158～160, 169, 269*

か行

「戒厳令」　*28, 29, 157, 179, 234, 255, 256*
「拡大総動員体制」論　*110, 111*
ガナップ党　*71, 74*
カリバピ（KALIBAPI）　*160, 161*

企画院　*5, 43, 99, 102～105, 111, 138, 174, 175*
　――第六委員会　*58, 102*
「狭義軍政」　*8, 34, 38, 44, 56, 58～60, 76, 77, 88, 105, 106, 109, 135～137, 139, 156, 262, 268, 271, 284, 287*
　現地軍による――　*287*
　参謀総長の――に関する権限　*140*
　統帥部が指導する――　*140*
　統帥部主導の――　*56, 105*
「局地的自治委員会」　*113*

軍事作戦
　――と鼎立的「大東亜共栄圏」の関係　*212*
　――に伴う謀略　*286*
　――により「広義軍政システム」を確立　*288*
　――の足かせ　*289*
　――の制約事項　*289*
　――の遂行と謀略としての「大東亜共栄圏建設」　*288*
　――の狙い（ビルマ）　*132*
　――の狙い（フィリピン）　*133*
　「政務指導」と――の相互関係　*200*
　戦争指導から見た占領地軍政と――の相互作用　*212*
軍需省　*16, 148, 149, 174～176, 202, 274, 287, 290*
軍政　*4, 7, 39, 41, 56～59, 72～74, 76, 85, 88, 109, 112, 114, 118, 120, 125, 126, 128, 131, 132, 136～138, 160～162, 165,*

横山静雄 *180, 222*
米内光政 *228, 231*

ら行

ラウレル *161, 179, 183, 184, 200, 225, 234, 255, 256, 266, 268～271, 275*
ラミヤン *80*
ラモス *269*

リカルテ *72, 74, 269*

ルーデンドルフ *31*

蠟山政道 *162*
ローズベルト *75, 128*
ロハス *161*

わ行

若松只一 *215*
渡辺正夫 *84*
和知鷹二 *131, 158, 159, 169, 181, 182, 256, 268*

寺岡謹平　*253*
寺本熊市　*244*

土肥原賢二　*181*
東郷茂徳　*53, 56, 138*
東条英機　*50, 53, 54, 59, 60, 63, 85, 87, 88, 96, 98〜102, 104, 107, 110, 111, 136〜138, 140, 149, 152, 162, 166〜174, 176, 177, 179, 185〜187, 189, 190, 196, 198, 202, 215〜217, 220, 222, 227〜229, 236, 256, 258, 275, 283, 286, 287, 289, 290*
東畑精一　*162*
富永恭次　*127, 232, 253*

な行

中永太郎　*261*
永野修身　*217*
永野亀一郎　*128*
中山源夫　*126, 127*
那須義雄　*114, 119*

西浦進　*231*
西村琢磨　*79*
西村速雄　*269, 271*
二宮義清　*231*
ニミッツ　*133, 246*

根本博　*42*

は行

畑俊六　*216, 228, 229*
秦彦三郎　*198, 230〜232, 257, 258*
八田與一　*178*
服部卓四郎　*82, 215〜217, 220, 230, 236, 257*
浜本正勝　*266*
バー・モオ　*14, 122〜124, 169, 185, 186, 188, 189, 192, 200, 239〜241, 247〜252, 255, 260〜262, 275*
林義秀　*72*
バルガス　*62, 73, 74, 126, 129, 131, 160, 161, 169, 255, 288*
パレデス　*72*

藤原岩市　*121, 305*
藤原銀次郎　*103*

ボース（S．C．ボース）　*185, 186, 191〜193, 249, 262*
ホーラン　*160*
堀内謙介　*139*
本多政材　*221, 237*
本間雅晴　*62, 64, 73, 77, 126*

ま行

前田正実　*69〜73, 75〜77, 126, 127*
前田米蔵　*103*
牧達夫　*76, 77, 126*
松尾次郎　*156*
マッカーサー　*71, 72, 75, 129, 133, 246*
松本健次郎　*103*
松山祐三　*221*

三川軍一　*245*
宮崎周一　*264*

麦倉俊三郎　*215*
牟田口廉也　*84, 187, 193, 194, 196, 198, 199*
武藤章　*14, 52, 63, 101〜103, 106, 107, 110〜112, 264〜266, 268, 269, 271*
村田省蔵　*15, 131, 136, 162, 255, 256, 266, 270*

物部長鉾　*180*
森岡皐　*64*
両角業作　*182*

や行

矢次一夫　*101*
山崎達之輔　*103*
山道襄一　*42*
山下奉文　*64, 246, 254, 255, 258, 264, 265, 268〜271*
山本三男　*215*

オンサン　80, 82, 189, 192, 247〜249, 261

か行

角田覚治　245
金富与志二　194
賀屋興宣　57, 110
河辺正三　41, 187〜189, 194, 196, 198〜200, 221, 247

北島驥子雄　129
喜多誠一　41, 42
北野憲造　109
木戸幸一　228, 229
木村兵太郎　110, 136, 250〜252, 262
キンママ・モオ　248

櫛田正夫　60
黒田重徳　162, 182〜184, 224〜226, 244, 246
郡司喜一　156

ケソン　55, 71, 72, 76, 126, 128, 129, 131, 161

小磯国昭　31, 212, 227〜229, 236, 247, 258, 263, 267, 273, 275, 287, 290
甲谷悦雄　231, 236
児玉秀雄　136
後藤文夫　103
小林修治郎　271

さ行

斎藤義次　214
桜井省三　79, 222, 250
桜井徳太郎　261
桜井兵五郎　136
桜内幸雄　103
佐藤賢了　52, 97, 168, 172, 174, 231, 257, 258
佐藤徳太郎　127
真田穣一郎　172, 192, 215, 230, 236, 254, 257
沢本理吉郎　188

重光葵　53, 167, 168, 171, 176, 231, 235, 252
幣原喜重郎　35
嶋田繁太郎　53
昭和天皇　108, 109, 167, 168, 217, 227, 266

杉田一次　244
杉山　元　41, 64, 83, 84, 99, 104, 108, 127, 187, 190, 191, 215〜217, 220, 227, 229, 231, 232, 252, 255
鈴木敬司　80, 81, 114, 119, 121
鈴木宗作　226
鈴木貞一　57
スチルウェル　151, 220
砂田重政　136

瀬島龍三　213, 230, 236, 239, 241, 244, 257, 275

ゾルゲ　43

た行

高崎正夫　231
高品彪　217
田上八郎　215
タキン・トンオク　119
タキン・ミャ　122
竹内寛　79
武智漸　151
竹原三郎　250
多田駿　257
田中静壹　131, 151, 169
田中新一　53, 59, 84, 97, 107, 127, 221, 241, 250, 251, 262
谷正之　167

チェンバレン　80

塚田攻　61, 109, 127, 128
土橋勇逸　64, 73, 260

寺内寿一　41, 49, 64, 115, 228, 229, 254

索　　　引

同一項目が２つ以上ある場合は、２番目以降の項目名を、１字下げて——で示す場合がある。

数字が含まれている場合は、五十音順にこだわらず、数字順にしてある。

長音（ー)、濁音、半濁音は無視して並べてある。
→は、矢印の右側の項目を見よの意である。

人 名 索 引

あ行

青木重誠　*61, 69, 110*
赤鹿理　*214*
アギナルド　*70*
アキノ　*161*
阿南惟幾　*180*
阿部信行　*228, 275*
天羽英二　*139*
綾部橘樹　*215*
荒尾興功　*14, 20, 64, 77, 109*
有賀長雄　*24, 25, 30, 35*
有田八郎　*103, 139*

飯田祥二郎　*77, 114, 122*
飯村穣　*181, 222, 226, 244, 264*
諫山春樹　*119, 121*
石井秋穂　*14, 20, 53, 61, 73, 109〜114*
石井菊次郎　*138*
石射猪太郎　*252*
石渡荘太郎　*103*
石原莞爾　*37, 39, 101*
井上貞衛　*217*
今井武夫　*42*
今村均　*68, 150*
井本熊男　*61, 62, 68, 69,*
岩畔豪雄　*114, 240, 261*
岩淵三次　*263, 269, 270*

ウィルソン　*36*
ウィンゲート　*152, 191, 223*
ウェンライト　*129*
宇垣一成　*41*
後宮淳　*222, 232*
後勝　*238*
宇都宮直賢　*131, 158, 255, 266, 268*
宇野節　*79, 81*
ウ・バイン　*123*
梅津美治郎　*227, 232, 239, 257, 264, 267*
ウ・ラ・ペ　*122*

榎尾義男　*245*

及川古志郎　*264*
大川内伝七　*263, 269, 270*
太田兼四郎　*72*
大谷登　*103*
大西一　*231*
大場四平　*179*
岡崎清三郎　*250*
岡部直三郎　*41〜43*
沖作蔵　*82*
尾崎秀実　*101*
尾崎義春　*268*
小沢治三郎　*245*
オスメーニャ　*72, 161*
小畑英良　*62, 152, 217*
小幡酉吉　*138*

著者略歴

野村　佳正（のむら　よしまさ）

安全保障学博士、防衛省防衛研究所戦史研究センター主任研究官。昭和37（1962）年、福井県に生まれる。防衛大学校（第29期）卒業後、第11戦車大隊等機甲科部隊、陸上幕僚監部人事部補任課、幹部学校、第1混成団、近畿中部防衛局、防衛大学校を経て現職。

防衛大学校総合安全保障研究科後期卒業。

主要著書・論文等

- 『ノモンハン事件関連史料集』（防衛研究所戦史部、2007年）共編
- 「日本の占領地行政──第一次世界大戦の影響──」（軍事史学会編『第一次世界大戦とその影響』錦正社、2015年）
- ジョン・G・ストウシンガー『なぜ国々は戦争をするのか　上・下』（国書刊行会、2015年）共訳
- 「軍事作戦と軍事占領政策──第2次世界大戦期東チモールの場合──」（『戦史研究年報』第7号、2004年3月）
- 「ビルマ独立・対印工作とインパール作戦」（『軍事史学』第47巻第1号、軍事史学会、2011年6月）
- 「宗門と国家Ⅱ──田中智学と帝国日本──」（『現代宗教研究』第42号、日蓮宗現代宗教研究所、2008年3月）
- 「宗門と国家Ⅲ──立正安国の今後──」（『現代宗教研究』第43号、日蓮宗現代宗教研究所、2009年3月）
- 「日蓮信仰と石原莞爾」（『現代宗教研究』第46号、日蓮宗現代宗教研究所、2012年3月）
- 「無差別戦争観と占領地軍政」（『NIDS NEWS』2016年3月）
- 「戦争観の変化と集団的自衛権」（『神社と実務』第15号、2016年5月）

「大東亜共栄圏」の形成過程とその構造
──陸軍の占領地軍政と軍事作戦の葛藤──

平成二十八年九月　三日　印刷
平成二十八年九月十五日　発行
平成二十九年七月十八日　第二刷

※定価はカバー等に表示してあります。

著　者　野村佳正
発行者　中藤正道
発行所　㈱錦正社
〒一六二―〇〇四一
東京都新宿区早稲田鶴巻町五四四―六
電　話　〇三（五二六一）二八九一
FAX　〇三（五二六一）二八九二
URL　http://kinseisha.jp/

印刷　㈱平河工業社
製本　㈱ブロケード

ISBN978-4-7646-0344-8